史前生命丛书

剑齿虎

[西]毛里西奥·安东 著/绘

李 雨 熊武阳 译

SABERTOOTH

华东师范大学出版社
·上海·

SABER

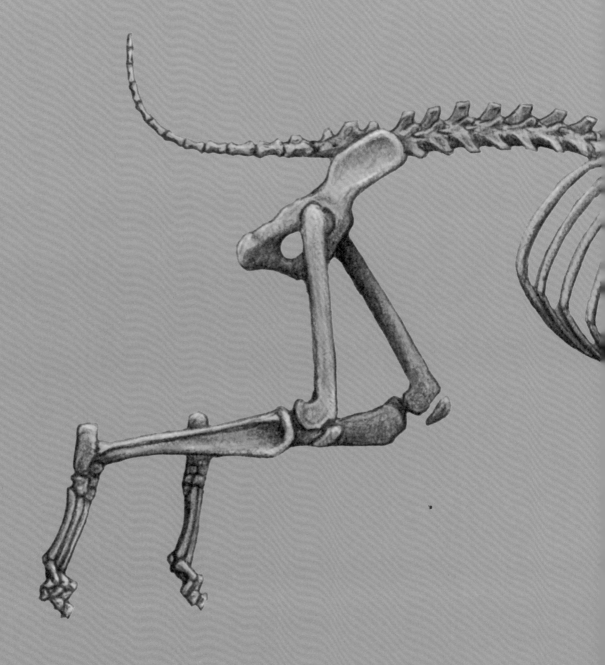

TOOTH

图书在版编目（CIP）数据

剑齿虎 /（西）毛里西奥·安东著、绘；李雨，熊武阳译.
—上海：华东师范大学出版社，2022
（史前生命）
ISBN 978-7-5760-3053-2

Ⅰ.①剑… Ⅱ.①毛… ②李… ③熊… Ⅲ.①虎–普及读物
Ⅳ.①Q959.838-49

中国国家版本馆CIP数据核字（2023）第067154号

剑齿虎
JianChiHu

著　　者　［西］毛里西奥·安东
绘　　者　［西］毛里西奥·安东
译　　者　李　雨　熊武阳
责任编辑　庞　坚
责任校对　刘伟敏
装帧设计　刘怡霖

出版发行　华东师范大学出版社
社　　址　上海市中山北路3663号 邮编 200062
网　　址　www.ecnupress.com.cn
电　　话　021-60821666　行政传真 021-62572105
客服电话　021-62865537　门市（邮购）电话 021-62869887
地　　址　上海市中山北路3663号华东师范大学校内先锋路口
网　　店　http://hdsdcbs.tmall.com

印 刷 者　上海中华商务联合印刷有限公司
开　　本　889毫米×1194毫米　16开
印　　张　15.5
字　　数　305千字
版　　次　2023年6月第1版
印　　次　2023年6月第1次
书　　号　ISBN 978-7-5760-3053-2
定　　价　168.00元

出 版 人　王　焰

（如发现本版图书有印订质量问题，请寄回本社客服中心调换或电话021-62865537联系）

谨以此书献给我的家人并纪念艾伦·特纳

是怎样的臂力和技艺，
塑成了你心脏的强大？
当你的心脏开始搏动，
那利爪是何等的可怕？

——节选自威廉·布莱克的诗作《虎》(译者自译)

Contents
目　录

序

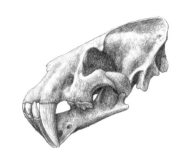

在过去的35年里，我有幸能与非洲大陆上的几种迷人大猫——狮、豹和猎豹为伍。在此期间，我和我的妻子安吉在肯尼亚的马赛马拉（位于著名的坦桑尼亚塞伦盖蒂国家公园北侧）①用文字、绘画和照片记录这些大猫的生活。

马拉-塞伦盖蒂是一片古老的土地，其腹地曾发现过30多亿年前形成的岩石。在雨季，站在山顶俯瞰广阔无垠的塞伦盖蒂平原，遍地动物尽收眼底，如同置身于更新世一般。数以百计的大羚羊、鸵鸟，成千上万的角马、斑马和瞪羚齐聚在这片肥沃的草原。在它们中间，你还可以看到斑鬣狗们漫步的身影，它们的脊背倾斜，前肢健壮有力。这些捕食者会路过或者追逐兽群，兽群则反复分散、聚拢。成群的狮子在花岗岩的阴影下休憩，这些小丘般的岩石从野草的海洋中耸立出来，如同城堡一般。不远处，一头豹子正侧躺在大无花果树那宽阔的枝干上，一头猎豹则横卧在白蚁丘上，正搜寻着可以捕捉的幼年瞪羚，它的姿态宛如埃及的狮身人面像。这是地球上最后一片能看到如此丰饶景观的土地，然而，在这个星球由动物所谱写出的光辉历史中，它只不过是微渺的一篇罢了。

化石记录让我们得以一窥地质历史中的其他时期以及存在于这些时期的其他生命，这些生命与我们今天看到的生命一样令人着迷和敬畏，在许多时期中都有更多种类的猫科动物在世界各地的旷野中生息繁衍。

我们被捕食者所深深吸引，对它们的崇敬和恐惧交织在一起，这种感觉是从远古时期遗留下来的。在200万年前，我们的祖先从森林边缘走出来，在非洲大草原的阳光下寻猎食物。为了生存，他们必须找到与那时的大猫和鬣狗竞争的方法。这就难怪我们在对大型捕食者的威力感到恐惧时，又对它们的力量和勇气感到钦佩。这种猎人和猎物之间的复杂关系反映在了欧洲的拉斯科克斯和肖维洞穴②那些令人赞叹的洞穴艺术中，毛里西奥·安东将这一艺术传统令人钦佩地延续到这本内容丰富而又引人入胜的《剑齿虎》中。这位观察者运用他的知识和想象力，将过去的生命重现在我们眼前。

① 译者注：马赛马拉和塞伦盖蒂都是东非著名的动物保护区，在这里拍摄过大量以"非洲草原"、"角马大迁徙"为主题的纪录片。
② 译者注：这两个洞穴分别位于法国的西南部和东南部，洞穴内有大量古人类创作的以冰期动物为主题的岩画，特别是在肖维洞穴中有多幅描绘洞狮的岩画，一般认为拉斯科克斯洞穴的岩画年代为17000年前，属于马格德林文化早期，肖维洞穴的岩画年代为28000—37000年前（中间有间断），属于奥瑞纳文化。

提到剑齿虎时，谁能不感到兴奋和着迷呢？古代地图上标识的"有龙出没"①曾唤起人们对非洲腹地里巨型爬行动物的联翩浮想。同样地，在我的童年中，带有剑齿虎的那几页也是男孩爱看的杂志和漫画里最精彩的部分。它让青少年们放飞自己的想象力，幻想在非洲乃至比非洲更遥远的荒野上发生过的一幕幕惊心动魄的冒险故事。

我最初是在《大猫和它们的化石亲属》一书中接触到了毛里西奥·安东那令人瞩目的艺术绘图，那时安吉和我正在研究一系列有关非洲大猫的书籍，以配合制作热门的电视节目《大猫日记》②的内容。毛里西奥的精美画作带着我们穿越时空，回到一些不同寻常的时代。对非洲大草原的热爱就已经能激发我们对荒野和冒险如此的热情，请想象在100万年前的更新世或更久远的2000万年前的中新世游览动物世界会是多么刺激的一件事吧。现存大猫的那些已经灭绝的神秘亲属们将活灵活现地出现在我们眼前。

化石和史前生命的世界，本质上必定仍是我们想象的一部分——它古老而神秘莫测。因而，要构建出既可信又令人振奋的复原图，需要艺术家的视野和侦探的探究精神，并且需要结合我们目前对解剖学和动物行为学最深刻的认识。这是毛里西奥的天赋，我特别喜欢他的全景画，这些画丰富多彩地再现了过去的完整景貌，描绘了一个个生机勃勃的故事情节，一个个数万年甚至数百万年前的事件。

刃齿虎是体形最大、最著名的猫科真剑齿虎类，这类直到一万年前仍漫步在美洲大陆上的动物比现存最大的虎还要更大、更强壮。它那弯曲的、匕首一样的犬齿引发了人们的猜测和探究：动物为什么会演化出如此可怕而又脆弱的武器，又是如何使用它们的呢？这也是毛里西奥·安东在本书中试图回答的问题。

我们生活的自然界处在不断演化的过程之中，在自然选择的作用下，气候、土壤和物种间的竞争对它不断地进行着塑造。我们今天看到的野生动物、草木以及以化石形式存留下的过去时代的印记，这一系列生命奇迹都是演化的产物。从这些古老的碎片和对各种演化过程的全面了解出发，再加上最新的DNA技术带来的发现，毛里西奥带领我们踏上了一段探险之旅，这趟旅程毫不逊色于现代任何一次远征之旅。

乔纳森·斯科特

---

① 译者注：对应着英文"here be dragons"或者拉丁文"hic sunt dracones"，欧洲中世纪的画师常常在地图中偏远的、尚无人探索的、充满危险的地区标上龙的图案，因而这个词现在在欧洲各种语言中也常常指代这类地区。

② 译者注：《大猫日记》是英国广播公司在马赛马拉拍摄的自然纪录片，从1996年开始已经拍摄了很多系列，序作者曾长期在片中担任主持人。

前言

　　猫科真剑齿虎是最受欢迎的史前动物之一，然而令人惊讶的是，对于充满好奇心的爱好者来说，关于它们的信息少得可怜。其中的一个属，刃齿虎属，自发现以来就备受厚爱，在各种儿童书籍、漫画和电影中我们都能找到它的身影。但实际上，在地质历史时期还存着许多其他属种的真剑齿虎类，它们有着不同的形态和体形。用简单的一句话来概括，真剑齿虎类是猫科家族中已经灭绝的成员，因此它们与现代猫科动物是近亲关系，但在许多方面又与后者有所不同——特别是那对引人注目的上犬齿，一系列解剖学特征显示出它们有着不同的捕猎方式。

　　值得一提的是，猫科真剑齿虎类不是本书的唯一主题，因为它们并不是唯一拥有剑齿的动物。古生物学家也使用Sabertooth一词来指代其他几类已经灭绝的食肉剑齿动物，它们不属于猫科，甚至连猫科动物的近亲都不是，但它们都具有猫科真剑齿虎类的部分甚至全部的解剖学特性。猎猫科、巴博剑齿虎科、袋剑齿虎科——每一个模糊的名称都代表了一个完全不同的食肉动物家族，但它们却又有着非常相似的形态。它们中的一些成员比家猫还小，另一些却比狮子还大，还有一些看起来非常怪异。在这本书中，我们会一起回顾各类长有剑齿的食肉动物，无论它们是否为真正意义上的猫科。

　　剑齿虎让古生物学家们面对过一些特别伤脑筋的谜题，关于它们仍然有许多需要了解的地方。剑齿虎有着怎样的样貌呢？它们在一些复原图中是长着巨大獠牙的狮或虎，而在另一些作品中则是既不像猫也不像其他现存食肉动物的奇异生物。剑齿虎是如何使用那壮观的犬齿的呢？关于它们的捕食习性曾有很多假说，有人认为它们完全无法主动捕猎，只能以食腐为生，也有人认为它们有能力展开特别血腥的刺杀。为什么剑齿虎最终灭绝了呢？一些学者曾认为它们陷入了某种不可逆转的演化趋势，成为了其中的受害者，在这一趋势中，它们的犬齿在一代又一代的演化积累过程中变得又大又笨重，最终导致了演化支系上的最后一个物种灭亡。另一些学者则认为剑齿虎专门捕食那些巨型厚皮动物，在最后一个冰河时代结束时，许多这样的巨兽都消失了，剑齿虎也随之而去，地球上只留下了那些速度更快的"正常"猫类，它们更适于捕食像马和羚羊这样能够快速奔跑的猎物。我们也许永远无法完全肯定地回答这些问题。但在过去的几十年里涌现了大量令人兴奋的研究，我们离这些问题的答案无疑更近了一步，而这些研究显示，上面提到的各种旧假说很可能都是错误的。

不断的研究探索将揭示出更多有关剑齿虎的演化和生物学细节，但只要我们还未掌握时空穿梭技术，我们就不得不接受一个事实：我们所能看到的要么是硬邦邦的化石，要么是各式各样的复原。与其他化石物种一样，我们需要对剑齿虎进行一种"视觉转译"才能将它们当作生灵，而这种复原过程也是本书内容的重要组成部分。古生物的复原既是一门艺术，也是一门科学，它要求复原者精通解剖学并且对细节一丝不苟。有些人可能觉得，既然我们永远无法绝对准确地知道灭绝动物的样子，那么给出一个粗略近似的形态就已足够。但我们对现生动物却常常不限于泛泛的了解，至少在对它们感兴趣时不止于此。比如马和狗的爱好者会有自己喜爱的品种，他们都知道准确的形态对于区分品种有多重要。野生动物的美丽之处同样在于它们那独特而又确切的形态和比例。在描绘生物时细节是至关重要的，在阿尔塔米拉①和肖维的岩画时代，野生动物艺术家们就已知晓这一点。化石物种都是无法直接观察的，我们永远无法对它们做到完全准确的复原，但即使如此，或者说恰恰因为如此，我们在复原过程中完全准确的追求显得至关重要。对于已经灭绝的猫科真剑齿虎类来说，我们只有专注于解剖学的细节才能对它们与其现生亲属（即现存大猫）的异同形成客观实在的认识。

优秀的"古生物艺术"自诞生之日起就与对科学的倾情投入密不可分，许多古生物学家同时有着优秀的视觉观察能力和绘画能力。古脊椎动物学的奠基人——居维叶（1769—1832）就是一位卓越的绘画师。他在19世纪初进行科学描述时，曾为一些化石物种绘制过非凡的复原图。遗憾的是，这些画作并没有被居维叶发表，而是一直埋没于法国自然历史博物馆的档案室中，直到20世纪后期才被重新发现（Rudwick，1992）。如果居维叶当时对他的艺术作品不那么谦虚谨慎的话，也许现代的古生物艺术会早几十年成熟，而在几乎一个世纪之后，这门学科最伟大的先驱查尔斯·奈特才使它"开花结果"。除了有着艺术家的扎实功底（和卓越天资）外，奈特还是一位非常有造诣的解剖学家和敏锐的自然观察者，他与同时代的伟大古生物学家们的合作——特别是与奥斯本的合作——是一个对生命不断探索的过程（Milner，2012）。对于本书的主题来说还有一点值得一提，奈特在与古生物学家的合作中，采用了一套严谨而简洁的工作方法，他对剑齿虎类动物的非凡复原经受住了时间的考验。

在本书中，我希望这些复原既能作为一种研究工具，也能让读者了解到那些由剑齿虎的化石记录所揭示出的物种多样性及科学家经过几十年的研究发现的解剖学细节。只有通过艰苦的野外工作才能找到化石，接着还有耐心的清理和修复以及无休止的分析、测量和对CT扫描图像的处理，或是任何从化石残骸中提取信息的技术的运用。这些辛苦积累起来的知识是否应该被埋没在学术刊

---

① 译者注：阿尔塔米拉洞穴位于西班牙北部，和序言中提到的肖维洞穴、拉斯科克斯洞穴一样以冰期古人类留下的岩画而著名，它的年代和拉斯科克斯洞穴相仿。

物里，而不让那些真诚好奇的爱好者们接触到呢？我不这么认为。

任何一类化石动物都可能激发专业和非专业人士的兴趣，除此之外，对灭绝动物及其适应性的研究使我们重新认识到大自然是如何运作的。此外，古生物学让我们认识到了生命的时间维度，这在今天比以往任何时候都有必要。在我们祖先生活的遥远过去，当人类还只是一类完全服从于生态法则的哺乳动物时，满足日常需求是我们的祖先从他们自己的时空尺度感知自然的方式。即使在今天，这种感知（对自然的"沉浸"）也大大增加了我们的幸福感。但是，作为地球上最强大的生物，人类仍然受制于生态法则，只不过人类个体在某种程度上受着科技的保护，容易自我忽视。我们迫切需要不同的观点，从不同的视角来观察我们的地球，感知其脆弱性并意识到我们目前的行动对生物圈及人类的长远未来来说多么重要。

从太空看地球就提供了这样一个空间视角，而古生物学则提供了类似的时间视角，向我们展示了现代生物的多样性及其所有迷人的细节只是一幕幕生命演化中的片段。在我们看来每一个静止的物种，其实都是无数个前期物种积累变化的结果，它们注定要不断演化或走向灭绝，但这种命运不应该受制于人类的行动。对我们来说，毫无悔意地砍掉其他生命的演化进程是不道德的，就好像我们人类是一个盲目的、毫无人情味的主宰者，就像那颗在6500万年前使恐龙灭绝的小行星一样。

生物与环境协同演化的漫长历史突出了全球生态系统所有部分之间相互依存的关系，捕食者和猎物之间的相互影响就是其中一个例证。我们必须确保生物圈的精密零件在未来能够持续运作（为生命提供一个适宜居住的世界），并努力确保所有的生命在没有我们的干扰下尽可能地接近本应遵循的演化路径长期发展下去。在一个真正可持续的未来，无论在何处，大猫们和其他食肉动物才是制约野生食草动物①数量的主要因素，而非人为压力。捕食者不仅是为自然纪录片增添情感的戏剧性事物，更是生命之网运作方式的重要组成部分。

与现存大猫一样，剑齿虎也是标志性的生物，这使它们成为展现过去生物多样性的优秀"大使"，它们在我们身上所激起的情感反应也有助于提高我们对它们适应性细节的探索兴趣。的确，它们在如此众多的独立谱系中发展出惊人相似的剑齿形态，这为我们提供了一个最好且最吸引人的趋同演化的例证。此外，它们最终悲剧性的灭绝帮助我们认识到现在的世界是多么美好。若是我们想要了解更多关于狮或虎的生态行为及环境适应，我们所应做的就是去它们生活的地方近距离地观察它们（至少在未来一段时间内，这仍是可以实现的）；相比之下，尽管我们可以将所有的科学工具应用到剑齿虎身上，但关于它们的大量谜团是我们永远也无法确切知晓的。尽管如此，在研究它们的过程

---

① 译者注：原文为 herbivores，本书统一译成食草动物，是以植物为食的动物的统称，或称植食动物。

中，我们可以学到很多关于猛兽捕猎的基本原理，我们对现存的顶级捕食者的保护方法应该受益于这些见解。

生物多样性受制于时间，因此会不断地发生变化，但它以其他任何事物都无法达到的方式滋养着我们的思想。事实上，我们不仅应该将它作为一种物质资源来保护，还应该把它作为我们心智健全的源泉来捍卫。如今的科学和艺术，相比于以往任何时候，都更应该赞美这种生物多样性，剑齿虎是这当中尤为引人入胜的生命例证。

致谢

我对剑齿虎的兴趣始于8岁那年，那时我住在西班牙的巴拉多利德。我偶然发现了一本《自然科学百科全书》，迅速翻阅了与化石有关的章节，并发现了一幅由鲁道夫·扎林格绘制的插图，图中描绘了更新世时期在加利福尼亚州的拉布雷亚沥青坑发生的一个场景。在该场景中，可以看到一只剑齿虎正在攻击一头被困在沥青坑里的猛犸，同时数头恐狼和巨大的秃鹰也正从远处赶来。这幅图景对我产生了巨大的影响：它不仅是一幅可供观看的插图，更像是一个极具磁力的时间之门，将我们带回到一个充满强大野兽的传奇时代。最重要的是，这不是一种对有着神奇生物的陆地的幻想，而是一种对真实存在的动物和场景的描绘。因此，我必须赞扬扎林格的艺术作品，因为它播下了一颗富有魅力的种子并一直延续至今。

几年后，当我还是一个住在加拉加斯的青少年时，我在学校图书馆里找到了《南美洲陆地和野生动物》一书，里面有一章是关于已经灭绝的哺乳动物，并由杰伊·马特内斯绘制插图。这些画作本身就很吸引人，但给我印象最深的则是一幅有着若干素描图的跨页插图，它展示了马特内斯是如何复原袋剑齿虎的。这对我来说是一个与扎林格的拉布雷亚场景图同样重要的心灵启示。在这里我不仅找到了我从未怀疑过的剑齿虎曾真实存在的信息，还了解了如何去描绘已经灭绝的动物，包括对其完整生活过程的描述和对相关科学信息的诠释。我要感谢马特内斯使得那时的我开始有了这样的信念：如果可以，古生物复原就是我想做的工作。

尽管我对古生物学很着迷，但我还是选择了接受正规的艺术训练。但后来我意识到，我还需要学习更多的古生物学知识，以便为我更好地复原往古生命的形象打下坚实基础。这种需求开启了我学习过程中的一个全新篇章，我很幸运地遇到了很多人，一路上他们都对我提供了宝贵的帮助。

我第一次见到艾伦·特纳是在1991年，那时我还是一个满怀希望的年轻古艺术绘画师，正在寻求好的建议和合作。那时，艾伦在去西班牙北部参加一个科学会议的途中去了马德里，他被邀请去自然科学博物馆作演讲。我迅速把我的古生物复原作品做成一个文件夹，并在他的演讲结束时展示给他看。令我非常高兴的是，他立刻对我的工作表示了支持。在他逗留马德里的几天里，我们又见了几次面，达成了第一次合作的意愿，随即促成了《大猫和它们的化石亲属》一书的创作，该书在很多方面也是我目前写作的这本书的高级指南。我们随后一起完成了许多学术文章和书籍，并结成了深厚的友谊。我们不仅一起讨论科学，还一起度假，一起享受弗拉明戈的夜晚。如果没有与艾伦多年的合作，这本书根本不可能写成，我从他那学到了很多古生物学的知识、科学传播以及许多其他事物——包括如何发挥最好的幽默感，因为有时这是与生活的矛盾共存的唯一方法。在2012年初，艾伦永远地离开了我们，但他一直非常鲜活地存在于他的许多朋友和合作者的记忆中。

也是在1991年，我在美国自然历史博物馆遇到了理查德·戴福德，从第一次相遇开始到接下来的几年里，他一直给予我极大的鼓励和帮助。他为我打开了剑齿虎化石的宝库，即美国自然历史博物馆的古脊椎动物收藏室，他还分享了他对于食肉动物演化的独到见解。我想所有认识戴福德的人都会同意，他除了拥有作为科学家的所有品质之外，还是一个绅士的典范。

在20世纪90年代初，我开始与瑞士古生物学家热拉尔·德·博蒙建立良好的通信，他当时虽然已经退休，但仍非常乐意通过一封封长文书信与我分享他对于剑齿虎类动物演化的见解，这些手稿是我一直到现在都极为珍惜的（这是进入电子邮件时代之前的事，尽管现在很难想象曾经还存在过这样一个时代）。我觉得自己很幸运，在他晚年时能与他分享他的渊博知识。同样，也是在90年代初，我与法国的古生物学家莱昂纳德·金斯堡建立了联系，他不仅乐于分享他的知识，还让我查看了保存在巴黎国家自然历史博物馆里的惊人的化石材料，甚至包括了一些那时尚未发表的标本，帮助我更清楚地了解到猫科动物的早期演化历史。莱昂纳德是法国古生物学界丰碑式的人物，给我们留下了巨大的科学遗产。

同样是在20世纪90年代初，里昂大学的罗兰·巴莱西奥，一位专注于食肉动物演化研究的权威专家，同时也是一篇关于欧洲（具弯刀形犬齿的）锯齿虎的开创性专著的作者，他也非常友好地跟我分享了很多关于剑齿适应性的见解。

在食肉动物演化研究方面，我与自然科学博物馆的豪尔赫·莫拉莱斯合作的时间最长，这种合作一直持续到今天。早在1987年，我就带着对化石食肉动物的极大兴趣和无知去拜访他，他鼓励我随时去他的实验室，并真正为我打开了古生物学世界的大门。他既支持我对古生物复原艺术的兴趣，让我与那些可以为我提供专业任务的赞助人取得联系，也支持我的研究工作，为我讲授古脊椎动物学方面的基础知识，并教导我如何进行学术论文的写作。后来，当欧洲剑齿虎的明星产地——塞罗巴塔略内斯化石遗址在马德里附近被发现时，豪尔赫就邀请我去那里，亲身体验有史以来人们发现的保存最好的中新世剑齿虎标本的发掘工作。

曼纽尔·萨莱萨在豪尔赫的指导下完成了他的博士论文，论文是关于巴塔略内斯的原巨颊虎的解剖学和演化研究，他成为我研究剑齿虎最亲密的合作者。我很荣幸能与曼纽尔一起分享从他的学生时代至今的研究成果，这时他已经确立了他自己在食肉动物演化这一课题上的权威地位。与艾伦和豪尔赫一起，我们很享受在古食肉动物研究中取得的一些令人兴奋的发现的经历。曼纽尔是一位不知疲倦的野外古生物学家，他发掘出的许多化石改变了过去几年我们对剑齿虎类演化的看法。他不仅帮助我对这本书的许多科学主题进行了讨论，更是以实际的行动帮助我，甚至还给许多插图做了标记。他对我的耐心和热情只有真正的朋友才能表现出来，他是我在追索加泰罗尼亚剑齿虎演化谜团的工作中最好的伙伴。

在20世纪90年代中期，西班牙萨巴德尔加泰罗尼亚古生物研究所的安赫尔·加洛瓦尔特邀请我合作研究赫罗纳的因卡卡尔更新世遗址的锯齿虎化石。这是一次令人愉悦的合作的开始，我们随后合作发表了几篇文章，建立了一段长久的友谊。

我在剑齿虎复原工作上的一个重要方面是研究现生大型猫科动物的解剖结构，这意味着要解剖真实的动物标本。在这项任务中，我得到了来自巴拉多利德大学的解剖学家胡安·弗朗西斯科·帕斯特的极大帮助。帕斯特对解剖学有着超凡的热情，通过多年的积累，他建立了一个令人惊奇的比较解剖学骨骼收藏室，其收藏品已经成为许多古生物学学生的重要参考。他为我们组织了许多大型猫科动物的解剖，这为我的复原工作提供了坚实的解剖学基础，也组成了几篇合作论文的基础。

多年来，我与许多古生物学家进行了非常有益的交流讨论，其中包括霍尔迪·阿古斯蒂、约翰·巴比亚兹、何塞·玛丽亚·贝穆德斯·德卡斯特罗、米韦·利基、拉里·马丁、斯蒂芬·佩涅、布雷尔·范·瓦尔肯伯格、拉尔斯·韦德林、斯蒂芬·沃洛和王晓鸣。一些博物馆的专家和管理人员也友好地提供了观察标本的机会，包括弗朗西斯·萨克雷（德兰士瓦博物馆，比勒陀利亚），杰瑞·胡克（英国自然历史博物馆），亚伯·普里埃尔（里昂第一大学），米歇尔·菲利普（里昂自然历史博物馆）和邓涛（中国科学院古脊椎动物与古人类研究所，北京）。

赫马·西利塞奥煞费苦心地处理了许多计算机断层扫描图像，这对于我们研究化石和现存的食肉动物都是必不可少的，她热心地提供了图4.8的图像，并帮助标记其他若干图画。一些猫科动物的图像是在巴拉多利德医学院获得的。

奥斯卡·萨尼西德罗帮助制作了第一章的若干图画，特别是图1.2、图1.4、图1.5、图1.7和图1.8。

大卫·洛尔德基帕尼泽在关于格鲁吉亚的德马尼西地区剑齿虎与人类相互作用内容中提供了有益的讨论，他还提供了一个精美的产于那个地点的巨颏虎头骨模型。

对我的工作来说，还有一个重要方面是有幸学习了三维计算机建模和动画设计及其技术在古生物复原中的应用。2004年，我开始与电脑动画师胡安·佩雷斯-法哈多合作，他为我们的合作项目倾注了巨大的热情和努力。我想在这之后，我永远也看不到像他那样精彩的动画制作和运动模拟了。

乔纳森·斯科特热心地为本书作序，从他作为一名野生动物学家的视角出发，为我们提供了一些补充，他也是最了解非洲野生大猫行为的那些人之一。他在BBC《大猫日记》系列节目中的生动讲解给数百万观众建立了了解非洲猫科动物日常生活的亲密视觉印象，尤其对我来说，他为我提供了灵感，去尝试将数据和现实结合，以便更真实地复活剑齿虎类动物，而不是单纯依靠科学假设，让人真正地意识到它们都曾是会呼吸的生物。

为了把大型猫科动物描绘成有血有肉的动物，我在非洲野生动物保护区度过的时光至关重要，那里导游和司机高度专业的工作让一切都变得不同。他们是一群特殊的野外自然学家，其中最优秀的人对动物行为有着无与伦比的知识。特别是安德鲁·金戈瑞，他把我的旅行经历变成了大型猫科动物自然史的真实课程。

佩德罗·比赫列戈一直是我旅途上的好伙伴（兼司机），他为本书的撰写和其他研究提供了源源不断的支持。

在过去20年的大部分时间里，位于马德里的国家自然科学博物馆一直是我的科研之家，让我能够进行研究，并享受与古生物室的出色团队持续合作的乐趣。自1991年以来，马德里自治协会政府就一直为塞罗巴塔略内斯化石遗址的发掘提供资金，这构成了我们在关于剑齿虎类动物早期演化的许多发现的原始材料来源。

印第安纳大学出版社的《远古生物》系列的编辑詹姆斯·法洛及科学编辑罗伯特·斯隆从一开始就给予我极大的支持。钱德拉·梅维斯和米歇尔·西伯特负责手稿的管理，珍妮·费里斯耐心地进行文字编辑并煞费苦心地找出了书中一些前后不一致的地方。

我的妻子普里和儿子米格尔一路陪着我完成这本书的撰写以及所有我热衷的其他工作。由于我大部分精力都投入了所热衷的工作，因此，作为一名不合格的丈夫和父亲，没能拿出足够的时间陪伴他们。更糟糕的是，他们知道在可预见的未来里，我仍需要他们的耐心支持。我真的很幸运能得到他们的理解。

我的父母塞韦里和弗洛伦西奥很早就意识到，我不会追求传统的职业，无论我做出何种不专业的选择，他们都一如既往地支持，我的妹妹梅特也是这样。我知道这并不容易，我将永远心存感激。

在撰写此书的漫长过程中，还有许多其他的朋友也提供了友好的帮助。我向所有人致以最诚挚的谢意。这本书对于我来说意味着梦想成真，如果没有他们的帮助，这是不可能实现的。

图1.1 更新世猫科剑齿虎——毁灭
刃齿虎（后）和始新世肉齿
类剑齿动物——黎明类剑齿
虎（前）的体形对比。［原
p.1］

第一章 什么是剑齿虎？

剑齿虎的发现

　　现今，剑齿虎是科学家和许多古生物爱好者熟悉的一类已经灭绝的动物，但在古生物学研究的早期阶段，甚至连科学家都未意识到这种长剑齿的捕食者曾在地球上生存过。那时的古生物学家在面对剑齿虎的一些化石碎片时会错误地将它们归入到当时已知的其他动物类群。毕竟，这些早期发现往往缺乏完整的骨架或是头骨，没法把剑齿虎的奇异犬齿与猫形的头骨、骨架联系在一起。这些不完整的化石残片就像一块块拼图游戏的碎片，但人们没有完整的图片可以参考。

　　19世纪，丹麦博物学家伦德是最早开始解读剑齿虎化石遗骸的人之一。在19世纪30年代，伦德耗费了大量的时间和精力去探索位于巴西米纳斯吉拉斯州圣湖镇的洞穴遗址。1833年，32岁的他离开丹麦故土前往巴西从事植物学研究。1834年，他遇到了自己的同胞克劳森。克劳森是一位化石收集者，在来巴西之前曾在阿根廷工作。在遇见克劳森后，伦德很快就迷上了化石和古生物学，于是他放弃了植物学的研究工作，搬到了圣湖镇。那时，圣湖镇还是一个居民不足500人的村庄，周围有着无数的石灰岩洞穴，其中一些洞穴含有丰富的化石。当时，许多洞穴都被用来开采硝石，使得大量化石被毁坏，因此，伦德开始尽可能多地去抢救这些化石材料（Paula Couto，1955；Cartelle，1994）。他和当地的助手们带着令人钦佩的奉献精神，一个山洞接着一个山洞地探险，在1834年到1846年间，收集了超过12000件化石标本。这是一项极其艰难的工作，但伦德对巴西灭绝动物群的着迷使他克服了遇到的所有困难，一个又一个富含化石的遗址不断点燃他的想象力。他最大的成就之一就是发现了更新世毁灭刃齿虎的第一批遗骸，那是一种最令人惊叹的剑齿虎。起初，伦德只找到了一些孤立的化石碎片，认为它们属于某种鬣狗，并在1839年将这种动物命名为*Hyaena neogaea*（意为新生鬣狗）。但在1842年，随着更多牙齿和腿骨材料的发现，作为比较解剖学之父居维叶的追随者，伦德很快意识到这种食肉动物实际上是猫科动物的一员。

　　伦德认为洞穴中找到的大型哺乳动物的骨骸是被某些大型捕食者拖曳进来的，这些捕食者喜欢在昏暗的巢穴中悠闲地进食。新发现的刃齿虎恰恰是占统治地位的捕食者，这使他的脑海中有了如下场景：

　　　就体形而言，这种已经灭绝的食肉动物可以与现今已知最大的猫科或熊科动物相媲美；它的犬齿比任何一种食肉动物（无论是现存还是化石物种）都要大得多。从腿骨的大小判断，它的身体一定比任何现存的猫科动物（包括狮）都粗壮。

显然，如此巨大的、有着如此可怕武器装备的掠食者在当时一定猎杀了大量的猎物。事实上，我在三个不同的洞穴中都发现了它留下的猎物遗存，毫无例外地囊括了各种动物的骨骼，其中许多骨骼都尺寸巨大……

鉴于这种动物有着非同寻常的犬齿，我建议将其属名命名为刃齿虎（"牙齿的形态就像一把双刃刀"）。它血腥的猎杀行迹仍封存在作为兽窝的洞穴中，毫无疑问可将它的种名命名为*populator*，意为"带来毁灭的"。（摘自Paula Couto，1955：7-8）

伦德所描绘的场景恰如其分地介绍了毁灭刃齿虎这种奇特动物，在过去的一万年间，没有人见过它，它也永远无法再生灵活现地展现在世人眼前。尽管圣湖镇洞穴中动物化石富集源于刃齿虎的捕猎活动的说法现在看来并不十分正确，但伦德对于这个新发现的奇特生物的体形和力量的评估很快就被后续发现的更完整的化石材料证实了。他在1846年自豪地写道："我现在几乎拥有了这种非凡的史前动物的所有骨骼，大部分来自不同的个体。"在初步报道后的几年里，又有大量的刃齿虎化石被陆续发现。1843年，博物学家弗朗西斯科·哈维尔·穆尼斯在阿根廷卢汉市附近发现了一具保存精美的完整骨架，并将其送往布宜诺斯艾利斯的科学博物馆。大约在同一时间，伦德的朋友克劳森在圣湖镇的一个洞穴里也发现了一个完整的头骨，法国科学院以2000法郎的价格买下了它，并把它捐赠给巴黎自然历史博物馆展出，来此参观的人们至今仍对它赞叹不已。19世纪70年代，拉罗克在布宜诺斯艾利斯附近又发现了第二具漂亮的骨架，它最终被纽约自然历史博物馆获得，现在仍在展出中。1880年，美国古生物学家科普发表了几幅有关这具骨架的部分骨骼素描图，但骨架大部分至今仍未被描述。

19世纪下半叶，北美地区也发现了更新世的刃齿虎遗骸，最初找到的化石材料极为有限，但后续的发现使得情况发生了很大变化。1875年，当时还是洛杉矶县拉布雷亚牧场主人的梅杰·汉考克向波士顿自然学会的丹顿教授赠送了一枚从沥青坑里找到的刃齿虎犬齿。尽管这一礼物给人留下了深刻印象，但直到25年之后，学会才得以与其他机构联合起来，组织了拉布雷亚的首次科学考察。随后，在20世纪的头十年里，考察队在这个地区又发现了大量的哺乳动物化石（Harris & Jefferson，1985）。

因此，在20世纪早期，刃齿虎就成为了史前世界中一个确定存在的元素。这并不是科学界发现的第一种剑齿虎——这一盛誉显然属于巨颊虎，令人啼笑皆非的是，居维叶当时把它误认为是熊。但是，刃齿虎却是第一个被发现有完整骨架化石的剑齿虎类。几十年来，它一直是最著名的一类剑齿虎，并囊括了有史以来最大最壮观的剑齿物种。

什么是剑齿虎？

刃齿虎是一种如此美丽壮观的化石物种，因此极受公众喜爱，甚至有加利福尼亚州的"州化石"之称。它也是少数几个在卡通动画和电影中频繁出现的化石哺乳动物之一，并成为了剑齿虎类动物的形象大使。作为大型猫科动物，它们有着摄人心魄的长牙（也就是剑齿），经常出没于原始人和猛犸的栖息地附近。人们构思出的这种形象有一定的科学道理，但也不完全正确。和许多剑齿虎类一样，刃齿虎与现代大猫的不同之处在于，它们非常健壮，四肢敦实有力，颈部长而结实，尾巴短（类似猞猁或短尾猫）。对骨骼的精细研究还揭示了许多其他更微妙的差异，表明剑齿虎类的捕猎方式在许多方面都与现生猫类不同。

但如果你把刃齿虎样貌的动物与剑齿虎类划等号，那就大错特错了，它将不可避免地掩盖剑齿虎生存史的一个重要事实——多样性。这本书讲的是长着剑齿的捕食者，这是一个比真剑齿虎类[①]更宽泛的概念。虽然后者确实属于猫科（包括刃齿虎以及像巨颊虎和锯齿虎这样的近缘属），但还有许多剑齿虎类并不属于猫科，而且在现代观察者看来，它们中的一些甚至与猫科形态相差甚远。有些比任何一种现存猫科动物都要大且重，而另一些小型物种在体形上甚至还比不上一般的家猫（图1.1）。尽管有些物种与早期人类和猛犸生存于同一时代，但剑齿虎类的大部分演化史都发生在猛犸、人类甚至是最早的原始人类祖先出现之前。

那么，我们如何定义剑齿虎呢？简单来说，我们可以说它们是一组化石脊椎动物，其中大部分，但不是全部，是哺乳动物。它们都是食肉动物，拥有将它们定义为剑齿虎类的一系列特有的解剖学特征，包括拉长的上犬齿和头骨上的其他适应性变化，这些变化令它们能够张开血盆大口，使用巨大的犬齿进行咬杀。这是一个相当复杂的定义，它的各个部分都需要更详细地进行讨论。

第一，剑齿虎作为化石类群，在很久以前就灭绝了。至少据我们所知，在已往历史时期还没有人见过活着的剑齿虎。因此，我们对它们的一切认知都是基于它们的化石遗骸。关于在南美洲和非洲有人看到过剑齿虎的说法是完全没有根据的。尽管一些动物学家认为，南亚现存的云豹代表了剑齿虎类的初期形态，因为它有着较长的上犬齿，但这种现生猫类和剑齿虎类之间的相似性是十分有限且浮于表面的。

剑齿虎的演化史跨越了很长的地质历史时期。虽然最后的物种，如著名的产自拉布雷亚沥青坑的致命刃齿虎，仅仅是在一万年前才消失的，但最早的哺

---

① 译者注：关于剑齿虎与真剑齿虎的概念辨析，见本节最后一段。

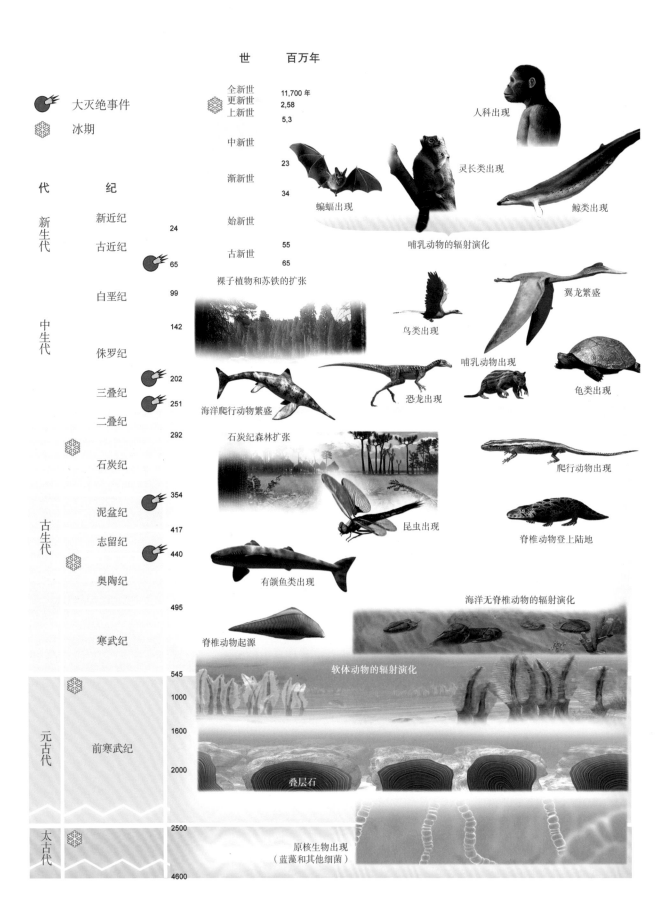

世　　百万年

全新世　11,700 年
更新世　2,58
上新世　5,3

中新世

23

渐新世

34

始新世

古新世　55
　　　　65

大灭绝事件

冰期

代　　　纪

新生代　新近纪　24

古近纪　65

白垩纪　99

142

中生代　侏罗纪

三叠纪　202
二叠纪　251

292

石炭纪

古生代　泥盆纪　354

志留纪　417

奥陶纪　440

495

寒武纪

545
1000

1600

元古代　前寒武纪

2000

2500
太古代

4600

人科出现

灵长类出现

蝙蝠出现

鲸类出现

哺乳动物的辐射演化

裸子植物和苏铁的扩张

翼龙繁盛

鸟类出现

哺乳动物出现

龟类出现

恐龙出现

海洋爬行动物繁盛

爬行动物出现

石炭纪森林扩张

昆虫出现

脊椎动物登上陆地

有颌鱼类出现

海洋无脊椎动物的辐射演化

脊椎动物起源

软体动物的辐射演化

叠层石

原核生物出现
（蓝藻和其他细菌）

乳类剑齿动物在大约5000万年前的始新世时期就已经在北美生活了。而在更早的时候，一群所谓的似哺乳爬行动物——丽齿兽类，就已经发展出许多剑齿虎类的特征，它们生活在二叠纪时期，远在真正的哺乳动物甚至恐龙演化出现之前。因此，从广义上来说，剑齿虎类的历史可以追溯到2.5亿年前（图1.2）。

图1.2 地质年代表和地球生命史的一些重要事件。[图注原p.7，图原p.6]（图见左页）

第二，所有的剑齿虎类动物都属于下孔类动物。也就是说，它们属于一个包括哺乳动物和似哺乳爬行动物在内的脊椎动物大集群。从解剖学角度来说，下孔类的头骨特征是在每一侧眼眶（或眼窝）后面仅有一个单独的孔，因此得名，意思是"单一开孔"。在哺乳动物中，这个孔与头骨侧面的大片区域相对应，这里是颞肌与顶骨相连的地方。相比之下，双孔类动物——一个包括恐龙、鳄鱼和鸟在内的脊椎动物集群——在眼眶后面的颅骨上发育有两个孔。我们最常见的剑齿虎类都属于哺乳动物，在过去的5000万年里，自然界演化出了众多不同种类的剑齿捕食者，它们分属若干个不相关的目、科，甚至是哺乳动物的不同亚纲，主要包括以下几类：

1. 丽齿兽类，一类已经灭绝的二叠纪兽孔类动物，或似哺乳爬行动物。
2. 袋剑齿虎类，南美洲一类已灭绝的有袋类食肉哺乳动物。
3. 类剑齿虎类，肉齿目的成员，一类已经灭绝的有胎盘类食肉哺乳动物，与真正的食肉动物（食肉目）有亲缘关系，但又有所不同。
4. 猎猫科剑齿虎类，已灭绝的食肉目猎猫科成员。
5. 巴博剑齿虎类，已灭绝的食肉目巴博剑齿虎科成员。
6. 猫科真剑齿虎类，已灭绝的食肉目猫科中的成员。

最后三个科也是食肉目的一个主要分支——猫型亚目的成员，后者还包括现生的猫类、灵猫类、獴类和鬣狗类。

非下孔类并非不可能演化出剑齿动物，但也不见得一定会如此演化，我们在化石记录中并没有任何相关发现。像异特龙这样的食肉恐龙以及现代的巨蜥，都长有锋利、扁平、带锯齿的牙齿，这些牙齿与剑齿虎类的剑形犬齿极为相似，但除此之外，其他特征的差异都太大了，因此，这些类群都不能被视为剑齿虎类。

第三，所有的剑齿虎类都是肉食动物。除了那恐怖的上犬齿，其余牙齿的形状也显示它们几乎只吃肉。它们是"高度肉食者"，这意味着它们的牙齿都特化成用来切割肉质，以至于丧失了大部分处理其他食物的能力，比如骨头或植物。许多现生肉食性哺乳动物（如狼和熊）的食性则更为灵活多样，它们的牙齿可以咬碎骨头、嚼烂昆虫并处理植物纤维。这些动物除了具有被称为裂齿的剪刀状切肉齿外，还拥有不同形状的臼齿和前臼齿。另一些现生食肉动物——包括所有猫科和大部分鼬科成员——都是真正高度食肉的类群（图1.3）。而剑齿虎类在掠食特性上又更进一步。兽孔类剑齿动物显然是掠食动物，但与其他剑齿虎类不同的是，它们的犬齿后方没有发育任何实质性的牙齿，故而会像典型的爬行动物那样直接吞下大块肉质。

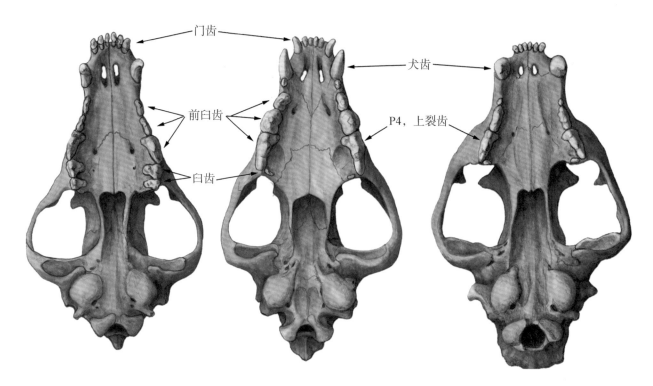

门齿

犬齿

前臼齿

P4，上裂齿

臼齿

图1.3 现代食肉动物的头骨和牙齿解剖术语。从左至右依次是：狼，斑鬣狗，豹。[原p.8]

还有一些哺乳动物也演化出了拉长的上犬齿，在外观上或多或少有点像剑齿，但它们的功能是展示、防御、种内争斗或处理食物，而不是用来捕食大型猎物。因此，这些动物，包括现存的麝、鼷鹿、海象以及美洲始新世那怪异的、略似犀牛的尤因它兽，都不算剑齿虎类。

第四，所有剑齿虎类的头骨和头后骨骼都拥有一系列形态上的改变。当然，最明显的特点是上犬齿的拉长，而其他大多数的形态变化都与上犬齿的使用有关。这些改变可统称为"剑齿复合体"，影响下颌骨、头骨、颈部、背部和四肢的连接和肌肉附着方式，而且在不同的剑齿虎类中差异很大。没有任何两个类群拥有构成剑齿复合体的所有特征，但至少有几个共同的特征，在某些情况下，这些共同特征更是多得惊人。

在关于剑齿虎类动物的文献中经常出现的一个词是machairodont，意思是"有刀刃状牙齿的"，与剑齿虎属的拉丁文属名*Machairodus*同词根，后者指的是生存于中新世时期的一类猫科真剑齿虎。machairodont这个词通常被用来指代所有的剑齿虎类，可以是名词，也可以是形容词，所以我们在这里所说的sabertooth features（剑齿化特征）也可以被称为machairodont features（也译剑齿化特征）。但是，machairodontine一词则更明确地用来指代猫科中的一个亚科Machairodontinae，即真剑齿虎亚科。读者应该对某些科学术语偶尔出现的歧义保持求索的耐心，因为对非专业人士来说，它们的概念很容易被混淆。

趋同演化

剑齿虎类不是一个单一的动物类群，而是一系列完全不相关的类群的集合，它们各自独立地演化出相似的适应性特征，构成了趋同演化的生动实例。暂且不论有关演化机制的各种争论，学者普遍认为，演化过程最初发生于生命体内部，其基因组产生了或多或少随机的遗传改变或基因突变的影响，然后携带有利的（适应环境）或者至少中立的遗传改变继续生存和繁殖，而不利的遗传改变很快就被淘汰了。

这一过程称为自然选择，生物体本身的适应改变受基因组的调控，后者决定了变异的范围（我们称之为种系发生限制），这使得两种源自不同祖先的动物很难演化出相似的生物体。但这正是趋同演化中所发生的情况，两个或两个以上不同类群动物之间的相似性是源自它们对相似功能的适应，而不是因为它们有着相近的共同祖先。我们把在不同生物体中形成相似适应性特征的环境推动力称为适应压力，生物体的亲缘关系越远，它们祖先的形态越不同，发生趋同演化的适应压力就越强。因此，不同类群的剑齿虎的趋同程度表明，尽管它们的适应性特征在我们现在看来很奇怪，但这些适应性特征一定为它们的寄主提供了重要的生存优势，否则它们不会一次又一次地在演化过程中被选择。

不同类群的剑齿虎类最初吸引我们的注意是由于它们惊人的相似之处，但它们也保留了许多能够揭示它们不同演化起源的特征。肉齿目和食肉有袋动物的头骨，尤其是牙齿特征，与真正的食肉目动物非常不同，因此，我们比较容易（至少对专家来说）就能分辨出肉齿类、剑齿有袋类和真剑齿虎类。然而，也有一些亲缘关系比较近的剑齿虎族群，它们之间的相似性非常精妙，以至于专家们都极易错误地解读它们之间的亲缘关系。例如，我们现在才知道，已经灭绝的猎猫科与真正的猫科是不同的，两者是远亲，但存在高度的趋同演化，这令前者长期以来都被误认为是猫科的一个亚科。过去的几十年，猎猫科成员一直被称为"古猫"，而真正的猫科动物则被称为"新猫"，这一命名系统反映了当时的一种观点，即猎猫科只是猫科家族的一个早期分支。最终，学者们在对两者不太引人注目的解剖特征（如头骨的耳区）进行详细的对比研究后，才揭示出猎猫科动物的真正亲缘关系（Hunt，1987）。在第三纪早期，猫型亚目的所有成员都有一个共同的祖先，这一事实显然有利于这种精妙的趋同演化的发生。趋同演化的概念对于理解剑齿捕食者的适应至关重要，而且这个概念在剑齿虎演化问题上的适用案例很多，有时案例之间甚至相互矛盾。

为了全面理解趋同演化的意义和剑齿虎的演化历史，我们需要了解哺乳动物和其他脊椎动物的一些分类知识。

术语和分类

我提到过所有的剑齿虎类都属于下孔类，这里说的"下孔类"概念对许多读者来说可能是陌生的，它是脊椎动物的一个大类群。传统上，陆生脊椎动物被动物学家划分为不同的纲，包括两栖纲、鸟纲、爬行纲和哺乳纲（它们的成

10

员也就是两栖动物、鸟类、爬行动物和哺乳动物）。但根据现代的分类思想，哺乳动物属于一个更大的脊椎动物"自然分类群"——下孔类。这个分类群包括了哺乳动物和一些爬行动物，如兽孔类或曰似哺乳爬行动物，还有盘龙类，如二叠纪著名的具背帆的异齿龙。但显然它也不包括所有的爬行动物，所以严格来说，它并不是一个高于纲的分类级。那么，我们为什么要明确地打破科学命名的规则，而去谈论那些并不符合脊椎动物在纲一级的分类界限呢？在这个前提下，"自然分类群"又是指的什么意思？要理解这一点，我们首先需要回顾一下正式的动物分类原则的起源，并了解它到现今发生了什么变化。

现生生物的分类、分类原则以及它们的命名是在18世纪由瑞典生物学家林奈（更广为人知的是他名字的拉丁文拼写方式C. Linnaeus）提出的，被称为林奈氏命名法或双名法。每个物种都有一对拉丁或拉丁化的学名，用斜体字书写：第一个是属名，第二个是种名，比如人的属名是*Homo*（人属），种名是*sapiens*（智人种）。这个命名系统把每个物种都囊括在更大、更广的分类群中，我们人类（即人属智人种）属于人科，人科又属于动物界脊索动物门哺乳动物纲的灵长目。[①]因此，尽管动物在不同的语言中有不同的俗名，但通过学名我们能明确地知道所谈论的动物，而这个命名系统在化石物种中尤其重要，因为后者往往没有俗名。

人们曾试图为化石物种，尤其是猫科真剑齿虎类，创造特别通用的名字。芬兰科学家库尔滕是最成功的古哺乳动物学推广者之一，他支持这种做法，并给剑齿虎类动物起了一系列名字，比如"西方匕齿虎"代表*Megantereon hesperus*，"纤细剑齿虎"代表*Smilodon gracilis*，"大刀齿虎"代表*Homotherium sainzelli*和"小刀齿虎"代表*Homotherium latidens*。这是一种勇敢的尝试，让普通读者不必花时间去熟悉那些令人望而生畏的拉丁化名称，更不用说搞清它的发音了。但与人们给见到的动物起俗名的自然过程不同，林奈式命名法是一种颠倒的、有点人工的过程，而且它受制于化石记录中物种定义的不稳定性。换句话说，狮的英文俗名一直是lion，尽管在过去的几十年里，随着对猫科系统分类的修订，科学家曾将它的学名从*Felis leo*（猫属狮种）改为*Leo leo*（狮属狮种），然后又改为现在广为使用的*Panthera leo*（豹属狮种）。但是，试想一下，如果古生物学家最终得出的结论是，欧洲更新世的锯齿虎属只包含一个物种，那么*Homotherium sainzelli*这个物种名就是无效的，它就是前人为阔齿锯齿虎的一些体形较大的可能属于雄性个体的化石材料所订立的名称。实际情况也似乎是这样，用俗名来区分两个可能并不独立的物种会将我们置于一个尴尬的境地。所以，无论好坏，对剑齿虎感兴趣的读者都应该习惯拉丁学名！

林奈分类系统作为现今最有用的一种生物命名方法，已被应用在所有已知动物和其他生物种、属、科等级别的归类上。不过在很大程度上，现今的生物

---

① 译者注：属以上的分类单元学名同样是用拉丁文，但不使用斜体。作为分类群统称时，首字母总大写。

分类仍然能够反映出古典时期的博物学家们对生物间表型相似性的早期观察。然而，自达尔文时代以来，人们认为生物的分类应反映出共同祖先的原则，而这往往会被表面的相似性所掩盖。随着研究的深入，不同生物间越来越多的表型相似性均被证明是趋同演化的结果，基于此，我们意识到过去的许多传统分类都是人为的，它们将没有共同祖先联系的动物归类在了一起。

一个"自然类群"是指其成员享有一个共同祖先的群体，当前对这一概念的强调反映了现代生物学家力求让生物分类和所推断的演化关系完美吻合的想法。就像人与人之间的亲属关系反映了共同的祖先，我们喜欢追溯家谱，看看过去几个世纪里都有谁冠以我们的姓氏（我们称之为谱系）。同样，对动物以及所有其他生物来说，对亲缘关系的定义应该理想地反映出共同祖先的原则（我们称之为系统发育）。任何一个正式分类群均应建立在基于共同祖先的系谱关系之上，这一事实是现代系统分类主要学派——支序系统学的假定之一。支序系统学家认为只有"自然类群"或"演化分支"是有效的类群，这些类群的成员共享一个由"节点"或进化树中的分支所定义的共同祖先。支序系统学在一些方面与传统分类学存在冲突。例如，一些传统的分类群包含了源自不同祖先的物种，支序系统学家称它们为复系类群，认为应予以摒弃，以免带来困惑。还有一些分类群，虽然确实只包含了拥有共同祖先的动物，但却错误地将这一同一共同祖先的一部分后代排除了①，而后者理应归入同一个分类群或演化支中。这样的分类群被称为并系类群。传统上被称为"下孔类爬行动物"（以及整个爬行纲）的分类群就是一个很好的范例。

下孔类最初是作为爬行纲下的一个亚纲而建立的分类群，目的是将古生代和中生代早期的一些爬行动物进行归类，它们在左右眼眶后方的头骨上各发育一个开口，或称"颞孔"（图1.4）。这些爬行动物由于与哺乳动物享有一些共同的解剖特征，因此被称为似哺乳爬行动物。进一步的研究证实，下孔类中的兽孔目动物包括了哺乳动物的祖先。在这种情况下，"爬行类"一词仅代表演化的一个等级，或者说一个阶段，这个阶段的动物已具备了一些特征，而另一些特征尚未发育出来。具体说来就是，古生代的兽孔类还没有发展出哺乳动物的鉴别或定义特征，例如后者的下颌骨中只存在与头部颞骨相连的单一齿骨。但是，由于支序系统学家不认同将演化等级作为分类的标准，因此他们认为将哺乳动物排除在外的"下孔类爬行动物"不构成一个有效的自然类群。他们认为哺乳动物是一个自然类群，而兽孔类是一个更大的自然类群，包括了哺乳动物、犬齿兽类、丽齿兽类以及一些其他类群。最后，下孔类构成了一个更大的自然类群，包括了兽孔类和盘龙类。在这种情况下，将哺乳动物纲视为与爬行动物纲同一等级的概念就显得有些荒谬了，因为从演化的角度来看，哺乳动物只是兽孔类爬行动物的一个分支。所以，回到更宽泛的剑齿虎定义上，我们仍然可以用非正式的术

---

① 译者注：也就是说这些分类群并没有包括最近共同祖先的所有后裔。

图1.4　四足动物谱系图。底部的四
个分支组成了下孔类。［原
p.13］

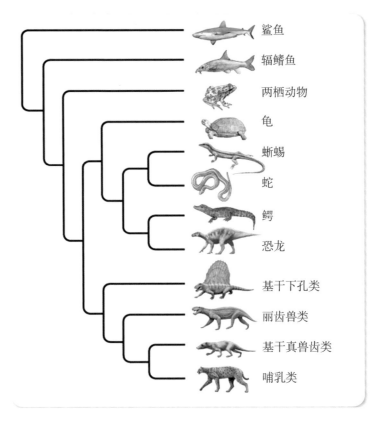

语说，大多数剑齿虎都是哺乳动物，而丽齿兽类"假剑齿虎"是爬行动物。但
在严格的分支系统学术语中，我们可以很自在地说它们都是下孔类动物。

剑齿虎的演化

在不同的地质历史时期，剑齿式适应在不同类群的食肉动物中独立演
化过多次，这种奇异的现象被美国古生物学家贾尼斯称之为"剑齿的重演"
（Janis，1994）。在各地质历史时期，有时仅有一个或最多三个剑齿家族在地
球上生存，因此，每当剑齿群体发生全球性大灭绝时，人们会认为此后再也见
不到剑齿类动物了。然而事实证明，在每一次灭绝事件发生的几百万年后，都
会有一个新的剑齿家族悄然而生，再展剑齿雄风。

最早演化出剑齿的掠食者是丽齿兽类。这些二叠纪兽孔类动物的身体结构显
示出了爬行动物的基本演化特征。由于它们的身体结构与真正的哺乳动物有很大
差异，它们对剑齿捕食方式的解剖学适应也与哺乳类剑齿动物大不相同。尽管如
此，丽齿兽与后来的剑齿捕食者一样，都拥有极为拉长且边缘长锯齿的上犬齿以
及可以极度张大嘴部的下颌。和许多（但不是所有）哺乳类剑齿动物一样，丽齿
兽的门齿也很大，在犬齿前呈弧形排列。这些动物最终在二叠纪末期消失了。

即使我们仅将注意力集中在哺乳类剑齿动物身上，我们仍然需要考察大
量的动物群体。它们大多属于真兽亚纲（有胎盘类），但有一类属于后兽亚纲

（有袋类），后者与袋鼠的亲缘关系比猫更近。

袋剑齿虎类，或称有袋类剑齿动物（图1.5），是南美洲本土被称为袋鼬狗超科的有袋食肉动物的一员，它们与有胎盘食肉动物趋同演化出了相似的肉食适应特征（Goin & Pascual，1987）。但与有胎盘伙伴不同的是，袋剑齿虎类从未演化出真正的裂齿（这是有胎盘食肉动物的一种重要的牙齿特性，我们将在下文看到），它们所有的颊齿（由于位于犬齿的后方，也被称为犬齿后齿）都变得像刀刃，形成很长的切肉装置。最晚演化出现的袋剑齿虎成员也是最特化的剑齿虎类动物，它们有着极度拉长且终生生长的上犬齿和极为特化的头骨形态，显示出对某种咬杀方式的极端适应，明显区别于其他袋鼬狗类动物，而与有胎盘的刃齿虎更为相似（但仍有明显差异）。袋剑齿虎类消失于上新世。

下一类剑齿动物——类剑齿虎类，属于有胎盘食肉动物的一个完全灭绝的类群，即被称为肉齿目的那个类群。它们与最早的"真"食肉动物（食肉目）

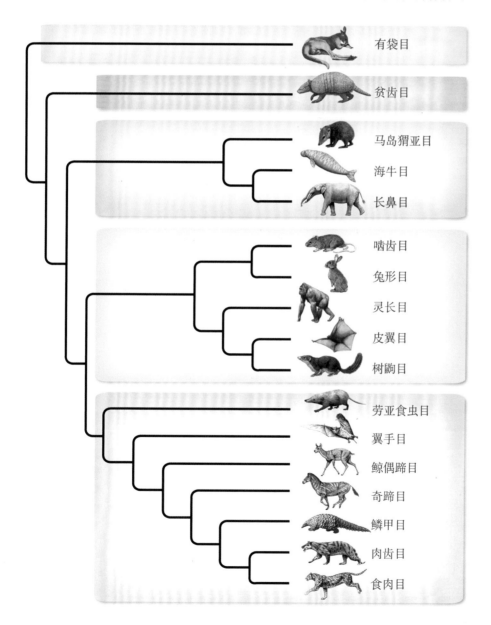

有袋目

贫齿目

马岛猬亚目

海牛目

长鼻目

啮齿目

兔形目

灵长目

皮翼目

树鼩目

劳亚食虫目

翼手目

鲸偶蹄目

奇蹄目

鳞甲目

肉齿目

食肉目

图1.5 哺乳动物谱系图。注意有袋类剑齿动物（袋剑齿虎科）位于谱系图的最顶部分支，而有胎盘类剑齿动物位于最底部的两个分支。[原p.14]

一起于古新世演化出现（Dawson et al. 1986）。肉齿目动物迅速分化并在早始新世演化出体形较大的物种，而食肉目在整个古新世和大部分始新世期间都是身材矮小、形如黄鼬的动物。肉齿目与食肉目有着较近的亲缘关系，是后者的姐妹群。姐妹群是分支系统学的一个术语，指的是拥有共同祖先的亲缘关系最近的两个同级分类单元。和食肉目类似，肉齿目也拥有一套裂齿系统及特化为刀刃状的颊齿（由于位于犬齿的后方，也被称为犬齿后齿），因此很适合切肉。然而，肉齿目的裂齿在齿列中的位置与食肉目不同（图1.6）。类剑齿虎类体形都不大，其中小者似家猫，大者如猞猁。它们消失于始新世中期。

在真食肉动物——食肉目中，第一个演化出剑齿的类群是猎猫科，它们在类剑齿虎灭绝后于始新世出现。食肉目动物的典型特征在于它们裂齿的位置——它们的上第四前臼齿和下第一臼齿分别形成了上、下裂齿（图1.6）。如前所述，猎猫科与现代猫科非常相似，因此多年来它们一直被归入猫科的另一

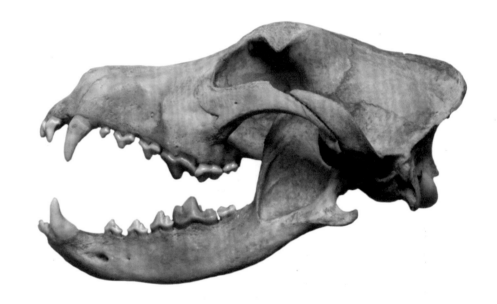

图1.6　现生的犬类犬属以及灭绝的鬣齿兽属的头骨和下颌。红色高亮部分为裂齿。注意，在食肉目中，裂齿由上第四前臼齿和下第一臼齿组成，而在肉齿目中，裂齿位于齿列更后方的一到两个位置。
[原p.15]

个亚科（Bryant，1991，1996b）。但更详细的研究表明，它们与猫科的相似之处是表型化的，与猫科的亲缘关系并不十分近，应该归入一个单独的科，有些专家甚至认为猎猫科是所有其他猫型亚目成员的姐妹群。猎猫科在渐新世与中新世之交灭绝了。

传统上，猎猫科被分为两个亚科，一个是古老的猎猫亚科，生活于始新世和渐新世，另一个是中新世较年轻的巴博剑齿虎亚科。现在很清楚的是，这两个亚科之间的差异太大了，不适合再将它们归入同一个科中，于是新的一个科巴博剑齿虎科应运而生（图1.7）。事实上，与猎猫科相比，巴博剑齿虎科可能与猫科的亲缘关系更近（Morales et al. 2001；Morlo et al. 2004）。巴博剑齿虎科最终消失于中新世晚期。

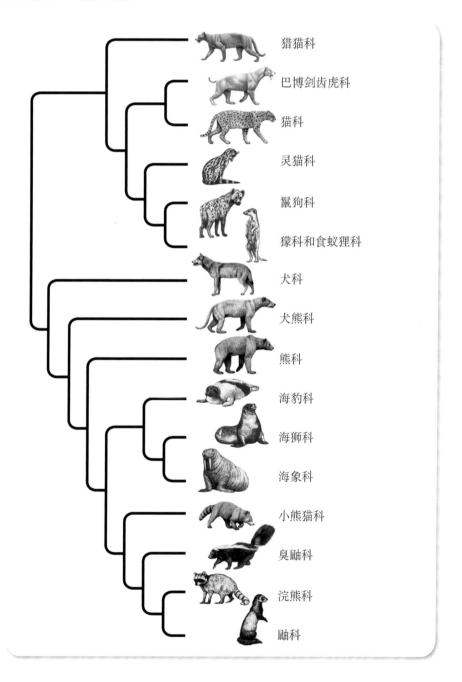

猎猫科

巴博剑齿虎科

猫科

灵猫科

鬣狗科

獴科和食蚁狸科

犬科

犬熊科

熊科

海豹科

海狮科

海象科

小熊猫科

臭鼬科

浣熊科

鼬科

图1.7　食肉目谱系图。〔原p.16〕

我们更熟悉的真剑齿虎类属于食肉目猫科的成员，即"真正的猫类"（图1.8）。真剑齿虎类绝非现代猫科动物的祖先。更确切地说，它们更像是现代猫科动物的近亲，一个与后者的祖先一起演化了数百万年的独立类群。它们通常被归入一个单独的亚科——（真）剑齿虎亚科，而现代猫科动物则属于猫亚科。有些学者对不长剑齿的现代猫科动物作了进一步细分，如包括豹属和云豹

图1.8 猫科和巴博剑齿虎科（上）以及猎猫科（下）的谱系图，显示了最具代表性的属之间的亲缘关系。［原p.17］

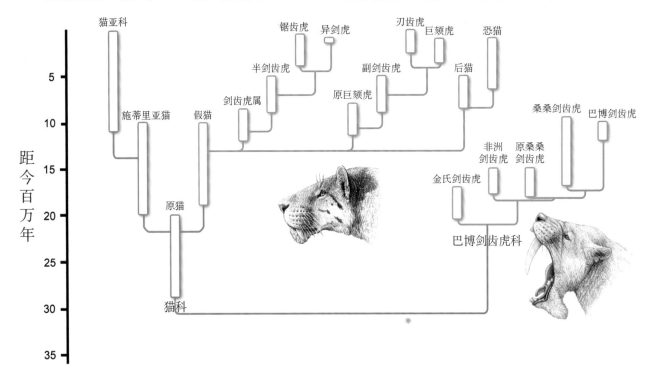

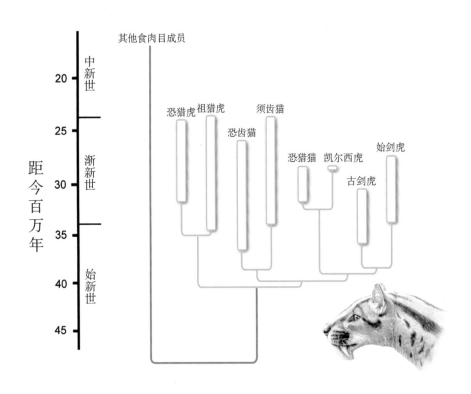

属大猫在内的豹亚科，甚至将形态怪异的猎豹置于单独的猎豹亚科。但是，最近对现代猫科动物的分子生物学研究往往不强调亚科和族这些级别上的正式分类，而是使用"支系"，即由于遗传相似性而聚合在一起的一些属级类群。在这些分类中，猎豹尽管外形独特，但它们明显与美洲狮和细腰猫一起组成"美洲狮支系"，而豹属和云豹属则组成"豹支系"（Werdelin et al. 2010）。

真剑齿虎类与现生猫类的密切亲缘关系在解剖学上得到了充分的体现。一些最晚期出现的剑齿虎类如致命刃齿虎、毁灭刃齿虎及晚锯齿虎有着保存优良的化石材料，这使得将来利用DNA技术研究它们之间的亲缘关系成为可能。在最近的一项研究中，巴奈特和他的同事们使用精炼技术提取并分析了南北美洲的刃齿虎和锯齿虎化石的古DNA样本，此外，他们还将美洲更新世灭绝的猎豹形猫类——惊豹纳入了研究之中（Barnett et al. 2005）。其结果证实了惊豹与现存的美洲狮-猎豹支系的亲缘关系（与美洲狮的亲缘关系尤其近），同时表明真剑齿虎类是现代猫科动物的姐妹群。猫科真剑齿虎类最终在更新世末期灭绝。

剑齿虎特征概述

为了对剑齿虎类动物的特征有个大致的了解，我们不妨先研究一下上面所列类群中的那些非剑齿亲戚，并观察它们之间普遍存在的差异。我们可以看到各个类群中的非剑齿物种均保留了较多的"原始"或祖先特征，而它们的剑齿亲戚则与祖先的差异较大——通常显示了一个清晰的随时间演化的进程，某些

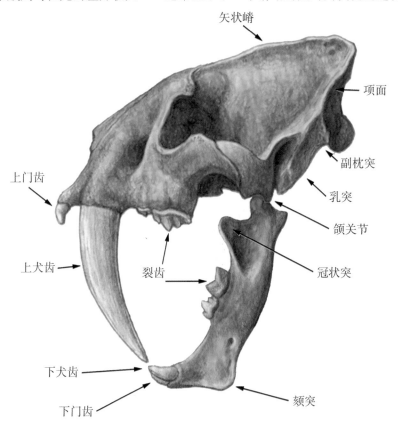

图1.9　猫科刃齿虎的头骨，展示了文中所讨论的一些剑齿虎类动物的骨骼学特征。［原p.18］

类群的化石记录为我们提供了难得的系统发育序列（即一组相关类群先后演化出现，显示出祖先和后裔之间的近似关系）。因此，尽管听起来不可思议，但现代猫科动物在某种意义上比它们灭绝的剑齿亲戚更"原始"，这意味着现代猫科动物与两者共同祖先的分异较小（图1.9）。那么，剑齿动物和它们的非剑齿亲戚之间的主要区别是什么呢？

我们从牙齿特征开始说起。首先，剑齿虎类当然长有剑齿（图1.10）。剑

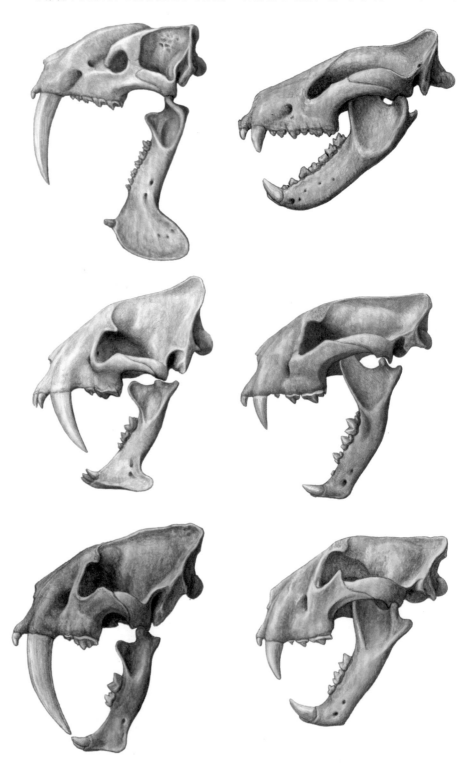

图1.10 剑齿的（左）和非剑齿的（右）袋鬣狗科、猎猫科和猫科的头骨对比。上排：左，袋剑齿虎；右，袋鬣狗。中排：左，古剑齿虎；右，祖猎虎。下排：左，刃齿虎；右，豹。［原p.20］

齿虎类的上犬齿变得长（或者用专业术语来说，变得高冠）而弯曲并侧向扁平。上犬齿的增长、弯曲和扁平化的程度在不同的剑齿物种中差异较大，但总的来说剑形犬齿和非剑形犬齿的区别是非常明显的。即使在最知名的剑齿虎类支系中，早期的物种也只有略微扁平的犬齿，与它们的非剑齿祖先更为相似，而最晚期的物种则拥有最夸张的剑齿形状。许多剑齿虎类在剑齿的切割缘上长有锯齿。这些锯齿并不局限于上犬齿，在一些物种中，所有的牙齿在未磨损时都长有锯齿。锯齿的形态差异较大，从非常细到相当粗，它们使牙齿能够更有效地切割猎物的肌肉和皮肤。

这种引人注目的剑形犬齿只是下孔类动物牙齿异齿化的一种极端夸大现象，即齿列中不同位置的牙齿演化出不同形态，这种异型齿与大多数爬行动物相对一致的同型齿形成鲜明对比。丽齿兽类剑齿动物已经表现出一定程度的异齿化，它们的上犬齿很长，边缘呈锯齿状，但远不如更特化的哺乳类剑齿动物那样扁平（图1.11）。

除上犬齿外，其余的牙齿也各有不同。剑齿虎类的门齿往往会变大并呈弧形排列，而它们的下犬齿往往会变小，组成下门齿列的一部分。在丽齿兽类中，门齿的数量要比哺乳动物的多，并呈明显的弧形排列，但下犬齿仍很大，尽管比上犬齿要小得多。在袋剑齿虎类中，下犬齿要小得多，几乎像钉子，但门齿更小，甚至退化消失。这与更典型的剑齿虎类形成了鲜明对比，意味着存在一些尚不清楚的功能差异。在某些有胎盘哺乳类剑齿动物支系中，可以观察到在早期物种中较大的下犬齿在晚期物种中越来越退化，而下门齿则越来越

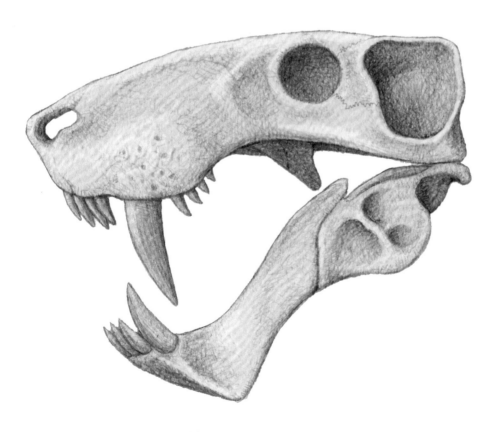

图1.11 丽齿兽类的狼蜥兽的头骨。注意上下颌不同区域的牙齿在大小和形态上的差异，即所谓的异齿化现象。［原p.21］

图1.12 猫科锯齿虎的全身复原（四侧视图）。注意它们长而竖直的四肢。[原p.22]

大，越来越向前弯曲突出。

在所有的剑齿虎类中，颊齿的数量和大小都趋于减少（小）。丽齿兽类没有实质性的颊齿，事实上，这些动物没有显示出臼齿化的颊齿发育痕迹（就像我们宽而钝的臼齿），这种特征直到后来才在更像哺乳动物的兽孔类身上出现。我们前面已经说过，有袋类动物没有真正的裂齿。尽管缺乏有胎盘食肉动物所具有的精致裂齿，但袋剑齿虎类的颊齿并没有退化，整个颊齿列就像一个长长的切割装置。在有胎盘剑齿虎类中，裂齿往往变得很长，形成夸张的刀刃形状，而其他大多数颊齿则退化变小或消失。

就头骨的总体形态来说，剑齿虎类的头骨相对较高，发育出较大的嵴形隆起，以附着关闭上下颌的肌肉（图1.9）。丽齿兽类的咀嚼肌结构尚未达到哺乳

动物的水平，其下颌骨和颅骨通过方骨和关节骨相连，而哺乳动物则是通过颞骨和齿骨形成关节。正如我们将在第四章中看到的，丽齿兽类以一种相当奇特的方式大张嘴巴进行咬杀，与哺乳类剑齿动物完全不同。在哺乳动物中，与非剑齿物种相比，剑齿物种中连接头骨与下颌骨之间的关节突通常位于更腹侧即更下方的位置。此外位于头骨外耳道后方的乳突也显示出巨大的差异。在剑齿虎类中，乳突（"突"是骨质突起的解剖学术语，乳突位于头骨的颞部，外耳道的正后方）向腹侧延伸突出，部分包围了外耳道，在某些情况下几乎与后关节突相接，而相邻的副枕突（位于乳突后的骨质突起）则不那么向腹侧延伸突出，甚至在某些类群中非常退化。枕面，或者说颅骨的后部，通常是垂直的，与非剑齿虎类的倾斜枕面形成鲜明对比。

　　就下颌骨而言，最明显的区别在于前部（正式的解剖学术语是"吻"部），即左右两半下颌的连接处（图1.9）。这个区域被称为下颌联合，在剑齿虎类中，它的前侧面高而竖直，与下颌水平面形成一个约90°的角，而与大多数非剑齿食肉动物的平缓弯曲的联合部不同。此外，剑齿虎类的联合部更为强健，其侧缘

图1.13　袋剑齿虎的全身复原（四侧视图）。注意它们较短的四肢。[原p.23]

图1.14 丽齿兽类的鲁比奇兽的全身复原（四侧视图）。注意它们弯曲的四肢和外屈的肘部。［原p.24］

常向腹侧延长，形成长度不等的颏突（或说下巴颏）。下颌骨的另一个显著不同在于冠状突的退化（下颌骨上的牙齿与上下颌关节之间向上抬升的突起）。

头后骨骼也有明显差异（图1.12、1.13和1.14）。一般来说，剑齿虎类往往有着较长的颈部和增大的肌肉附着处；短且倾斜的强壮背部；非常强壮的前肢，能够进行相当大范围的横向旋转。许多（但不是所有）剑齿虎类的四肢都相对较短，尤其是后肢和足部。尾部也通常较短（图1.15）。

这些特征差异的确切功能意义将在后文详细讨论，但这里我们可以注意到，在亲缘关系较远的哺乳类剑齿动物中，这些特征差异在演化史上的不断重现是多么精准。

因此，我们看到剑齿式适应一次又一次地演化出现，创造出一代代骨骼精奇的非凡捕食者。尽管我们可能已经知晓了大部分（即使不是全部）剑齿虎类，但仍可能在化石记录中发现更多新的剑齿物种。自从19世纪早期首次发现

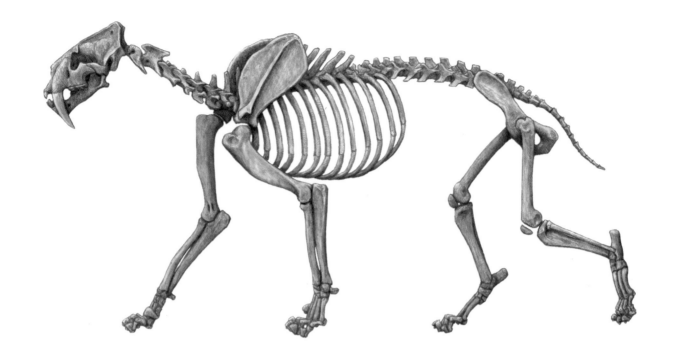

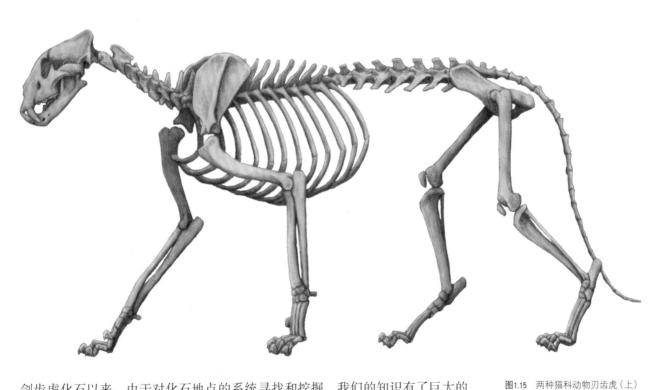

剑齿虎化石以来，由于对化石地点的系统寻找和挖掘，我们的知识有了巨大的增长。尽管许多早期的发现是幸运造就，但目前的发现更多是基于学界对化石如何以及为何形成的更精确的认识。古生物学是生物学和地质学的结合，正如我们将在下一章中看到的，基于对地质过程的深刻了解，古生物学家们知道哪里可以寻找化石，以及怎样根据含化石层的地质背景推测动物生活和死亡时的情况。没有这些知识，就不可能准确复原出剑齿虎这样的史前生灵。

图1.15 两种猫科动物刃齿虎（上）和豹（下）的骨架对比。注意刃齿虎有着更长的颈部、短的背部和尾部以及更粗壮的四肢。[原p.25] 25

图2.1 得克萨斯州弗里森哈恩洞穴的剖面示意图，展示了化石的来源和保存。上：洞穴中刚死去的晚锯齿虎（*Homotherium serum*）尸体。中：河流带来的冲积物正进入洞穴，即将掩埋残留的骨架。下：沉积物彻底掩埋了骨架。［原p.26］

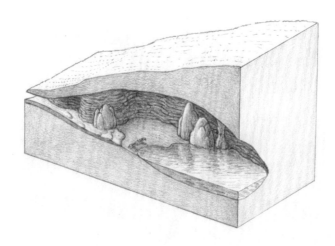

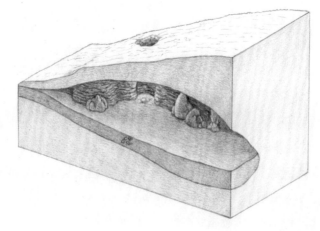

第二章　剑齿虎的生态

动态星球上的剑齿虎

在剑齿虎生存演化的漫长历史中，我们的星球经历了巨大的变化。大陆之间相互碰撞、分离；气温在酷热与冰河期的严寒之间转换；海平面或升或降起伏不定，不断改变海岸线的轮廓，洪水间歇性泛滥，数千平方公里的陆地暴露出来。同时，陆地植被也发生了变化，从由巨大的蕨类和原始的针叶植物组成的超凡古生代森林，到基本由现代植物类型组成的新生代植物群落，植物分布随着气候的波动也在剧烈地变化着。剑齿虎类动物的演化不仅与环境的变化紧密相连，还与它们的竞争者、猎物等其他物种的演化息息相关。我们对它们演化历史的一切了解都来自化石记录，而化石这个信息宝库就蕴藏在层层叠叠的沉积岩中。

化石和化石产地

在数以百万计的所有剑齿虎类个体中，经过不可思议而又近乎神奇的石化过程后，可以说，只有极少数能以化石的形式呈现在我们眼前。化石是已经死亡的生物体在经过一系列被称为成岩作用的物理和化学过程而发生矿化的遗物或遗迹，如骨头、牙齿、蛋、叶片、根和脚印。我们所说的动物化石通常指的是生物的硬体部分（在脊椎动物中，指的是它们的骨骼和牙齿），在被埋藏了数千万或数百万年后，或多或少地遭受了强烈的矿化作用，渗入其中的化学物质取代了原来的有机组织。此外，还有一些其他类型的化石，包括灭绝动物的脚印（或足迹）。当动物在烂泥层中艰难前行时，脚印会被保存下来并很快被新的沉积物掩埋。而当动物尸体沉入静止、缺氧的水底，腐烂速度减慢，厌氧细菌取代了软组织，在沉积物上会形成软组织的轮廓并被保存下来。一些冰河时代的动物以冻尸的形式被保存在北极冰川的永久冻土中，冻尸能够提供动物软组织甚至外形特征的丰富信息，例如在西伯利亚冻土中偶然发现的真猛犸"木乃伊"。不过，这些尸体并没有经过成岩作用，它们只是在远古时期死亡的动物的遗体。

剑齿虎的狂热追崇者们一直期盼着有一天能在北极地区找到冰河时代的锯齿虎遗体，但这种愿望目前还没有实现。我们尚未发现任何周围保留有软组织痕迹的剑齿虎骨架，也很少发现它们的脚印。因此我们目前所知的有关剑齿虎的大部分信息都来自它们的骨骼。脊椎动物，尤其是食肉动物化石的保存和发现充满了种种不确定性。毕竟，从生态学角度出发，任何动物都需要比它们本身重得多的食物资源，在陆地生态系统中，食肉动物又比食草动物要稀少得多，它们的数量在哺乳动物中所占的比例不超过2%。这种不平衡也反映在化石记录中，在所有已发现的哺乳动物化石中，食肉动物仅占10%。但在一些被称为食肉动物陷阱的特殊遗址中，这个比例则有所不同，甚至是相反的，这些遗址对于研究食肉动物的古生物学家来说万分宝贵。

我们可以在不同类型的化石遗址中找到剑齿虎的遗骸。它们大多是露天的，由湖岸或河岸边的沉积物堆积而成，这些沉积物掩埋了附近死去的动物尸体。在这样的沉积中，时代较年轻的沉积物通常会堆积在较老的沉积物之上，这种叠覆规律使科学家能够推断保存于其中的化石的相对地质年代。还有一些与洞穴沉积有关的化石遗址，动物遗骸也被同样地埋葬在沉积物中，但整个石化过程都是在这种天然岩洞的有限空间内进行的。在下面几个小节中，我们将详细地介绍不同类型的化石遗址。

洞穴遗址

洞穴通常是水在流经石灰岩或白云岩时因岩溶作用形成的地下通道和坑洞，由此形成的地貌被称为喀斯特地貌。洞底通常保存着那些流水带入的沉积物，有时还包括动物的遗骸。洞穴化石的年代通常是很难确定的，因为其内的沉积物没有明确的沉积序列模式。因此，洞穴化石群的年代（密度较高的化石堆积被称为"骨床"）通常需要通过与那些已确定年代的露天遗址的动物群进行对比来推断。但是洞穴遗址也存在一些优势。例如，与典型的山谷底部沉积物相比，洞穴沉积物通常来源于更高的地面，因此它们代表着不同的环境和动物群。此外，由于洞穴经常被食肉动物用作巢穴，因而食肉动物的遗骸也较易在洞穴中被保存下来。这类洞穴堆积往往以单一物种为主，例如欧洲一些保存了洞鬣狗化石的更新世洞穴沉积。

弗里森哈恩洞穴遗址

美国得克萨斯州的弗里森哈恩洞穴显然就是一个剑齿虎类动物的巢穴，其时代可追溯至更新世晚期（Meade，1961）。在那里，研究人员发现了若干猫科锯齿虎个体的骨骸以及成百上千的长鼻类动物骨骸。其中有不同年龄大小的锯齿虎，包括幼崽，进一步证实了这个地方曾被用作巢穴。在包括猛犸和少量乳齿象在内的长鼻类动物骨骸中，绝大多数个体都很年轻，它们很可能是被锯齿虎猎杀的，后者会将大部分猎物尸体拖回巢穴后再享用。其中，一头老年锯齿虎的骨架标本保存尤为完好，它在被发现时仍保持着一种休息的姿态，表明这个动物是在躺下之后静静地死去的。后来，洞底被来自外部的新沉积物所覆盖，这些骨骸也被掩埋了（图2.1）。

海勒21A洞穴遗址（Haile 21A）

另一个可能属于剑齿虎巢穴的洞穴遗址是佛罗里达州的海勒21A洞穴，时代为欧文顿期（约100万年前的早更新世）。这是首个也是唯一一个确切发现霍氏异剑虎化石的洞穴遗址。在这个遗址中发现了两具不完整的异剑虎骨架、大量的坎伯兰平头猫遗骸以及纤细刃齿虎和乳齿象的一些化石碎块。报道异剑虎化石的学者认为这个遗址很可能是剑齿虎类动物的巢穴，根据他们的说法，绝大多数平头猫遗骸都是由这些掠食者带进洞穴的（Martin et al. 2011）。

克罗姆德拉伊洞穴遗址

这个最著名的洞穴遗址位于南非的斯特克方丹山谷，以产出丰富的上新世和更新世早期人类化石而闻名，被称为"人类的摇篮"。特别是，那个洞穴还发现了非洲地区保存最好的巨颏虎化石。克罗姆德拉伊洞穴的沉积物被划分为不同的沉积段，每个段对应不同的沉积时期。古生物学家布莱恩（C. K. Brain，1981）认为其中的A段是食肉动物将此用作巢穴留下的沉积，剑齿虎、美洲豹和一些鬣狗类会将猎物尸体带回巢穴，然后静静地享用美食。弗尔巴（E. S. Vrba，1981）认为在B段沉积形成的时期，洞穴有时会成为灵长类的庇护所，有时又会成为动物的死亡陷阱，这一时期动物们很容易从陡峭的洞口跌落，这又会吸引伺机而来的食肉动物如巨颏虎。至少有两头成年巨颏虎在此殒命，而它们的大部分骨骼都被保存了下来。

周口店遗址

中国周口店的上新世和更新世洞穴沉积遗址因发现了人类化石而闻名于世。但同时，它也是一个食肉动物的巢穴，因为在遗址中还发现了上新世-更新世的锯齿虎和巨颏虎遗骸。被称为周口店第1地点的主洞穴产出了早期人类的遗骸[①]，传统上被认为是早期人类的密集聚居地。锯齿虎化石发现于其他地点，特别是第9和第13地点，而巨颏虎的头骨则产自第1地点；此外，第1地点还发现了大量的巨型鬣狗——短吻硕鬣狗化石。人类占据主洞穴的传统解读近年来备受挑战，为此学者提出了另一种可能的情况。他们认为，鬣狗才是洞穴的主导者，之前被认为是早期人类猎获物的有蹄类动物骨头很可能是被鬣狗拖拽进来的（Boaz et al. 2000）。

圣湖镇洞穴遗址

发现剑齿虎化石的洞穴遗址有很多，但不是每一个洞穴化石堆积都由兽穴遗物形成。正如我们在本书的开篇所见，伦德（1842）认为巴西圣湖镇洞穴的

[①] 译者注：这里就是著名的北京猿人化石的发现地，目前学者们普遍认为北京猿人属于直立人。

图2.2 加利福尼亚州拉布雷亚一沥青坑的剖面示意图，展示了化石是如何积聚起来的。上：一头野牛无意中踏进了渗漏沥青的坑中。中：野牛被困在沥青中，食肉动物聚集在它的周围觅食，其中一些最终也被困住了。下：被困动物的骨骸被沉积物所掩埋并混合在一起。［原p.32］

大型哺乳动物化石是刃齿虎的猎物遗骸，刃齿虎会把猎物尸体带回洞穴悠闲地享用。但目前的观点支持另一种设想：刃齿虎等各种动物的骨骼进入洞穴的方式不尽相同。例如，一些在洞外地面上死去的动物，它们的骨骼会被水流带至洞穴中沉积下来。而其他动物可能是进来寻找阴凉、水源或来舔食盐渍，只是因为迷路死在了洞里（Cartelle，1994）。

食肉动物陷阱

天坑、洞穴以及其他类型的地洞可能成为哺乳动物的天然陷阱，但有时，这些陷阱的意外受害者会成为其他动物的诱饵，吸引食肉动物进入陷阱觅食而无法脱身。这样的遗址被称为食肉动物陷阱。但并非所有的食肉动物陷阱都是洞穴陷阱，其中最著名的就是拉布雷亚沥青坑（实际上是沥青渗透），它以一种非同寻常的方式积聚着化石。

拉布雷亚沥青坑遗址

正如第一章所提到的，拉布雷亚沥青坑是北美地区最早发现大量更新世刃齿虎化石的遗址，从20世纪初至今，不断有新的化石材料被发现。这个遗址产出了数万件刃齿虎骨骼，是地球上迄今为止人们所知的最大的剑齿虎化石宝库。该遗址位于美国加利福尼亚州洛杉矶市，自1901年开始的挖掘工作已经挖开了上百个独立的坑洞。这些沉积物形成于大约4万至1万年前的晚更新世时期，由圣莫尼卡山脉附近的冲积扇搬运而来。从深层沉积物中挤压出来的石油浸透了上面的砂层，形成了一团黏稠（可能较浅）的团块。在仔细研究分析过去30年来从第91号坑中收集的化石后，研究人员得出结论，被困于陷阱而死亡的哺乳动物的躯体很快就被沉积物掩埋了，但在此之前，捕食者已设法从暴露出来的尸体一侧取走了许多肢骨（Spencer et al. 2003）。其中一些捕食者没能带走它们的战利品，反而自己也被困住了，成为了新的诱饵。实际上，几乎和食草动物一样，这里的食肉动物的尸体也大量地被食腐动物取食，这是很少见的现象，因为现代食肉动物一般不吃同类的肉。结果是，拉布雷亚沥青坑保存的食肉动物骨骼占比高得惊人，达到整个脊椎动物化石的90%以上。水流对沉积物中的骨骼进行了二次搬运，导致每个凹坑中的骨骼彻底地混杂在一起，几乎很难组装出来自同一个体的完整骨架（图2.2）。因此，拉布雷亚遗址中，包括剑齿虎在内的所有哺乳动物的身体比例需要通过数十根骨骼标本的平均测量值进行推断。直到1986年，当地开始建造专门用来展出拉布雷亚化石的乔治佩吉博物馆时，找到了一具各部分仍相连接的刃齿虎骨架，研究人员对其进行了抢救挖掘（"连接"在这里意味着骨架的不同部分没有与附近发现的其他个体的骨骼混合在一起，很清楚地表明它们属于同一个个体），这是自20世纪早期开始挖掘以来首次发现完整的骨架（Cox & Jefferson，1988）。

拉布雷亚的化石群十分丰富，除了刃齿虎外，研究人员还发现了其他大型食肉动物（包括美洲拟狮和恐狼）、各种食草动物（包括骆驼、野牛、羚羊、鹿、马、大地懒、猛犸和乳齿象）以及一些鸟类和更小型脊椎动物的化石。这样的动物群连同孢子粉等其他证据，表明当时的气候条件比现在稍冷、稍潮湿，有多样的植被类型，包括大量的松类、灌木蒿和荞麦。

塔拉拉遗址

另一个类似拉布雷亚遗址的食肉动物陷阱是秘鲁的塔拉拉沥青坑。和拉布雷亚一样，塔拉拉也属于晚更新世沉积遗址，其中主要的大型食肉动物可以与拉布雷亚的差不多：刃齿虎、大型美洲豹（以前被误认为是美洲拟狮）以及恐狼（Lemon & Churcher，1961；Seymour，1983）。然而，遗址内的骨骼状况似乎略有不同，塔拉拉遗址的断骨比例更高，而且许多骨骼在埋葬前都经历了相当程度的风化作用。这些差异可能是因为塔拉拉的沥青浸透的砂层比拉布雷亚的更浅，被困的大型动物在激烈挣扎时对先前受害者的骨骼造成了较大的损害。被困的食肉动物中大部分是幼年个体，许多恐狼的骨骼标本也显示出了病理特征，这些状况表明缺乏经验、身体状况不佳的个体被困的风险更大。20世纪50年代，加拿大安大略省的多伦多博物馆从塔拉拉遗址获得了一批保存极好的刃齿虎化石材料，但这些化石至今还没有被描述。

埃尔布雷阿尔-德罗夸尔遗址

委内瑞拉石油资源丰富，在一些地方形成了沥青坑，直到近年人们才发现其中含有剑齿虎类动物的遗骸。其中位于委内瑞拉北部莫纳加斯州的埃尔布雷阿尔-德罗夸尔遗址的时代为早-中更新世遗址，早于诸多形成于更新世晚期的沥青沉积遗址（Rincón et al. 2011）。这个遗址尤为重要，因为它创下了首个确切的来自南美洲的锯齿虎化石记录，说明这些动物不仅确实到达了南美大陆，而且到达的时间还非常之早。

洞穴陷阱

洞穴陷阱是最典型的食肉动物陷阱，食草动物会一不留神就会从陡壁掉入洞穴，它们的尸体会引来饥饿的食肉动物，这些食肉动物要么坠地而亡，要么困死在洞穴中无法逃脱。

博尔特农场遗址

博尔特农场是位于南非斯特克方丹山谷的一处上新世（约300万年前）遗址，在这个遗址中发现了3具恐猫的骨架以及大约12只狒狒的遗骸。这个洞穴显然成为了灵长类和食肉动物的陷阱，其中甚至还发现了这两类动物的粪便化

石，表明它们在洞穴中存活了一段时间（Cooke，1991）。其他大型哺乳动物化石的缺失表明，只有足够敏捷的猫类和猴类才能进入洞穴，但显然其中一些没能成功逃离（图2.3）。看起来第一个受害者的尸体并没有引起食肉动物被困的连锁效应，所以这不算完全意义上的食肉动物陷阱。

34

图2.3 上新世时期，发生在南非博尔特农场天然洞穴陷阱中的一个场景。一只恐猫遇到了一只同样被困在陡壁洞穴中的狒狒。它们都困在其中，无法逃离。[原p.34]

因卡卡尔遗址

　　另一个可以在一定程度上视为食肉动物陷阱的遗址是位于西班牙东北部赫罗纳地区的因卡卡尔遗址。这是一个复杂的岩溶洞穴群（目前已发现9个小洞穴），其中沉积了富含化石的上新世湖湘灰岩。现今，在距离因卡卡尔不远的巴尼奥拉斯斯湖附近存在着相似的洞穴和天坑，当地下水位升高时，它们就会被填满。动物在森林中经常会遇到这些坑洞，必须时刻小心以免滑倒在被落叶覆盖的洞口周围，并跌入其中——要想从一个有着陡峭岩壁的坑洞中逃出来可不是一件容易的事。因卡卡尔洞穴里的化石是在洞底水位很低的时候积聚起来的，掩埋动物遗骸的沉积物很可能源自洞外，由季节性洪水携带而来（Galobart，2003）。这种沉积介质由于富含硫酸盐而缺氧，形成一个碱性而非酸性的环境，有利于石化作用的进行。因卡卡尔遗址的大部分化石产自三个小洞穴，包括迄今为止发现的保存最好的阔齿锯齿虎标本。

　　在因卡卡尔化石群中发现了南方猛犸和大河马的部分骨架，表明大型有蹄类动物在被沉积物掩埋时，它们的身体骨骼仍被韧带连接着。此外，异常丰富的食肉动物遗骸（包括锯齿虎和硕鬣狗）表明，食草动物在掉入坑洞被困

35

住后，吸引了一大批食肉动物前来觅食。关于食肉动物陷阱假说，存在一个问题：洞穴中的食肉动物骨架并不完整，因此有必要弄清这么多缺失的骨骸是怎么被带出洞穴的。一种可能是，水流对尸体的搬运作用。另一种可能是，在洞

穴附近死亡的食草动物的尸体与其他动物的遗骸是一起被洪水带入洞穴的，但这个设想难以解释洞穴中富含食肉动物遗骸这一事实，因为在这种设想下，食肉动物一般会离开该区域，而不是与猎物一起死在那里。

巴塔略内斯遗址

位于西班牙中部马德里的塞罗巴塔略内斯遗址也许是世界上最为壮观的食肉动物陷阱（图2.4）。这个陷阱遗址由瓦里西期（即中新世晚期）形成的一系列洞穴沉积组成，位于当时的一个大湖的湖岸附近（Antón & Morales，2000；Morales et al. 2008）。即使在严重的干旱时期，洞穴里仍会有一些积水。因此，这些洞穴成了大型有蹄类动物如犀牛、长颈鹿和乳齿象的陷阱，这些动物被水源吸引，会主动进入或者不小心掉入洞穴，最后受洞壁的形状和结构所困，无法脱身。洞穴中被困的一些食草动物的尸体会变成诱饵，吸引同地域的食肉动物，包括猫科真剑齿虎类——隐匿剑齿虎和洪荒原巨颌虎、体形较小的锥齿猫类、犬熊类、小型鬣狗、熊类、巴塔扁鼻犬（大小如豹，小熊猫的近亲）以及各种鼬科动物。在巴塔略内斯1号和3号遗址中，食肉动物化石的比例占哺乳动物的90%以上。

有趣的是，在巴塔略内斯1号遗址中发现的大部分原巨颌虎化石均属于年轻的成年个体。它们正处于成长的关键阶段，被迫离开母亲的领地，由于生存压力和缺乏捕猎经验，它们比年长的动物更容易犯险。这种偏向在陷阱遗址中的食肉动物群中很常见，在用于研究生活于非洲的现代豹的诱捕陷阱中，年轻个体出现的高频率也反映了同样的倾向（Bailey，1993）。

在巴塔略内斯2号遗址中主要发现了两具乳齿象的骨架，但乳齿象骨架层之下几米深的地方，又发掘出了主体由食肉动物遗骸组成的化石堆积群。这表明了一种洞穴演化模式：只有当洞穴足够深、洞壁足够陡时，它们才会成为食肉动物的陷阱。当洞穴因沉积物的充填变得越来越浅时，虽然像长颈鹿和乳齿象这样的大型哺乳动物依旧会被困住，但是灵活敏捷的食肉动物就很难被困住了。巴塔略内斯2号遗址的乳齿象或者4号遗址的长颈鹿个体一定是在死亡后就很快被冲刷进来的沉积物掩埋的，没有给食肉动物留下太多进食时间，否则这些食草动物的骨架不会如此完整，它们各部分的关节仍是互相连接的。

洪泛平原、河流和湖泊沉积

在古生物学创立之前，早期发现的脊椎动物化石都被解读为《圣经》中大洪水的受害者遗骸，因此，在谈到任何史前生物时都使用"洪水前"一词。在地质历史上，洪水确实是保存化石的一个重要因素，它们让数百万的陆地动物失去生命。此外，灾难性的洪水也利于化石的形成。实际上，许多化石遗址的

图2.4 晚中新世瓦里西期（约900万年前），发生在西班牙巴塔略内斯1号遗址中的一个场景。两头隐匿剑齿虎正围着一具犀牛尸体相互咆哮。洞穴底部散落着早前被困的动物的骨骸。［图注原p.37，图原p.36］（图见左页）

图2.5 欧洲维拉方期（上新世晚期）的一个森林景观，一头刀齿巨颌虎正在低头饮水。这种动物的身体比例表明，它是一个优秀的攀爬者，喜欢生活在森林中。尽管这种动物的地理分布广泛，但目前发现的化石遗骸仍相对较少，部分原因可能在于它所生活的森林环境不利于化石的保存。［原p.38］

沉积物结构均反映了干旱和洪水的规律性循环现象①。许多动物的遗骸被洪水带来的沉积物掩埋，但这些动物并非受难于洪水，很可能死于更早的干旱，或者在干旱期因为其他原因而殒命。

我们发现的大部分陆地脊椎动物化石最初都是在河床（河流）、湖滨（湖泊）或洪泛平原②沉积物中积聚起来的。邻近的高地正遭受风化侵蚀作用，沉积物向山下流动，这是化石堆积的必要条件。当然，在其他环境如森林中，每天也会有动物死去，但由于土壤酸性太强，动物骨骼即使没有被食腐动物破坏，最终也会被细菌分解（图2.5）。这使得河流或湖泊沉积物中得以保存化石的事件顺序可总结如下：动物在离湖边或河边不远的地方死亡，在大多数情况下，受季节性降雨的影响，湖泊或河流的边界会频繁发生改变。大多数动物的死亡发生在干旱期，当干渴的动物来到干涸的河道或水坑时，由于找不到水，最终枯竭而死。其他动物在虚弱的状态下也很容易成为掠食者的口中餐。一段时间后，当流水再次充沛起来时，会带来新的沉积物将这些动物遗骸掩埋。而在一些其他情况下，突如其来的洪水会使动物受惊，甚至整个兽群会聚

① 译者注：在地质学中称为沉积旋回。

② 译者注：河流在洪水期溢出河床，携带的沉积物在岸边堆积形成的平原，或称河漫滩。

集在干涸的河床周围，最后被洪水淹死，然后洪水带着它们的尸体顺流而下。

这一事件序列也涉及各种影响因素，包括尸体在被掩埋之前暴露在自然环境中的时间长短、水流的能量以及尸体掩埋前被搬运的距离。当尸体暴露时间短，水能低，搬运距离较短时，动物遗骸能被完好地保存下来。但如果尸体暴露时间过长，它们会被风化，躯体分散开来，并最终被食腐动物吃掉。若水流太强，骨头会脱节甚至断裂。若搬运距离过长，动物遗骸也会被完全分散。

在这些因素的影响下，化石要恰到好处地保存是非常困难的，而完美的保存还需要一系列其他的幸运条件。掩埋骨骼的沉积物必须避免各种破坏因素（特别是变质和侵蚀）的影响，直到近期的侵蚀作用使化石暴露出来并且便于挖掘。成千上万的精美化石埋藏于地下，但若沉积物没有遭受侵蚀作用，其中的化石就无法暴露出来，我们也无法发现它们。

尽管极为不易，还是有一些露天的化石遗址产出了大量的哺乳动物化石，其中一些甚至保存有完整的、关节相连的骨架。不过，大部分化石材料都是零散的骨骼，需要精心地修复，才能将它们重新拼接在一起。

还有一些额外因素也增加了化石保存的可能性，例如火山活动。许多保存完好的剑齿虎化石都是在含有大量火山灰的沉积物中发现的。起初，这些火山灰会随风飘散到很远的地方，然后要么就地堆积下来，要么被水流搬运重组，再以分层的模式堆积在地面上。火山灰的化学成分使得沉积物酸性没那么强，因此更利于骨骼的保存。实际上，火山喷发产生的火山灰会将许多动物杀死并将它们掩埋在火山碎屑沉积物中。

塞内兹遗址

法国中部更新世早期的塞内兹遗址也正是由于火山活动才使其中的剑齿虎化石得到了极好的保存。实际上，塞内兹遗址是上新世早期火山爆发时形成的一个古火山口（一个被湖水填充的大火山坑），直径约500米，有点像今天坦桑尼亚的恩戈罗恩戈罗火山口的缩小版。后来，附近的火山喷发出的一层层火山灰，形成了掩埋化石的火山碎屑沉积物。20世纪20年代，研究者在塞内兹遗址中发现了迄今为止保存最好的阔齿锯齿虎和刀齿巨颏虎的骨架化石，但由于早期没有遵循谨慎的挖掘方法，有关化石堆积群的原始状态几十年来一直是个谜。直到75年后，研究者才用更现代的技术对该遗址进行重新挖掘，并对动物是如何死亡以及为何能如此完整地保存下来等问题做了详细的解释（Delson et al. 2006）。这些动物似乎被顺着火山口内壁滚落的泥石流（可能与该地区的断层活动有关）困住，一路被卷到湖边，它们身体的各部分骨骼仍相互连接，没有被食腐动物破坏。

洛沙冈遗址

形成于中新世的洛沙冈遗址是另一个产出罕见剑齿虎化石的露天遗址，它坐落于肯尼亚图尔卡纳湖的西岸（Leakey & Harris，2003）。其中，最令人惊叹的发现是一具近乎完整的、各部分骨骼仍相连接的猫科真剑齿虎骨架，被归为单独的属种——巨拇迅剑虎。这具骨架的沉积环境可能与一条受季节影响波动较大的大型曲流河有关，沉积物大多是火山碎屑沉积。化石堆积被包裹在颗粒细小、质地坚硬的围岩中，令挖掘工作异常艰难，不过这种环境也有助于化石的完整保存。动物遗体被掩埋后发生的断层活动抬升了整个洛沙冈地块（长约10公里，宽约16公里），比周围的平地整整高出200米，使得含化石的沉积物暴露出来，便于人们挖掘。由于河流的沉积特性（指由河流形成的沉积物），这个遗址不仅产出了许多鳄鱼、龟和河马的化石，还产出了大量的三趾马、犀牛、羚羊、长鼻类和许多其他脊椎动物的遗骨。

咖啡农场遗址

1930年在美国得克萨斯州发现的咖啡农场遗址是一个典型的露天遗址，与洛沙冈遗址的时代相当。遗址中产出了丰富的哺乳动物化石群，包括优异保存的北美猫科真剑齿虎——科罗拉多半剑齿虎化石，研究者据此定义了北美洲晚中新世陆生哺乳动物期（Evernden et al. 1964）。该遗址为一个湖泊盆地，死在湖边的动物尸体最终被洪水带来的沉积物掩埋。不过，遗址中所记录的证据表明，尸体在被埋葬前曾暴露了一段时间。在一大块坚硬的泥土中，保存了若干食腐犬类——恐犬的足迹，它们正围绕着一块单独的有蹄类肋骨活动。这些足迹随后被一头剑齿虎的足迹所覆盖（为数不多的剑齿虎足迹化石之一），后者显然很悠闲，并没有察觉到任何其他食肉动物的存在。附近有一小堆粉末状的骨头，似乎是犬类的残骸。某些骨骼的损伤模式（特别是在关节相连的剑齿虎骨架上）也意味着食腐活动的存在，可能与秃鹫的啄食有关。而像犀牛这样的大型动物的踩踏会对骨架造成更大的损伤。非常令人可惜的是，一头犀牛显然重重地踩在了那具剑齿虎骨架的头骨上，完全压碎了头骨的中间部分。

在动物骨骼被掩埋后，一层又一层的火山灰被暴雨冲进了湖盆，堆积在掩埋骨骼的沉积物上方，最终将含骨骼的沉积物封存在火山灰层之下3米深的地方，起到了"玻璃瓶塞"的作用（Dalquest，1969:3）。

桑桑遗址

法国南部中中新世早期的桑桑遗址是最经典的第三纪遗址之一，自1834年发现以来，人们对它进行了深入的研究（Ginsburg，1961a，2000）。新的发掘和分析方法在旧材料中的应用研究不断地加深我们对桑桑动物群的认识（Peigné & Sen，in press）。该遗址形成于河流或牛轭湖[①]的转弯处，周围先是

---

① 译者注：牛轭湖是一个地质学名词，它是由于河流变迁或改道，曲形河道自行截弯取直后留下的旧河道所形成的湖泊。

亚热带森林，随后又被远离水面的开阔林地所取代。在旱季，水流量最小，但在季节性洪水到来时，水会流进湖盆或从主流改道进入湖盆，承载着包括哺乳动物和其他脊椎动物在内的各类生物遗骸。随着洪水退去，尸体会搁浅并最终被埋藏在泥质沉积物中，这些沉积物保存了从鸟类到长鼻类的大小各异的诸类动物遗骸。桑桑剑齿虎的属名就是根据该遗址的名称所拟，它是一类早期的巴博剑齿虎类动物。

剑齿虎的生存演化史

露天洪泛平原沉积遗址保存了大量信息，根据这些信息，我们可以重建生物圈的演化历史，特别是其中的数百个遗址可以帮助我们了解剑齿虎的演化史。在前面几节中，我只提到了少数几个这样的遗址，清楚地阐释了这种沉积类型的典型特征和形成过程。在接下来的章节中，我将按照地质年代顺序去回顾各剑齿虎类生活时所经历的环境演变事件，在对这些环境进行具体描述时，将不时提到一些特定的化石遗址来阐明故事中的具体时刻和场景。

二叠纪晚期的世界

最早演化出现的剑齿捕食者是兽孔类中的丽齿兽类，它们生活在古生代末期，一个与现在截然不同的世界。在大约2.5亿年前的二叠纪晚期，地球上所有的大陆相互连接，组成了一个超级大陆——盘古大陆，具有温暖的大陆性气候特点，有旱季和雨季。兽孔类包括了肉食性和植食性动物，是当时陆地上最主要的脊椎动物类群，组成了第一个"现代"陆地群落：在现代生态系统中，脊椎动物同时占据着植食和肉食的生态位，但在二叠纪晚期之前，主要的食草动物是昆虫，而大多数陆生脊椎动物不是食虫的就是食肉的。

在非洲撒哈拉沙漠以南的几个国家和俄罗斯的欧洲部分均发现了丽齿兽类的化石。非洲南部的卡鲁地区是寻找它们的最佳区域之一（Catuneanu et al. 2005）。卡鲁超群包含了一系列的地层单元（即在同一时期形成的沉积岩群），延伸覆盖了今天南非的大部分地区。在卡鲁地区，二叠纪和三叠纪的波弗特群产出了一些保存最好的兽孔类化石，在南非开普省的许多地点都能发现该沉积岩群。

如果我们能飞入空中鸟瞰二叠纪卡鲁地区的景貌，就能看到熟悉的河谷，那里有着沙洲、洪泛平原、河边森林和沼泽。但是，从空中看起来很熟悉的景物，在地面看却会显得很怪异。二叠纪的景观对视觉以及其他感官来说都是不同的。这个世界没有鸟鸣，因为直到一亿年后，第一只鸟才演化出来。这里也没有野花的香味，开花植物甚至比鸟类出现得更晚。因此，那些给花儿们授粉的嗡嗡作响的昆虫也不存在，尽管当时昆虫已经出现并占据着主导地位，其中一些还有着巨大的体形。当然，这个世界也没有草。盘古大陆的南部植物群落

主要由舌羊齿森林构成，舌羊齿是现代针叶类植物的早期近亲。林下区和洪泛平原都被较小的植物所覆盖，包括木贼类和蕨类。

在有丽齿兽类分布的北部地区，包括今天的俄罗斯（Modesto & Rybczynski, 2000；Ochev, 2004），植被类型则有所不同，明显缺少舌羊齿类，而是早期的针叶类占主导。这些植物为一群长相怪异的食草动物提供了食物和庇护所，其中很多都属于兽孔类中的二齿兽类。二齿兽类，如二齿兽和水龙兽，都是体格健壮的动物，有着长长的、桶状的躯干和短腿。它们的头上长着一个乌龟那样的尖嘴和一对獠牙。恐头兽类是一类更原始的兽孔类动物，包括肉食性和植食性两个类型。而锯齿龙类是一群体形更大的、非兽孔类食草爬行动物，包括锯齿龙和盾甲龙。二叠纪河道周围的丰富植被不仅为食草动物提供了食物，也为大型食肉动物提供了重要的隐蔽场所。长剑齿的丽齿兽类，如卡鲁地区的鲁比奇兽或俄罗斯的狼蜥兽，会静静地隐藏在河岸的植被中，在食草动物来到岸边饮水时，它们会利用植被的掩护悄悄靠近那些尚未警觉的受害者，在距离足够近的情况下，突然发动攻击、扑杀猎物（图2.6）。

在二叠纪末期，全球环境不断恶化，最终导致地球上90%的生命消失了，这次灭绝的规模甚至超过1.8亿年后的恐龙大灭绝。究竟是什么样的变化会引起如此大规模的灭绝？异常剧烈的火山活动至少是其中的部分因素，延续了数十万年的火山活动使得现今的西伯利亚地区堆积了数量惊人的火山岩群，被称为"西伯利亚地盾"。这种巨大的火山活动可能导致了全球性的酸雨，毁灭了地球上大部分的森林，并引发一系列连锁反应，最终导致许多陆地脊椎动物的灭绝。森林的大量死亡可以从一些地区二叠纪末期的沉积物中得到印证，这些沉积物中含有大量的食木真菌，意味着有大量的树木死亡。最近，对南非卡鲁地区大灭绝时期的河流沉积物的一项研究表明，这条最初有着潮湿洪泛平原的曲流河，最终演变成了一条干涸的、不那么蜿蜒的河流，这一变化也伴随着许多脊椎动物的灭绝。这意味着环境的干旱化和土壤侵蚀的加剧。一些其他证据表明，在二叠纪最后的几十万年里，气温持续飙升，这可能与西伯利亚的火山活动有关，火山活动增加了大气中二氧化碳的含量，造成了温室效应。与此同时，缺氧的海水也会导致环境的进一步恶化（Ward et al.，2005）。在所有这些环境恶化和大规模灭绝中，有一属二齿兽类——水龙兽成功存活了下来，事实上，在灭绝事件之后，这类动物迅速繁衍，成为了当时最繁盛的陆地脊椎动物。适中的体形、穴居的习性以及能够取食极其坚硬植物的能力显然是水龙兽决胜的关键，而其他陆地动物（包括水龙兽的捕食者）则难逃厄运（图2.7）。

没有剑齿的世界

二叠纪末的大灭绝之后，整整过了两亿年，地球上才演化出新的剑齿捕食者。在这段漫长的时间里，古老的盘古大陆解体，分裂成若干块大陆，漂移了数千公里，逐渐接近（但尚未完全到达）它们现在的位置。与此同时，恐龙出现并占据统治地位，直到白垩纪末期，一颗巨大的小行星与地球相撞，使得恐龙灭绝了。早在恐龙时代的初期，真正的哺乳动物就已经出现了，但在爬行类霸主的阴影下，它们显得卑微而不起眼，直到白垩纪末期的大灭绝事件为它们的发展带来了转机。鸟类起源于兽脚类恐龙，到中生代末期，它们已经分化出许多现代类群。开花植物（被子植物）于白垩纪时期出现并广泛分布，改变了地表景观，促进了多种传粉昆虫的演化。

在白垩纪大灭绝之后，地球进入了第三纪时期，也被称为哺乳动物的时代，在这个时期，哺乳动物经历了爆炸式的发展演化。在古新世，即第三纪的

图2.7　二叠纪末大灭绝事件之后，发生在三叠纪早期的一个场景。一只水龙兽（二齿兽类）正从洞口凝视着这片荒凉的土地。在干旱的山丘上，可以看到被太阳晒白的其他二齿兽类的骨架，一条河流从山谷底部的干旱洪泛平原流过。［原p.44］

第一个时期，哺乳动物与上一个爬行动物时代最标志性的类群——鳄鱼、乌龟及巨蟒一起遍布于热带雨林地区。那时，地球的气候温暖而湿润，就如我们想象中适合爬行动物生存的环境那样，但是恐龙王朝的辉煌已然远去，仅留下唯一的一支后裔——鸟类继续繁衍生息，它在新生代的适应辐射之多样并不逊于哺乳类。

与生活在恐龙阴影下的中生代祖先相比，古新世的哺乳动物演化出了更大的体形，但最大也不超过现代的棕熊，哺乳动物世界中真正的"巨人"还在遥远的未来。此时的食肉哺乳动物的体形甚至比食草的还要小，而另一类动物抓住了机遇，成了哺乳动物的捕食者：在古新世时期，地栖的鸟类中演化出了肉食性的冠恐鸟，它们身高两米、拥有巨大的喙，凶恶的面目像是要为它们的恐龙祖先复仇一般。这些巨鸟一直生存延续到了下一个地史时期——始新世，在这个时期，哺乳动物演化出了各种各样的奇特样式，包括犀牛大小的食草动物和凶猛的食肉动物。然而，当第一种哺乳类剑齿动物出现在始新世中期的时候，这些食肉巨鸟的数量急剧减少，很快就灭绝了。始新世早期是全球热带气候的巅峰，热带雨林向北延伸到了阿拉斯加，南极洲也被茂密的树林所覆盖。但到了始新世中期，地球经历了一段寒冷而干旱的时期，植被面貌发生了重大改变，同时导致了许多食草哺乳动物的灭绝。

始新世中期的北美洲

最早演化出现的哺乳类剑齿动物就是肉齿目中的类剑齿虎，它们生活在

约5000万年前的中始新世，是现代食肉动物的远亲。比起二叠纪奇幻的地貌景观，它们居住的世界对我们来说要熟悉得多，但对于在北美落基山脉那些发现了类剑齿虎的温带地区居住的现代居民来说，这个世界仍然相当奇怪。尽管当时的大陆正在逐渐接近它们现在的位置，但始新世时期全球的地理面貌仍与现在大不相同，许多山脉还没有出现或形成它们现在的样子。那时，洛基山脉还只是一个年轻的山嵴，山间盆地的海拔也比现在低得多，茂密的热带森林覆盖着今天美国俄勒冈州、怀俄明州、犹他州和科罗拉多州位置的河流流域。怀俄明州的布里杰盆地出土了一些既壮观又精美的始新世哺乳动物化石，其中就包括最完好的类剑齿虎遗骸。

布里杰盆地的化石涵盖了怀俄明州跨越400万年历史的一系列动物群。在始新世和渐新世，由于地质侵蚀作用，年轻的洛基山脉给这个地区提供了丰富的沉积物（Murphey et al. 2011）。早期布里杰盆地还是一个浅水湖盆，接着逐渐被火山沉积物所填充，随后又被一个河流系统所切割。广布在距火山源头300公里处的火山灰层就是火山剧烈活动的证据。火山灰随着熔岩巨流顺势而下，瞬间改变了整个山谷的结构。淡水龟的大规模死亡也是这些火山活动的标志，在布里杰组地层中发现了数百件龟壳遗骸。

布里杰盆地在始新世时期的景观必定让人叹为观止，特别是如果以其中一种飞行鸟类的视角来看，它的景象会是如此丰富。一条大河在谷底蜿蜒曲折，并在水流缓慢的地方形成牛轭湖。在一些地方，森林会延伸到河边，而在那些水流较慢的地方，则形成了沼泽植被景观（图2.8）。低地森林茂密，树种繁多，包括柳树、胡桃树、桦树、橡树、枫树、棕榈树以及许多其他树木。松树林覆盖了山脉的侧翼，更高的地方仍然矗立着火山锥。在家猫大小的类剑齿虎眼中，布里杰盆地是一个有着参天大树的美妙世界，大量哺乳动物在森林地面的光影中穿梭。其中一些可作为潜在猎物，如狐狸大小的山马属动物，它们也是现代马的祖先。许多食草动物体形过于庞大而不宜被当作猎物，比如长得有点像犀牛的尤因它兽，它们身材短粗，长着奇怪的獠牙，脑袋上有六个角。

有些捕食者的体形很小，如肉齿目的一些鼬齿兽类。有些捕食者的体形则大得多，包括肉齿目中健壮的牛鬣兽科动物，如可怕的父猫。父猫体重似虎，有着巨大的脑袋，切割肉质的裂齿，短而肌肉发达的四肢，能够轻松地将类剑齿虎赶出领地。事实上，父猫几乎可以将后者整个吞下。

另一属的类剑齿虎——迷惑猫，生活在尤因它期，即始新世中期的第二个阶段。尤因它期标志着始新世上半时期全球温室气候的终结，这种转变在哺乳动物群的演替中得到了反映。热带树栖物种变少，哺乳动物适应了亚热带甚至温带的气候条件。北美哺乳动物的演化历程也在尤因它期发生了明显的转变，哺乳动物分类中大约30%的现存科有成员首次出现在化石记录中，包括现代食肉目、骆驼科和一些啮齿动物的祖先（Murphey et al. 2011）。

始新世晚期和渐新世的世界

第二类演化出现的哺乳类剑齿动物是外形似猫的猎猫科动物，在最后的类剑齿虎动物消失的数百万年后，猎猫类才在化石记录中变得丰富起来。在亚洲中始新世的地层中发现过疑似猎猫科动物的零散材料，但只有在北美始新世晚期（也被称为沙德伦期）的地层中，我们才找到了这类动物的确切化石记录。在始新世时期，地球气候发生了巨大的变化，在早期的猎猫科动物出现时，地球温度已经有所下降，在始新世上半时期覆盖北美和欧亚大陆大部分地区的热带雨林逐渐被更干燥、更开阔的林地所取代。

在北美，猎猫科动物生存的时期，最好的陆生哺乳动物化石记录仍然来自落基山脉地区。经过不断的侵蚀，山脉几乎完全消失，整个地区变成了海拔为700至1000米的平原，低矮蜿蜒的河流不断积累细粒的沉积物。在白河沉积物中发现了大量的哺乳动物化石，这些沉积物形成了南、北达科他州、内布拉斯加州、科罗拉多州和怀俄明州地区的大片荒地，被称为白河群[①]，其中包含大量哺乳动物化石。白河群包括了沙德伦期（或始新世晚期）著名的巨雷兽层、奥雷尔期（或渐新世早期）的岳齿兽层，以及惠特尼期（或渐新世晚期）的原角鹿层（Hoganson et al. 1998）。

在记录有猎猫科剑齿虎类——颏叶古剑虎和猫形恐齿猫化石的沙德伦期，覆盖落基山盆地的森林已经失去了始新世早期的繁茂，但仍有许多热带和亚热

---

① 译者注：群，地质学名词，是岩石地层的最大单位，一般由纵向上相邻两个或两个以上具有共同岩性特征的组联合而成，其上、下界限往往为明显的沉积间断面。

带树木。哺乳动物群组分也发生了一次更替，许多在尤因它期时还能很好生存的古老类群在沙德伦期完全消失了。其中，长有六个角的尤因它兽被另一类同样引人注目的有角巨兽——雷兽所取代，后者在始新世晚期的北美和亚洲都有记载。雷兽属于奇蹄目，但与所有现存的奇蹄类不同，它们有着巨大的体形、高耸的肩膀和奇怪的长有角的脑袋（图2.9）。此外，还出现了许多其他大型食草动物：几种在林间生活、适于奔跑的犀牛，它们看起来就像现代犀牛和马的混合体；已经灭绝的偶蹄目石炭兽科动物，它们有着与河马相似但更为长窄的吻部；偶蹄目中已经灭绝的岳齿兽科早期族群。有些岳齿兽的身体比例略似山羊，而另一些的体形则更大、更强壮。也许那个时代最奇怪的偶蹄类动物就是古豨类动物①，如古巨豨。这类动物与猪的体形相似，但有着更长的四肢，它那巨大的脑袋在两颊和下颌上都长有骨质突起（图2.10）。牙齿特征表明它是杂食性的，机会来临时，它也会食用其他捕食者吃剩的腐肉。沙德伦期的食肉哺乳动物有中等大小的鬣齿兽类如鬣齿兽，原始的犬熊如赤犬熊，以及一些小型的捕食者，例如最早的犬科动物（真正的犬科支系成员）——黄昏犬。

图2.9　晚始新世沙德伦期，北美西部的河流植被景观。画面中可以看到一头潜行的颊叶古剑虎（前），河对岸有两头正在饮水的科罗拉多巨角犀。〔原p.48〕

48

---

① 　译者注：古豨类有时也被翻译成古巨猪类，但它们与真正的猪类相去甚远。

图2.10 渐新世时期, 发生在法国维尔布拉马的一个场景: 面对完齿猪的攻击, 两头二齿始剑虎伙伴不得不抛下猎物, 落荒而逃。[原p.49]

豹子大小的颏叶古剑虎是当时主要的猫形捕食者, 它唯一有力的竞争对手就是大型的鬣齿兽类。但很明显, 雷兽和许多犀科类群的大型奇蹄类成年个体不会是它们捕食的对象。

从沙德伦期到下一个时代奥雷尔期的转变, 也标志着北美从始新世到渐新世的转变, 这一时期的标志是名为"大寒潮"的剧烈气候恶化事件 (Prothero, 1994:167)。这一气候变化事件对植被和陆地环境产生了深远的影响, 但是猎猫科剑齿虎类，包括古剑虎和恐齿猫，仍继续繁衍生息了数百万年，这表明它们对干旱以及相对开阔环境的耐受力可能比它们强健的身体比例所显示的要更强。到渐新世末期，最后一批美洲猎猫类和几乎所有大型食肉哺乳动物都灭绝了（Bryant，1996b）。

始新世晚期和渐新世的欧洲

欧洲最早的猎猫科动物出现于渐新世早期，在法国和德国该时期的遗址中发现了一种猞猁大小的、长剑齿的猎猫类——二齿始剑虎。在始新世的大部分时间里，欧洲一直是一片热带群岛。随着海平面的下降，坚实的陆地裸露出来，形成了连接岛屿的陆桥，使得陆生哺乳动物能在其间自由迁徙，欧洲群岛的面貌也逐渐变得更像现在的样子。新的陆桥将欧洲与亚洲大陆连接起来，随后，陆生哺乳动物的入侵给欧洲岛屿上相对独立演化的动物群带来了毁灭性的打击。欧洲哺乳动物区系组成发生了巨大变化，专家将这一事件称为"大间断事件"（Prothero，1994:189）。这一时期的气候变得越来越寒冷干燥，始新世茂盛的热带雨林逐渐被更加开阔的森林和灌木林地所取代。从亚洲迁移过来的新类群是在干燥、季节性强、具有强烈大陆性气候特点的环境中演化而来的，因此，它们比欧洲本土物种更有优势。始剑虎就是这些入侵者中的一员，相伴而来的是蔚为壮观的东方哺乳动物群，其中有原始的跑犀，还有凶猛可怕的完齿猪。这些入侵者给当时在欧洲和美洲还不起眼的食肉动物带来了极大的困扰，毫不费力就能霸占后者的捕获物（图2.10）。

中新世的欧亚大陆

由渐新世到中新世的转变标志着第三纪前一阶段的结束以及后一阶段的开始，地质学家将前者称为古近纪，后者称为新近纪。在中新世早期，一类新的食肉剑齿动物——巴博剑齿虎类出现了。它们可能起源于非洲，但随后很快就入侵欧洲。那时的欧洲气候温和，在经历了渐新世的寒冷干旱后，大片欧洲大陆又再次被亚热带森林所覆盖（Agustí & Antón，2002）。猞猁大小的原桑桑剑齿虎是第一类出现在欧洲的巴博剑齿虎类，它们的伴生动物群中包括了多种中小型有蹄类动物，这也是它们的潜在猎物。其中有早期的反刍类如原鹿，以及第一类从北美迁徙过来的马科动物——安琪马。这些长有三趾的安琪马是食叶动物，它们在中新世早期的欧洲森林中繁衍生息。另一类新来者是在中新世初期第一批走出非洲的象类——乳齿象类中的嵌齿象。当时生活在那里的种类繁多、数量丰富的犀类，和乳齿象一样，不太可能出现在原桑桑剑齿虎的猎杀名单上。这一时期，犬熊科动物在食肉动物中占据了主导地位，它们的体形和现代黑熊差不多，与此同时，熊科的半熊类也演化出了巨大的体形，比它们的现代熊科表亲更善于奔跑。另一种来自非洲的巨兽——肉齿目中的硕鬣兽也加入了迁徙的行列，它是鬣齿兽的近亲，体形媲美棕熊，有着超过半米长的巨大头

图2.11 中新世时期，发生在法国桑桑地区的一个场景：一头桑桑剑齿虎正在捕食一头异角鹿。［原p.51］

颅。这种动物显然是一类主动出击型捕食者，但由于它能很好地啃食骨头，因此也是食腐能手。在中新世早期的欧洲，在诸多大型食肉动物虎视眈眈之下，围绕猎物尸体发生的冲突是异常激烈的。即使被争夺的尸体是原桑桑剑齿虎所猎取的，但在面对这样的冲突时，它这样的小型剑齿虎还是会选择退避三舍，或者爬到近处的树枝上躲起来。

第二类出现在欧洲的巴博剑齿虎类动物就是桑桑剑齿虎，它们生活在中新世中期和晚期，那时全球气候进一步变冷，南极冰盖扩大。欧洲的森林变得越来越稀疏，间杂大片草地的开阔林地成为了欧洲大陆的主要景观。那个时期最好的生命写照之一就是产自法国桑桑遗址的桑桑剑齿虎，它的名称就是由此而来。这个遗址为我们认识中中新世的世界打开了一扇窗：除了各种各样的哺乳动物，还有异常丰富的鸟类，包括野鸡、猫头鹰和各种水鸟。所有这些动物都生活在温暖、季节性气候的亚热带森林中（Ginsburg，2000）。桑桑剑齿虎是一类豹子大小的捕食者，体形比原桑桑剑齿虎要大，但它周围的其他捕食者也变得更大了。大犬熊是中新世中期一种有代表性的食肉动物，它和现生棕熊一样大，而半熊类中的泛熊[①]则几乎和狮子一样大，既敏捷又可怕。桑桑剑齿虎的一个更直接的竞争对手是四齿假猫，一种体形大小如豹，展现出微弱剑齿特征的猫科动物。新的食草动物类群，如真角鹿和异角鹿（图2.11），也于此时

———————————————

① 译者注：泛熊的拉丁文属名为 *Plithocyn*，原书误作 *Phlytocyon*，本书已在索引中改正。

演化出来，它们将会成为桑桑剑齿虎捕食菜单上的一员。猪类动物的多样性也增加了，雄性长有惊人獠牙的利齿猪也在这时期出现了。

瓦里西期：旧大陆晚中新世的开端

中新世晚期，森林不断退缩，取而代之的是夹杂草地的开阔林地，类似今天印度的一些受季风气候影响的地区。已经适应了这种开阔栖息地的哺乳动物从东方大陆入侵欧洲，其中有长三趾的三趾马属动物（Agustí & Antón，2002；Bernor et al. 1997）。它们的体形与现代非洲斑马大体相当，既能啃食树叶，也能吃硬草。在大约1000万年前，三趾马走出北美大陆，然后迅速辐射扩散，成为广布性物种，因此从那个时代开始直到中新世末期的欧亚哺乳动物群都被泛称为"三趾马动物群"。牛科动物（羚羊）以及现代类型的长颈鹿科和犀科动物也都开始广泛分布，这些动物组合使得中新世晚期的动物群呈现出一种"非洲"氛围，而与现代欧亚动物群大不相同，后者的大型食草动物主要是鹿和野牛。

在瓦里西期，巴博剑齿虎类在欧亚大陆灭绝，真正属于猫科的真剑齿虎类开始占据统治地位。最早的真剑齿虎类有剑齿虎属和原巨颏虎属，正如本章前面所讨论的那样，这些动物最好的化石标本来自西班牙的赛罗巴塔略内斯遗址（图2.12）。欧洲的其他遗址则补充描绘了瓦里西期动物群的面貌和生活环境。仍然是在伊比利亚半岛，巴耶斯盆地的坎略巴特雷斯遗址产出了最丰富的

图2.12　晚中新世瓦里西期，发生在西班牙中部巴塔略内斯开阔林地的一个场景。从左至右依次是：小古鹿，马德里犬熊（前），原巨颏虎（树上），印度熊（后），无角犀，弱獠猪（后），四棱齿象，三趾马与古三趾马，剑齿虎属，西瓦兽（后），蓝牛羚（后），小型的原鬣狗（前）。地面上的坑洞是燧石裂缝，通向困住动物的伪岩溶洞穴，其中大部分是食肉动物。［原p.53］

瓦里西期动物群化石，包括大量的食草动物以及猫科（剑齿虎属）和巴博剑齿虎科动物（桑桑剑齿虎或阿尔邦剑齿虎），记录了这些潜在竞争者曾经共同生活于同一片土地。那时，覆盖西班牙东部的阔叶林提供了多元的植被类型，维持着多样的环境和猎物。

另一个精妙的化石遗址是德国的赫恩内格遗址，这是少数几个发现有大型哺乳动物完整骨架并保存了软躯体遗迹的遗址之一（Bernor et al. 1997）。遗憾的是，遗址中发现的剑齿虎类（同样是桑桑剑齿虎和剑齿虎属）化石稀少而破碎，相反它们的猎物，比如三趾马和中新羚，却保存有极完整的骨架，其中还包括一个腹中仍有胎儿遗骸的雌性三趾马个体。

吐洛里期

接下来的吐洛里期见证了欧亚大陆草原的扩张，随着植被的减少，哺乳动物的多样性也随之降低。尽管吐洛里期动物群的多样性比不上瓦里西期动物群，但它们也同样壮观。猫科的巨半剑齿虎是在欧亚大陆吐洛里期动物群中占据统治地位的剑齿虎类，它最早发现于欧洲最著名的化石遗址之一——皮克米（Solounias et al. 2010）。这个遗址位于雅典西北几公里处，从19世纪中期就开始挖掘。水流将尸体堆积在古河漫滩的浅塘中，逐渐形成保存化石的堆积物。1862年，法国古生物学家戈德里描述了化石堆积的主要特征："犀牛、羚羊特别是三趾马的骨骸是最丰富的。它们混杂堆积在一起，犀牛头骨后可能藏着猴的头骨，而猴的四肢可能散布在一个食肉动物的头骨附近。同一个体的骨骼很少有连在一起的"（Gaudry，1862:14）。尽管如此，这些骨骼的保存状况却也较为良好，仍有一些关节密接的骨骼连在一起，表明它们暴露的时间和被搬运的距离均较短。其中甚至有保存到爪子的某种剑齿虎类的前脚骨骼，包括它们特征性的巨大悬爪。

最近，对皮克米遗址中有蹄类牙齿的微磨痕分析揭示了有蹄类食性类型

的多样性，包括食叶、混食和食草。这表明，该遗址处于一种以开阔林地占主导，间杂草地的镶嵌式植被环境中（Solounias et al. 2010）。

实际上产自皮克米的巨型半剑齿虎头骨并不是保存最好的，最好的材料产自中国著名的"三趾马红层"（Deng，2006）。这种沉积物遍布山西省西北部的大片区域，化石就发现于一种被称为红黏土的红色围岩中，与皮克米的沉积物极为相似。哺乳动物骨骼化石主要发现于"骨巢"中，它的形成可能与古河流系统的洪泛平原中的洼地有关，被流水搬运的骨骼容易堆积在那里。中国三趾马动物群的组成与地中海的大体相似，两者有许多共同的哺乳动物属，尽管具体物种不同。在植食性动物中，食草的物种占主导，森林食叶动物非常稀少。结合其他证据表明，地中海地区在当时主要是半干旱的草原环境，而非开阔林地（Deng，2006）。

在吐洛里期的末期，随着非洲（河马科）、亚洲（骆驼科）、北美洲（犬科）移民的到来，地中海地区的动物群组成发生了复杂的变化。这种迁徙可能是海平面普遍下降的结果，创造出新的陆地走廊（陆桥），使哺乳动物能在各大洲之间自由穿梭。西班牙本塔德尔莫罗遗址很好地反映了吐洛里期的生活面貌（Morales，1984）。在这个遗址中发现了一个非常丰富的大型哺乳动物群，包括半剑齿虎以及其他几种大型食肉动物如郊熊，同时还有许多食草动物，如羚羊、骆驼、马、河马以及乳齿象中的互棱齿象（图2.13）。

吐洛里期结束时，旧大陆发生了一次极为剧烈的环境变化事件：地中海干涸了[①]。由于与大西洋的连接（今天的直布罗陀海峡附近的区域）中断，地中海的水分逐渐蒸发，只留下无尽的白色盐碱地，从前的岛屿就像巨大的山脉一样矗立在那里。对于一段地质时期的终结来说，这毫无疑问是相称的景象。

① 译者注：在地质学中，这一事件称为墨西拿盐度危机（Messinian salnity crisis）。地中海干涸的时间大约为距今596万年到533万年之间。

图2.13 晚中新世吐洛里期，西班牙东部本塔德尔莫罗遗址全景。从左至右依次是：六齿河马，乳齿象类的互棱齿象，郊熊，趴在副牛尸体旁的半剑齿虎，后猫，滨鬣狗，羊角牛羚，副驼，三趾马，假河狸。[图注原p.54，图原p.54、p.55]（图连左页）

中新世的北美洲

欧洲晚中新世见证了巴博剑齿虎类的衰落和灭绝，也见证了第一代猫科真剑齿虎类的繁荣。与此同时，巴博剑齿虎类入侵北美洲，在那里又繁衍了数百万年，演化出了史上最壮观的物种。

在中新世的北美大陆，洛基山脉形成的雨影和全球气候变化导致森林急剧减少，北美大平原变得越来越开阔，从热带稀树草原变为几乎无树的大草原，只有隐蔽的河谷才有树林覆盖。马和犀牛是主要的食草动物，相伴的还有岳齿

兽（在中新世逐渐减少）、骆驼和各种各样的叉角羚。

在佛罗里达州晚中新世的洛夫骨床遗址中，人们发现了丰富的巴博剑齿虎和猫科拟猎虎的离散骨骸（Baskin，2005），还有种类繁多的陆生和水生脊椎动物群（Webb et al. 1981）。这些化石被洪水携至上游地区，最后聚集在一条汇入墨西哥湾的曲流河中。这个过程混合了来自沼泽、河岸森林和草原等不同环境的生物遗骸，并将它们掩埋在火山起源的沉积物中（图2.14）。

在得克萨斯州，亨普希尔期后期的咖啡农场遗址（见上文）中，人们发现

图2.14　晚中新世克拉伦登期，发生在佛罗里达州洛夫骨床遗址的一个场景。从左至右依次是：恐犬类中的上犬，短腿的远角犀，巴博剑齿虎，新三趾马，长腿的高驼，原角鹿类的奇角鹿。［图注原p.56，图原p.56、p.57］（图连左页）

图2.15 中新世晚期，肯尼亚洛沙冈
的林地景观。可以看到早期
象类的剑棱齿象（后）和猫
科真剑齿虎类的迅剑虎。
[图注原p.58，图原p.58-
59]
（图连右页）

了大量的科罗拉多剑齿虎[①]化石，包括一具关节相连的完整骨架（Dalquest，1969，1983）。古湖泊（从它聚集的沉积物推知是一个古老的湖泊）周围的环境相对干燥、开阔，并且受剧烈的季节性波动影响。该动物群还包括了其他的食肉动物成员，如假猫、大型熊类、食骨的犬类，以及多种食草动物，如骆驼、叉角羚、鹿、马、犀牛等。

中新世的非洲

中新世中期，当原始的巴博剑齿虎类首次出现在非洲时，这片大陆的景观和植被在许多方面都与现代不同。从北到南横贯大陆东部的巨大峡谷——东非大裂谷，在当时才初具雏形。造成以上差异的部分原因在于这个山谷影响了风和水汽的分布，另一部分原因在于全球气候在不断发生变化，使得中新世中期时非洲的稀树草原和干草原的规模相比今天要逊色得多，大片的陆地被森林所覆盖（Turner & Antón，2004）。

到了中新世晚期，非洲的气候变得更加干旱，林地稀疏，草地广阔。南非开普省的朗厄班韦赫遗址至少发现了三种剑齿虎，其中一种与巨半剑齿虎密切相关。这个遗址的形成与流入大西洋的河口及洪泛平原沉积（类似现在南非的伯格河）有关。在雨季开始时，许多死在洪泛平原的动物尸体会被埋入沉积物中，与咖啡农场遗址的情况一样。在有蹄类动物的骨骼附近保存了食肉动物的粪化石，其中的骨骼含量很高，证实了那些食肉动物的食腐行为。在这里有颇具戏剧性的事例，鬣狗在死亡后，其消化系统中分解猎物骨骼碎片的过程会被打断，因此，在发现鬣狗遗骸的地方还会找到这些被风化侵蚀的、半消化的动物骨骼。

如前所述，肯尼亚的洛沙冈遗址产出了丰富的晚中新世哺乳动物群，与朗厄班韦赫遗址大致处于同一时代（Leakey & Harris，2003）。洛沙冈遗址的沉积环境是一条大的曲流河沉积，其中发现的动物种类极为丰富。实际上，这个遗址记录了从中新世到更新世的数个沉积时期，但化石类群最丰富的要数产出剑齿虎骨架的纳瓦他组地层，时代为中新世晚期。那时的河道有着从未间断的永久性流水，但受强烈的季节性波动影响，其中大约有4个月为旱季。河道被郁郁葱葱的带状林（指沿着河边生长的树林）所包围，远离水面的地方是稀树草原和半落叶荆棘树林。洛沙冈的剑齿虎类——巨拇迅剑虎有多种猎物资源可供选择，如羚羊、长颈鹿、猪、三趾马，它们甚至还可能猎杀过河马、犀牛和年轻的长鼻类个体（图2.15）。

上新世的南美洲

在第三纪的大部分时间里，南美洲都是一个孤立的陆块，不同于在相互

---

① 译者注：作者在本书中，科罗拉多半剑齿虎（新名）与科罗拉多剑齿虎（旧名）两皆用之，这里谨依原文，不作统一处理。

图2.16 阿根廷晚上新世查帕德马拉尔期的一个场景。从左至右依次是：副雕齿兽（后面是活着时的样子，前面是尸体），小舌懒兽，袋剑齿虎。[原p.60]

连通的非洲、欧亚和北美大陆发展起来的种群，南美大陆的哺乳动物群演化出了很多本土类群。在其他大陆扮演重要角色的偶蹄类和奇蹄类动物，在南美洲被一些奇异的本土有蹄类动物所取代，比如长得像骆驼的滑距骨兽，以及各种各样的南方有蹄目动物。南美洲没有大型的有胎盘食肉动物，取而代之的是一个有袋食肉家族——袋鬣狗超科，其中有形态似狼的原始物种，也有像袋剑齿虎这样的终极形态物种。除此之外，还有敏捷的西贝鳄科陆栖鳄鱼，以及更为敏捷的恐鹤科地栖食肉鸟类，后者高达两米，长着可怕的喙。有人将它们俗称为"骇鸟"，认为这些长得像恐龙的生物能够在开阔环境中击败长得像狼的有袋食肉动物。

在中新世和上新世，在有袋类剑齿动物繁衍生息的时候，安第斯山脉的崛起极大地影响了南美洲陆地环境的演变。安第斯山脉沿着南美大陆的西缘从北向南延伸，形成了一个巨大的雨影区，随着山脉的隆起，雨影效应变得越来越严重（Pascual et al. 1996）。因此，在第三纪初期覆盖大片陆地的森林开始变得稀疏，首先变成开阔的林地，然后变成带状林在河道旁纵横交错的稀树草原，最后变成像潘帕斯一样的大草原。上新世的查帕德马拉尔期（按：约400万年前到300万年前）见证了有袋剑齿动物——袋剑齿虎的繁荣，也见证了全球气温的下降。与此同时，安第斯山脉造山作用（这个术语指的是引起山脉隆升的地质过程）的加强也使得南美大草原的环境更加干旱。南美洲的大部分食草动物都适应了啃食硬草的习性，如滑距骨兽和箭齿兽。此外，这里还有食草的雕齿兽和食叶的地懒等贫齿类动物（图2.16）。

图2.17 肯尼亚图尔卡纳湖更新世早期的一个场景。从左至右依次是：真象，水羚，锯齿虎，真马。［原p.61］

上新世和更新世的非洲

在肯尼亚北部，图尔卡纳湖的东部和西部边缘发现了许多上新世和更新世化石遗址，以产出大量原始人类化石闻名，相伴产出的还有异常丰富的哺乳动物群（Turner & Antón，2004）。这些遗址都是典型的洪泛平原沉积，盆地时而被湖泊占据，时而被河流所横穿，含化石的沉积物在这里持续堆积了一百多万年。虽然图尔卡纳遗址产出了一些完整骨架化石，但是包括剑齿虎在内的大多数动物化石都是零散而破碎的。即便如此，其中还是发现了锯齿虎和巨颏虎的头骨以及恐猫的部分骨架（图2.17）。

图尔卡纳湖的水源来自从埃塞俄比亚向南流出的奥莫河，而奥莫河的河岸地带同样富含化石。奥莫遗址发现的动物群与图尔卡纳相似，有原始人类和许多哺乳动物的化石，包括上新世的典型剑齿虎类。此外，还有丰富的植物化石记录，包括许多种沿古河边生长的树木的树干（Dechamps & Maes，1985）。

在埃塞俄比亚北部的阿法尔三角地区，人们发现了许多上新世和更新世化石遗址，包括阿瓦什河中段的阿拉米斯遗址（White et al. 2009）。这个遗址因发现早期猿人——始祖地猿而闻名，此外，这里还产出了丰富的哺乳动物化石，包括长有剑齿的恐猫（图2.18）。在阿法尔三角地区还有另一个原始人类遗址——哈达尔，那里发现了著名的被称为"露西"的阿法南方古猿的骨架以及一些剑齿虎类化石。哈达尔位于一个盆地内，一条曲流河在流经此处时形成了一个浅湖和三角洲沼泽，各种各样的野生动物在这里繁衍生息。

上新世和更新世的欧亚大陆

在欧洲，上新世的开端伴随着大气温度和海平面的上升，结果之一是地中海地区再次被海水淹没。大西洋的海水流入并逐渐填满干涸的地中海，在现今直布罗陀海峡的位置形成巨大的瀑布，咆哮连年。森林植被再次蔓延开来，为长得像美洲豹的恐猫创造了理想的栖息地。法国南部的鲁西永盆地，自19世纪以来被不断发掘，产出了许多上新世哺乳动物化石，包括长有平直象牙的互棱齿象、三趾马和丽牛。在法国南部，巨型陆龟（象龟属）的出现是上新世早期欧洲气候变暖的一个鲜明标志。

在法国上新世晚期（维拉方期）圣瓦里耶遗址，人们同样也发现了长有剑齿的巨颊虎和锯齿虎化石，以及数千件其他哺乳动物化石。这些骨骼集中在硬化的黄土透镜体中（来自冰川退缩前冰碛区的风成沉积物），最近的埋藏学研究表明，这种化石堆积很可能是水流将尸体带至岸上的结果（Valli，2004）。圣瓦里耶遗址经常能够发现属于同一个体的相关骨骼，尽管这些骨骼很少连接在一起，据此可以判断它们没有经过长距离的迁运。尸体在被掩埋前已经在空气中暴露了很长时间，足以让食腐清道夫对其任意施为，因此，在许多骨骼上都可见食肉动物的啃食痕迹。骨骼上豪猪牙齿的痕迹也很多，这与豪猪啃食骨头的习性有关，它们啃骨头是为了在饮食中补充生长尖刺所必需的钙。

在位于法国中部的年代稍晚一点的上新世–更新世塞内兹遗址中，发现了迄今为止保存最好的阔齿锯齿虎和刀齿巨颊虎化石（正如本章上文所讨论的）。这个遗址产出了丰富的哺乳动物化石，包括早期的狼、鬣狗、和狮子一样高的巨猎豹等其他食肉动物，以及多种鹿、羚羊、马、犀牛和长鼻类动物。动物群组成和孢粉化石记录表明，当时的环境为温带气候条件下林地和草原镶

图2.18 埃塞俄比亚阿拉米斯上新世早期的一个场景。从左至右依次是：薮羚，尼亚萨猪，恐象，地猿，恐猫。[原p.62]

64

图2.19 格鲁吉亚德马尼西遗址更新世早期的一个场景。从左至右依次是：巨颏虎，人属，猛犸，真马。［原p.64］

嵌的混合环境，与今天没有太大差别。此外，还发现了与现代的印度叶猴有亲缘关系的陆生猴类，我们通常认为这与温暖的气候相关（Delson et al. 2006）。

格鲁吉亚的德马尼西遗址与塞内兹遗址的时代相当，在那里发现了巨颏虎、锯齿虎、原始人类和许多其他动物的化石，它们都是在古河道和湖岸之间堆积的火山碎屑沉积物中发现的（图2.19）。这个遗址的结构复杂：它具有典型的洪泛平原沉积特征，但在原始沉积物中发育了次生溶洞，这些溶洞被新的沉积物所充填，本身就富含化石。这些化石骨骼在被掩埋前似乎只在空气中暴露了很短的一段时间，也很少受水流搬运的影响。许多骨骼上都有明显的食肉动物啃食痕迹以及原始人类用工具处理的痕迹，因此可以说，肉类对捕食者的吸引力至少在化石的堆积中起了一定的作用。由于遗址区域是一个半岛，三面环水，对于像剑齿虎这样的捕食者来说，这里会是伏击猎物的好地方。包括原始人在内的各类食腐动物都会来此享用肉质美食，但在食物引发的冲突中，它们有时也会成为其他掠食者的嘴下亡魂。掠食者的"残羹剩饭"和冲突中受害者的遗骸留在了这片区域，直到洪水将它们拖到近岸的洞穴里堆积起来（Gabunia et al. 2000）。

上新世和更新世的北美洲

伴随着中新世的结束，半剑齿虎在北美灭绝，但典型的上新世类群——巨颏虎和锯齿虎很快就从欧亚大陆迁徙过来，在北美几个上新世早期或布兰卡期动物群中均有所发现。更新世期间，巨颏虎在北美演化出刃齿虎，而布兰卡期的强壮锯齿虎的生态位被晚锯齿虎和怪异而强壮的霍氏异剑虎所取代。从异剑虎所居住的佛罗里达亚热带森林和稀树草原到纤巧的晚锯齿虎与狮、狼共享的

阿拉斯加猛犸草原，这些猫科真剑齿虎类的成功与当时北美多样的栖息环境和繁盛的大型食草动物有关。

在北极圈之外，阿拉斯加和加拿大的永久冻土中发现了很多化石遗址，那里保存了大量冰河时期哺乳动物的骨骼甚至是干尸。许多遗址是淘金者在用高压水枪冲破冻土时偶然发现的。育空地区旧克罗河盆地的化石尤为丰富（Kurtén & Anderson，1980）。在那里，发现了锯齿虎以及种类繁多的动物群，包括长毛猛犸、麋鹿、麝牛、狮、短面熊等（图2.20）。今天的育空盆地被蜿蜒的旧克罗河穿流而过，但在更新世的不同时期，由于向东流的河流河道被冰川所阻断，盆地一度被一个大型湖泊所占据。湖水干涸后，最初堆积在湖岸的沉积物渐渐被河流切割，侵蚀作用最终将湖岸的化石暴露了出来。一些化石露头可能已经被风化侵蚀了数千年。

正如上文中所讨论的，拉布雷亚沥青坑遗址为我们提供了一幅更新世晚期北美南部温带地区的详细图景，帮助我们一窥刃齿虎生活的周边环境和伴生动物群面貌。在冰河时代末期，可以看到马、野牛、骆驼、长鼻类动物和巨地懒

图2.20　更新世晚期，漫步在阿拉加冰原上的一头锯齿虎。在冬季时，锯齿虎的北极种群选择长出白色皮毛，使它们在接近猎物时难以被发现。[原p.65]

67

图2.21 洛杉矶拉布雷亚牧场更新世晚期的一个场景。从左至右依次是：真马，美洲野牛，刃齿虎，猛犸，似懒兽。［原p.66］

在覆盖北美西南部的树林、灌木林和草地上觅食（图2.21）。

生物大交流后的南美洲

在晚上新世和更新世时期，南美洲的大型哺乳动物群在本地和外来物种之间达成了平衡，形成了一个壮观而独特的动物群组合。北方起源的类群，如乳齿象、马、骆驼和鹿，与当地土著，如箭齿兽、滑距骨兽、巨型地懒和雕齿兽，一起共同生活在曾经与世隔绝的被草原和林地覆盖的南美大陆上（Pascual et al. 1996）。自上新世以来，随着最后一批大型有袋食肉动物的灭绝，大型食肉动物群就主要由外来的有胎盘食肉动物组成，包括几种大型的高度食肉的犬科动物、大型的短面熊以及一些大型的猫科动物（真猫类和真剑齿虎类都有）。长有匕首状犬齿的刃齿虎取得了巨大的成功，在当地演化出有史以来最大的剑齿食肉动物——毁灭刃齿虎。长有弯刀状犬齿的锯齿虎也进入南美，但是稀少的化石记录表明，它们在南美大陆上从未繁荣过（图2.22）。区域性的迁徙可能使动物群适应了植被的纬度变化，从而让这种引人注目的大型哺乳动物混合群在更新世连续的气候波动下得以延续。直到更新世末期，也就是在现代人遍布南美大陆后不久，发生了灾难性的大规模灭绝事件，才使得物种大量消亡。

剑齿虎在自然界中的生态位

正如我们之前所看到的，剑齿虎与许多其他掠食动物共享栖息地，这势必会导致竞争，就跟现代生态系统所呈现的一样。和其他动物一样，每一种

捕食者都有自己的生态位。一个物种的生态位就是它在生态系统中所扮演的角色，包括与食物、其他捕食者和其他因子的关系，它决定了物种在自然界中"起作用"的方式。理论上，在同一空间和时间内，一个生态位只能被一个物种占据。如果两个具有相似适应性的物种同时存在，它们彼此之间就会展开直接竞争，最轻微的不平衡就能决定哪个物种留下。这种现象被称为竞争排斥，它的长期结果是，物种会演化出略有不同的适应性，从简单的体形差异到更复杂的形态和行为差异，从而使它们能够与其他物种共存，共享可用资源。就现代食肉哺乳动物而言，在同一栖息地中几乎不可能找到两个体形相同、具相似适应性特征的食肉动物。

在现代非洲大草原，三种大型猫科动物（狮、豹和猎豹）共享食物资源——有蹄类动物的肉。但是体形、解剖结构和习性的差异能够让它们至少在某种程度上避免直接竞争。豹的体形小于狮，倾向于捕食体形较小的猎物，但它们更善于攀爬，当受到大个子的表亲的直接威胁时，它们可以带着食物逃到高处安全的树枝上。猎豹的体形与豹相当或者更小一点，但是体格更轻巧、有更强的高速奔跑能力，这使它们比其他猫科动物能够更有效率地捕食最敏捷的猎物（通常是瞪羚）。但是，由于身体较为纤弱，它们也更容易被其他强壮的食肉动物夺食和攻击。为了避免后一种情况的发生，猎豹往往选择在更开阔的栖息地生活，并且通常在白日午间捕猎，因为这时气温最高，狮和豹都在树荫下休息。因此，尽管猎豹经常遭受其他掠食者的劫夺和攻击，但它们还是能够很好地生存下来。

虽然我们经常把非洲大草原想象成一望无际的平原，但三种大猫在此共存这一点说明了（这种共存所必需的）一个重要因素：该地区植被的镶嵌性（或

图2.22 阿根廷晚更新世卢汉期的一个场景。从左至右依次是：剑乳齿象（后），雕齿兽（中），刃齿虎，大地懒，南美小马，后弓兽。〔原p.67〕

说混合性）。我们所熟悉的开阔地实际上是草地、林地和带状林的一部分。事实上，多种大猫共存通常发生在有树木覆盖的栖息地，与现今的非洲大草原一样。体形较小的物种可以依靠树木来躲避大型物种的攻击，以防自身被猎杀或猎物被盗（Morse，1974）。不仅非洲的狮和豹是这样（Bailey，1993），亚洲的虎和豹也同样如此（Seidensticker，1976）。在化石记录中，当我们发现狮子大小和豹子大小的大型猫类一起出现在同一化石遗址中时（如果后者和豹子一样也是攀爬好手），这就表明，遗址周围的环境有足够的植被覆盖，使得小型物种能够避开大型物种的猎杀。这类例子就有塞罗巴塔略内斯遗址中发现的原巨颏虎和剑齿虎属，皮克米遗址中发现的副剑齿虎和半剑齿虎，以及一些上新世和更新世遗址中发现的巨颏虎和锯齿虎。诚然，体形像灵提的猎豹并不擅长攀爬，但它有一种不同的共存方案，可以利用无植被分布的极端情况。草原上开阔的视野使得猎豹很容易受到其他大型掠食者的袭夺，但同时，也使它们能够轻易察觉到敌人的靠近并及时逃离危险地带，以避免被杀死或咬伤。但即便是猎豹，当它有幼崽时，也是非常需要植被庇护的。在母兽外出捕猎时，这些幼崽的生存很大程度上依赖于它们能否保持隐蔽状态。

考虑到非洲大猫间的紧密联系以及让它们能够共享资源的要素，我们很想知道，如果将美洲狮引入非洲大草原会发生什么。理论预测，鉴于相似的体重、习性和适应性，美洲狮将与豹展开直接竞争。在这种情况下，其中的一种或两种大猫必须迅速演化成足够不同的物种，否则，（竞争失败的）某一种就会被赶出这个区域。

对其他大型掠食者来说，情况也是如此。在非洲，非洲野犬和斑鬣狗互相争夺相同的猎物资源，两者都是集群捕猎的追捕性掠食动物。即使存在一些竞争，但它们之间的差异足以让它们共享同一片栖息地。鬣狗有着可以咬碎骨头的牙齿，它们更适应食腐；而速度更快、更轻巧的非洲野犬则是更高效的猎手。因此，这两个物种可以瓜分当地的猎物资源。但是，鬣狗会用它们的大体形和族群来恐吓非洲野犬，使后者不得不放弃它们所捕杀的猎物。因此，在视野开阔的地方，非洲野犬很难避开鬣狗的攻击。直接冲突的结果不一定是像鬣狗对付单独的猎豹那样，能够立即咬伤一头野犬，因为非洲野犬也是群居的。但如果鬣狗族群足够庞大，那么非洲野犬将不可避免地失去猎物——从长远来看，这几乎与受伤同样糟糕。对于非洲野犬来说，一个解决办法是利用栖息地中树木比较多的地方做掩护，这样做不是为了更靠近猎物，而是为了在被竞争对手发现之前，有更长的时间享用食物（Creel & Creel，2002）。

剑齿虎和食肉动物群

在同一环境中生活的所有大型食肉动物之间存在复杂的关系，这些关系指引着每一个物种的演化（当然，这也取决于物种的系统发育限制）。在每个生态

系统中，共享同一资源并解决了潜在竞争问题的物种群组成了一个大致稳定的
生物集合——在生态学术语中被称为功能群（为表述方便，书中简称为群）。大
型食肉动物群只是其中一个例子，另一个是大型有蹄类动物群，它们与食肉动物
群共享生态系统，并在地质时期与食肉动物群相互作用，这种现象被称为协同
演化。

回顾大型食肉动物群在过去3000万年间的演化历程，可以发现，它们在营
养或食物适应性上的多样性方面表现出相当大的稳定性。大型食肉哺乳动物演
化出了对不同食物的适应能力，其中一类几乎只吃肉（高度食肉，如大型猫科
动物），而另一类（我们可称为"食肉兼食骨"专家，例如鬣狗）拥有强壮牙
齿的动物则能够咬碎并吃掉骨头，因此它们的饮食中包含更多的腐肉。第三类
被称为"非专性食肉动物"（包括大多数犬科物种），拥有更通用的齿型，可
以吃各种各样的食物，包括无脊椎动物、植物等（Van Valkenburgh，2007）。
至少从渐新世开始，这三大类群就已经设法在一个稳定的配置下开发它们的食
物资源，不过事实上，单个物种很少能持续存活几百万年以上。新物种会填补
逝去物种留下的空缺，使群落得以维持平衡，而这种接替存在几种方式。在某
些情况下，当一个物种入侵一个生态系统，它将取代系统中另一个占据相同生
态位的早期物种，后者由于某种原因处于相对劣势。在其他一些情况下，当一
个本土物种因环境压力而灭绝，生态系统中会空出一个生态位，新的物种到来
时正好填补这个空缺，就不用发生任何冲突。更另有一些情况，当一个新物种
来到一个生态系统中时，尽管合适的生态位已经被其他本土物种所占据，但由
于环境条件是如此有利，本土物种和新来者可以很好地共存并分享资源。在这
类情况下，就会出现种类异常丰富的食肉动物群，而且只要有充足的资源，平
衡就可以一直保持下去。

在化石记录中，就有这种动物群的例子（图2.23）。近些时期以来，狼一
直是欧洲占主导地位的大型食肉动物，尽管在欧洲大陆南部也有狮的历史记
录。但在更新世晚期，狼、狮与已经在该地区灭绝的其他食肉动物（如斑鬣
狗、豹和豺）共享着猎物资源，一起的还有像锯齿虎这类在其他地方均已灭绝
的动物。欧洲更新世晚期的锯齿虎目前仅发现过一件化石，时间可以追溯到
28000年前欧洲最后一个冰河时期。然而，在大约40万年前，锯齿虎的分布还
相当广泛，因此人们不禁会想，一定是在资源的可利用性上发生了某些剧烈变
化，才使得欧洲大型食肉动物群缩小到现在的规模（Antón et al. 2005）。类似
的情况同样发生在上新世晚期的非洲大陆（Turner & Antón，2004），那时，
包括狮、豹、缟鬣狗和斑鬣狗在内的现代食肉动物群组合与三属不同的剑齿虎
（恐猫，锯齿虎和巨颏虎）以及另外两属大型鬣狗（豹鬣狗和硕鬣狗）一起共
存了一段时间。

但是，化石记录中也有相反情况的例子。在北美，在最后一个祖猎虎属
剑齿物种灭绝后（约2400万年前），剑齿食肉类的生态位就一直空缺着，直到

图2.23 东非早更新世（上）和晚更新世（下）大型食肉动物群的代表性物种，注意早期更大的物种多样性。上图从左至右依次是：狮子祖先，猎豹祖先，豹，斑鬣狗，恐猫，缟鬣狗，匕齿型的怀氏巨颌虎，刀齿型的哈达尔锯齿虎。下图从左至右依次是：猎豹，豹，狮，斑鬣狗，缟鬣狗，黑背胡狼，非洲野犬。[图注原p.71，图原p.70]

大约1200万年前，第一批巴博剑齿虎类才从亚洲迁徙过来，即使是以地质学的标准来衡量，这也是相当长的一段时间间隔。类似的情况也发生在欧洲，大约在3000万年前，始剑虎灭绝，而直到1900万年前，巴博剑齿虎类才迁入该地区（Bryant，1996b）。在南美，袋剑齿虎类的灭绝被认为与北美的入侵物种——刃齿虎之间的竞争有关，但是袋剑齿虎类最后的化石记录（查帕德马拉尔期）实际上比刃齿虎最早出现的化石记录要早（恩塞纳达期，还有一些乌基期的可疑发现），因此，很可能在刃齿虎到达南美之前，袋剑齿虎类就已经灭绝了。无论剑齿食肉类动物存在与否，过去的一些生态系统都维持着相当小的大型食肉动物群，特别是在南美洲，大型有袋食肉动物的记录并不是特别令人印象深刻，可以说，巨型恐鹤在很大程度上填补了大型陆地食肉动物的生态位。鉴于大型食肉动物在现代生态系统中的重要作用，它们在一些化石群中的匮乏是耐人寻味的。然而，我们必须记住，较低的食肉动物多样性并不意味着捕猎能力的缺乏，少数几个甚至是一种非常高效的大型食肉动物就足以控制食草动物的数量——就像几千年来狼在欧洲和北美所展现的那样。

剑齿虎的生态型[①]

正如我们所看到的，每一种剑齿食肉类都有其独特之处，但从它们的异同中也可以识别出一些基本型式。在20世纪中叶，芬兰古生物学家库尔滕将猫科真剑齿虎分为两大类，分别命名为"dirk-tooth（匕齿剑齿虎）"和"scimitar-tooth（刀齿剑齿虎）"（Kurtén，1968）。顾名思义，这个分类主要反映了两大剑齿虎族（刃齿虎族和锯齿虎族）在上犬齿形态上的差异。正如我们将在下一章中看到的，匕齿剑齿虎（刃齿虎族）有着非常长而中度侧扁的剑齿，有些类群其剑齿缘发育了非常细小的锯齿，有些则没有。刀齿剑齿虎（锯齿虎族）的剑齿短而宽，但非常侧扁，齿缘有粗大的锯齿（图2.24）。

但是，上述两大类群的差异不仅仅体现在剑齿形态上。几十年后，美国古生物学家马丁重新定义了匕齿剑齿虎和刀齿剑齿虎，将两者变成了两种完全成熟的生态型——决定了能够反映某种特定生态位的一系列形态特征。这些生态型没有类群上的限制，也就是说不管它是猫科、肉齿类还是有袋类动物，任何符合形态要求的剑齿食肉类都可以被归类为匕齿型或刀齿型。根据这个定义，匕齿型剑齿虎的特征不仅是与它们同名的上犬齿，还包括强壮的头后骨骼，像熊一样的短肢，以及跖行或半跖行的足。而刀齿型剑齿虎则有着更纤巧的骨架、细长的四肢和完全趾行的足（Martin，1989）。

根据这一理论，这种形态上的差异反映了剑齿虎类两种不同的生态和行为方式：匕齿型剑齿虎肌肉发达，上犬齿剑锋超长，这与其单独捕猎的风格相对应，对厚皮、行动缓慢的大型猎物采取耐心的伏击和短距离的追杀。这种捕猎策略需要像摔跤手一样强壮的体格，长长的犬齿足以刺穿厚皮动物和其他大型猎物的皮肤。由于刀齿型剑齿虎的奔跑速度更快，它们会更积极地追逐快速移动的猎物，并且在某些情况下它们会集群行动，因此匕齿型剑齿虎迫切需要植被的掩护来伏击猎物，而刀齿型剑齿虎则善于在相对开阔的环境捕猎。在第三纪的大部分时间里，采用不同捕猎方式的匕齿型真剑齿虎类、刀齿型真剑齿虎类和锥齿猫类均能够巧妙地划分资源，占据不同的生态位。

这个理论可能很好地反映了一些事实，但现实情况要复杂得多。一方面，大多数已知的哺乳类剑齿动物似乎更符合匕齿类型，而长肢、齿缘带粗锯齿的刀齿类型只在新近纪猫科锯齿虎族成员中才能清楚地观察到。渐新世的恐齿猫是一类刀齿型猎猫类动物，它确实有着短的剑齿和纤细四肢，尤其是与同时代体格魁伟的古剑虎相比。但与古剑虎的剑齿相比，恐齿猫的剑齿并没有更扁平，齿缘也没有更粗大的锯齿。尽管恐齿猫的前臂和小腿（即肱骨和胫骨）比古剑虎的长，但它的掌跖骨并没有显著的拉长，因此，很难说恐齿猫能够在开阔的栖息地进行超高速或持续的奔跑。因此，称恐齿猫为刀齿型食肉类似乎不

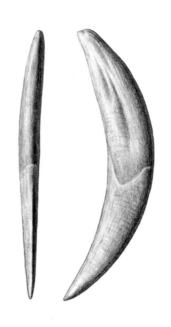

图2.24 刃齿虎（上）和锯齿虎（下）的右侧上犬齿的对比图。左边为前视图，右边为侧视图。［原p.73］

---

① 译者注：生态型，原文为ecomorph，更确切的翻译是生态形态型，本书中我们简称为生态型。

太合适（Scott & Jepsen，1936）。

另一方面，更新世锯齿虎族中的异剑虎有着明显的弯刀形上犬齿，但出乎意料的是，它却有着四肢粗短的强壮骨架，让我们不禁联想到像刃齿虎这样的比齿型动物。事实上，异剑虎的适应性特征组合是独一无二的，它的描述者为此提出了一种新的生态型，称之为"cookie-cutter cats（切割饼干的猫）"[①]（Martin et al. 2011）。另外，如果我们观察一些小型比齿型物种，例如家猫大小的肉齿目中的黎明类剑齿虎，或猞猁大小的猎猫科中的二齿始剑虎，会很难相信它们比非剑齿同类更擅长捕食皮更厚的猎物。

因此，纵观第三纪哺乳类剑齿动物的演化历史，似乎很难明确地分辨出比齿和刀齿这两种生态型。更确切地说，对剑齿化特征的最初选择似乎发生在那些相对强大、能单独捕猎的食肉动物身上，随着剑齿演化得越来越长（高冠），身体也变得越来越强壮，以便能牢牢固定住猎物（Salesa et al. 2005；Meachen-Samuels，2012）。在猫科锯齿虎族中，狮子大小的早期类群往往有着相对短而侧扁的剑齿以及更为纤细的骨架，这与对开阔栖息地的偏好和可能的群居生活有关，这种生活方式使单个个体控制猎物的能力有所丧失，因而阻止它们演化出特别长的剑齿。后来，锯齿虎族中的一类成员（异剑虎）可能改变了其栖息地倾向，偏好更封闭的环境，从而选择演化出更强健的体格，最终形成了异剑虎身上明显奇怪的特征组合。尽管在最初的生态型理论中，群居性是刀齿型食肉动物的独有特征，但是一些生活在开阔环境中的大型比齿型动物，比如刃齿虎甚至是巴博剑齿虎的某些物种，也可能营群居生活，我们将在第四章中对此进行讨论。

猎物的选择和有蹄类动物群

谈到剑齿虎时，人们常常会有这样的看法：它们专门捕食体形巨大的厚皮猎物，如乳齿象、猛犸或巨型地懒，它们巨大的犬齿是对付这些巨兽的理想武器。甚至有人提出，在陆地脊椎动物演化史上，每当食草动物变成"巨型食草动物"——也就是说当它们长到比大型捕食者大十倍或更多时，剑齿式适应就会应运而生（Bakker，1998）。然而，我们将在本书后面的章节中看到，大量的解剖学和演化生物学证据指向了另一个方向，剑齿式适应演化的关键，不在于与"正常"情况或锥齿猫类相比更擅长杀死体形更大的猎物，而是在面对同体形猎物时，能以一种更快、更有效的方式捕杀，以节约能量并降低受伤的风险。在这方面，我们应该注意到，在二叠纪晚期的生态系统中，体形巨大的丽齿兽类剑齿动物的许多猎物都比它们要小，没有一个比它们大十倍。同样需要记住的是，考虑到这些剑齿捕食者的体形，想要猎杀巨型食草动物不仅极其困难和危险，而且在大多数生态系统中，它们也不是最丰富的猎物资源。像马科

---

① 译者注：cookie-cutter 是一种带有弧形锯齿的模具，可以用来切割曲奇饼干。

和牛科这样中等体形的有蹄类动物要丰富得多，我们有理由认为，过去多数大型食肉动物会将注意力集中在那些更易获得的猎物身上，就像今天一样。

剑齿虎类动物分布非常广泛，许多类群同时生活在几个大陆上，它们在不同栖息地捕食不同种类的食草动物。因此，北美更新世的刃齿虎主要以野牛、马和幼年长鼻类动物为食。但当它们迁徙到南美洲时，它们发现此处没有野牛，马和长鼻类动物的种类也与原来的有所不同，还有一些从未在北美见过的大型有蹄类动物，比如长得像骆驼的滑距骨兽以及体格强壮、形似河马的箭齿

图2.25 东非早更新世（上）和中更新世（下）有蹄类动物群的代表性物种，表明在相对较短的时间内，物种组成发生了戏剧性的改变。上图从左至右依次为：柯尼利亚宽颌三趾马，朱玛长颈鹿，薮羚，湖林猪，摩尔西瓦兽，黑脸黑斑羚，亨氏钩爪兽，埃塞俄比亚六齿河马，白犀。下图从左至右依次为：白犀，长颈鹿，库比佛拉斑马，奥杜威佩罗牛，艾氏伟羚，雷氏跳羚，琴角梅内利克苇羚，安氏巨疣猪，惧河马，摩尔西瓦兽。［图注原p.75，图原p.74］

兽。即使面对如此陌生的猎物，刀齿虎还是像在本土大陆一样繁荣兴盛。锯齿虎是更极端的例子，在上新世和更新世时期，从南非到英格兰，从西班牙到中国和南美，从赤道到北极地区均有分布。在非洲，各种各样的羚羊占其食物的很大一部分，但这类猎物在欧亚大陆和美洲大陆却很少见，取而代之的是鹿、驼鹿和其他有蹄类动物（图2.25）。

在每一种情况中，猎物的种类是次要的，最重要的因素是猎物的体形、运动能力和防御策略。在现代食肉动物中，捕食者的体形很大程度上决定了猎物的大小，一般来说，体形大于豹子的捕食者往往会捕食与它们体形相当或更大的猎物。这是一种确保每次成功捕猎都能获得最佳能量回报的方式。除此之外，捕食者会选择生态系统中最丰富的猎物类群，所以有时，它们最常捕食的猎物往往会略高于或低于适合其能量需求和捕猎能力的理想体形。南非克鲁格国家公园就是一个很好的例子，那里的林地是大量黑斑羚的栖息地。对于猎豹的捕猎策略来说，这种中等体形的羚羊似乎有点太大了，而对于狮群来说，它又有点太小了，无法提供最佳的能量回报。但由于数量众多，黑斑羚成为了上述两种猫科动物最重要的食物来源之一，同时也是其他食肉动物（如豹、斑鬣狗和非洲野犬）最重要的一类猎物。这些实例告诉我们，不应该试图将过于具体的猎物偏好与已经灭绝的食肉动物对应起来，这可能导致我们臆断出过于简单的猎物划分方案。事实上，一个地区的所有大型食肉动物都很可能会将数量最丰富的几种有蹄类动物作为主要捕猎目标，只要后者的体形适中且没有太强的攻击性。

剑齿虎的多样性

在漫长的地质历史中，剑齿虎的栖息地非常广泛，它们不只占据一个单一的、狭窄的生态位。在某些情况下，由于体形、运动能力的不同，可能还有猎物偏好和捕猎方式上的细微差异，多种剑齿捕食者可以共享同一生存环境。例如，西班牙南部更新世早期的本塔米塞纳遗址，对其中的剑齿虎化石的生物地球化学分析结果显示，狮子大小的刀齿型锯齿虎偏好在开阔平原上捕食食草的有蹄类动物，而豹子大小的匕齿型巨颏虎则更喜欢在树林里伏击食叶的有蹄类动物（Palmqvist et al. 2008）。诚然，从植被类型到种间竞争，这种对环境因素的微妙反应是捕食者与其生态系统之间相互作用的一部分。但当我们从化石记录中得到更多数据后，我们得出了这样一个结论：剑齿虎类动物在过去的生态系统中发挥了至关重要的作用，它们壮观的剑齿式适应不是"一次性的"、偶然的自然发展，而是捕食者为应对大型猎物所演化出的最成功的策略之一。捕食者必须与它们的栖息环境保持密切的协调。结果是，它们对环境变化做出了微妙的适应改变，而当这种适应改变足够彻底时，就会演化出新的物种。这些事实的自然结果是，随着时间的推移，剑齿虎发展出惊人的多样性，我们将在下一章中详细介绍。

第三章　剑齿捕食者

动物学家可以轻易从外观上区分狮和虎、豹和美洲豹，但当需要对它们的骨骼进行辨认时，大多数还是会感到棘手。只有那些受过解剖训练的专家才会比较熟悉大型猫科动物的具体骨骼特征，能准确指出这些大猫在头骨、下颌和牙齿上的细微差别。在化石记录中，我们所能得到的只有灭绝动物的骨骼，而且通常是残缺不全的，因此，用来定义一个化石物种的特征与我们用来识别现生动物的特征不同，后者可以被人眼快速探测到。相反，化石物种的属性常常都要从牙齿比例或骨缝形态上的细微差异来辨别。考虑到这些困难，对像剑齿虎这样的灭绝类群，我们能否建立一个物种判别"视觉指南"？最简明的回答是——不行，但我们可以得出一个合理的近似模型。

本章将采用生命重建的形式（除头骨和骨架素描图外）对各种剑齿捕食者进行解读，但我们并不奢望对每一个命名的剑齿物种进行复原重建。大多数重建都是基于化石材料，尽管它们提供了清晰的解剖学证据来指示物种属性，但大多不够完整，无法进行可靠的复原。所以在本书中，我们主要选择对那些有更完整化石记录且形态特异的物种进行复原。我们的首要目标是尽可能清晰地描绘出各大剑齿虎类的基本特征，包括猫科、猎猫科、巴博剑齿虎科、肉齿目、有袋类和兽孔类剑齿捕食者。这看起来似乎很简单，像巴博剑齿虎、刃齿虎和袋剑齿虎这些最特化的属在身体和头骨比例上是如此奇特，若可以穿越时空回到过去，专家们可以颇为自信地识别出这些剑齿生灵。但是，当我们遇到一种体格结实、长着中等大小剑齿和下颌颏突的豹子大小的食肉动物时，我们能否一眼就辨认出它是属于古剑虎（一种猎猫科动物）？还是桑桑剑齿虎（一种巴博剑齿虎科动物）？或者巨颏虎（一种猫科动物）？答案是可能的，但以防万一，我们最好麻醉这只动物，这样才能近距离观察它的牙齿！这意味着，若要正确鉴别这些类群，光靠宽泛的视觉途径是不够的，需要对一些确切的解剖特征进行审视。

在下文对各主要剑齿虎类群进行介绍时，我将提供有关其分类、时空分布及整体外观的总体信息。然后，我将选择各类群中那些更出名或更典型的物种进行详细介绍。除了主要物种，我也会适当地对一些其他物种作简要的讨论。

说起化石物种时，一个容易令人困惑的方面是物种学名的频繁变化。根据动物命名法规，某一物种在科学出版物中最先出现的名称具有优先权，而后来在不知情的情况下，根据同一物种的遗骨起的不同名称则被称为"后出同物

图3.1 纹饰狼面兽的骨架（上）和外貌复原，肩高40厘米。[原p.80]

异名"，并作为多余之物予以废除。从理论上讲，这种方法听起来再合理不过了。但试想一下，一位古生物学家发现了一些与任何已知物种都不太相似的化石碎片，并将这些材料定为一个新物种的模式标本，然后在一份当地的出版物中进行描述报道。后来，另一位学者报道描述了一件保存精美而完整的新化石，看起来像是一个新物种，但实际上与第一个学者用以命名的材料为同一物种。第二位学者给新化石命名了一个新的物种名称，却没有注意到已经有学者曾在一本不知名的期刊上发表过文章，给同一种动物的化石残段命名。即使是新期刊的编辑也没有注意到早先的报道。几十年后，有人偶然找到了旧刊物，并发现了这种命名巧合。而此时，学者甚至普通大众都对后来这个根据更好的化石材料所建立的名称更为熟悉，但根据规定，最早发表的名称才是有效的。

对优先权的要求并不是学名变化的唯一原因：更完整化石的发现可以为不同名称物种之间的关系提供更深入的见解，研究人员经常发现，之前被认为是独立的两个物种往往是同一个物种，或者早先被归入一个现有物种的标本实际上属于新的、独立的分类单元。现生物种的学名也在发生变化，特别是现代遗传学的研究让我们对不同类群间的系统发育关系有了更好的理解，在这种情况下，动物的俗名帮助了外行人，使他们免受这种令人困惑的更名的影响。

自19世纪早期以来，由于剑齿虎类化石的发现进展缓慢，有关优先权的主张层出不穷，古老的名字被一次又一次地抹掉。在下文的叙述中，我不仅会给出物种的当前名称，还会提到一些最相关的同物异名，因为有兴趣的读者在查阅文献时可能会遇到旧的名称。除了这个纯粹基于实际需要的原因之外，还有另外一个原因，那就是一些关于更名的故事能够向我们展示科学的工作原理以及它的人为局限性。

兽孔类剑齿动物或丽齿兽类

我们已经在第一章中提过，被称为"似哺乳爬行动物"的兽孔类，和哺乳动物一样，均属于一个更大的类群——下孔类。将下孔类与其他爬行动物区分开的一个特征是：上、下颌骨的不同区域发展出不同形态的牙齿（异齿化）；相反，包括恐龙在内的大多数爬行动物，通常具有一排排形态相对一致的牙齿。在下孔类中，上、下颌前部的牙齿通常是尖的，像哺乳动物的门齿一样紧密地排列在一起。在它们正后方是被称为犬齿的大獠牙，在一些兽孔类动物（非剑齿类群）中，犬齿后方的牙齿可能会发育多个齿尖。这种哺乳动物式的牙齿分区被称为异型齿，甚至在早期的盘龙类如异齿龙中也可以观察到，这为后来剑齿模式的发展提供了基础。许多食肉兽孔类动物已经显示出相当可怖的犬齿，所以我们在丽齿兽类中看到的剑齿只是已有趋势的一种放大。

兽孔类剑齿动物，也被称为丽齿兽类，出现于约2.7亿年前的二叠纪晚期，可能起源于一类被称为巴莫鳄的原始兽孔类动物。第一种丽齿兽类就已经显示出该类群的所有共有衍征[①]，比如发育良好的鳞骨翼，头骨上存在前顶骨，下颌具有高的联合部（下巴颏）以及在齿骨上长有冠状突（Sigogneau-Russell，1970）。本书中描述的所有进步的丽齿兽类在上、下颌骨的两侧各有五个大而尖的门齿。每一个门齿横切面都呈卵圆形，有锯齿状后缘。门齿后方是一个巨大的上犬齿和一个小的下犬齿，横截面呈卵圆形，具有前、后切割缘且都长有锯齿。所有物种都有着相似的骨架：体格强健但四肢较长，姿态有点像犬，尽管肘部有些向外弯曲，尾巴相对较短。它们中体形小的如土狼，体形大的如棕熊。

我们对丽齿兽类的了解大多来自南非卡鲁组地层的化石遗址，但在其他一些非洲国家和俄罗斯也发现了它们的化石。它们生活在二叠纪晚期，在二叠纪末的大灭绝中，似乎无一幸存。

纹饰狼面兽

虽然体形还比不上中型的犬科动物，但狼面兽确是一类凶猛的食肉动物，有明显的剑齿特征。它们的头骨较窄，鼻部略向背侧凸出（图3.1）。

---

① 译者注：在演化生物学上，共有衍征指的是一种两个或两个以上终端分类单元（如物种）共有，并且是从它们最近的共同祖先承袭的衍生性状态。

图3.2 蜥猎兽的头骨和下颌。［原 p.81］

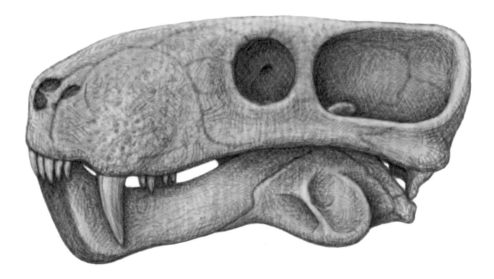

纹饰狼面兽的化石产自卡鲁组中所谓的小头兽带，其模式标本是布鲁姆于1925年描述的一具相当完整的骨架，后来被纽约市的美国自然历史博物馆获得。那时，标本尚未被完全修复好，直到20世纪40年代博物馆的工作人员决定对其进行装架展览时才完成。修复工作揭示了大量的解剖学细节，科尔伯特于1948年重新对完整骨架进行了完整描述并将之发表——直到现今，这仍是古脊椎动物研究的杰作之一。

帕氏蜥猎兽

头骨和头后骨骼的特征表明，这种动物不像其他大型丽齿兽类那么特化。在蜥猎兽中，头骨颞部或后部区域的高度与吻部大致相当，而在更特化的丽齿兽类中，吻部更高，与前端增大的门齿列位于同一水平处。从头骨背面看，蜥猎兽的头骨颞部区域并不像我们在狼面兽中看到的那样相对吻部大为向两侧扩展，颞部的侧向扩展在鲁比奇兽（见下）中更为明显。就体形而言，蜥猎兽的体长约1.6米，属于大型丽齿兽类，但不是最大的。蜥猎兽的吻部狭窄，具有倾斜的背部轮廓（图3.2）。

这一物种最初被德国古生物学家许耐（F. Huene，1950）依据在坦桑尼亚的鲁胡胡山谷发现的一具非常完整的骨架命名为帕氏猫颌兽。格鲍尔（E. Gebauer，2007）在对其解剖结构进行详细研究后，将之重新归入俄罗斯的蜥猎兽属中，本书也采用他的分类方案。

亚历山大狼蜥兽

这种动物体长超过3米，是最大的丽齿兽类之一，但从总体形态上看，它们就像南非狼面兽的放大版。与狼面兽的不同之处在于，这种狼蜥兽的上犬齿相对较大，吻部相对头骨后部来说也更高（图3.3）。

从相对完整的遗骨中可知，亚历山大狼蜥兽是俄罗斯古生物学家阿米利茨基在乌拉尔山脉以东的河谷进行野外考察期间最引人注目的发现之一

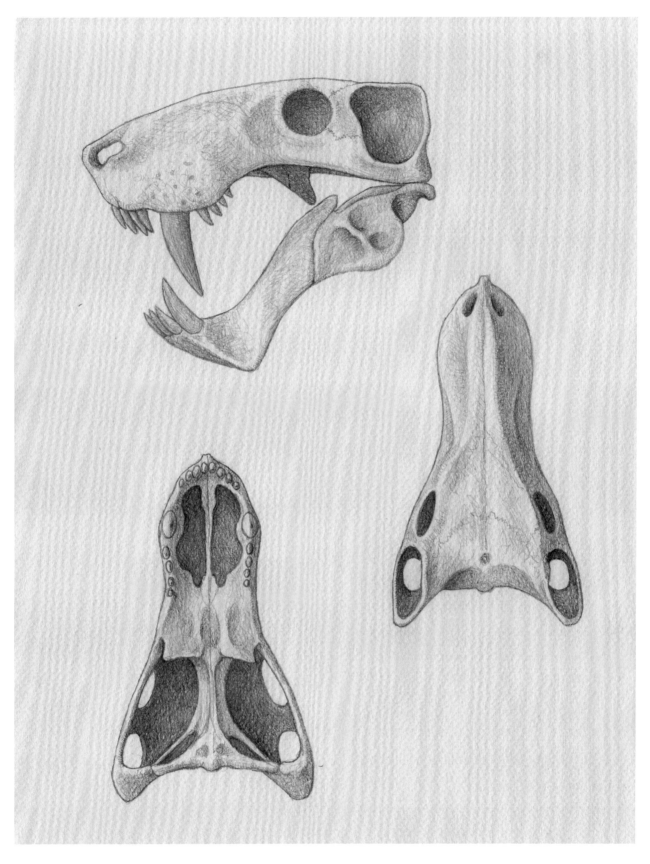

图3.3　亚历山大狼鼬兽的头骨：上，侧视；中，背视；下，腹视。在这幅和下一幅图中，头骨的背视和腹视图均
　　　无下颌骨。［原p.82］

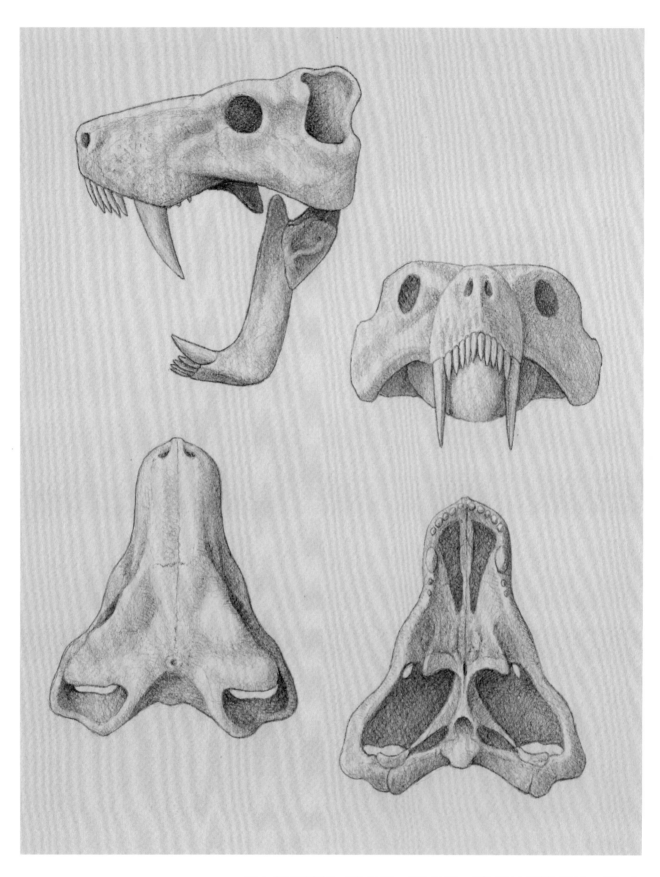

图3.4 鲁比奇兽的头骨：侧视（上左），前视（上右），背视（下左）和腹视（下右）。［原p.83］

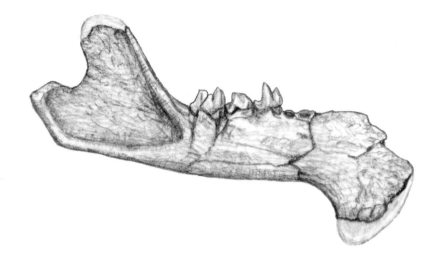

图3.5 原始袋剑齿虎类化石。上：哥伦比亚中新世的近袋剑齿虎下颌；下：阿根廷中新世的巴塔哥尼亚袋剑齿虎头骨。［原p.84］

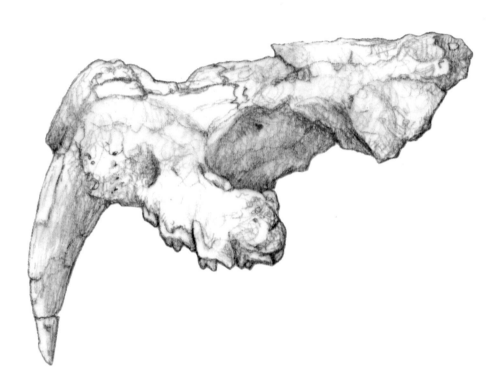

（Battail & Surkov, 2000）。

凶猛鲁比奇兽

和狼蜥兽一样，鲁比奇兽的体长可达3米左右，但它的头骨大约有45厘米长，比俄罗斯的狼蜥兽要强壮得多。它的吻部较长窄，但头骨的颞区大大向外扩展变宽，使得头骨的宽度几乎和它的长度相当（图3.4）。从侧面看，由于上颌骨和下颌联合的深度较大，吻部前端显得非常高，但由于剑齿非常高冠，以至于它们的尖端向下延伸超出下颌骨的腹缘。本书中所展示的鲁比奇兽的全身复原是结合了凶猛鲁比奇兽的头骨解剖特征和相近物种（如粗壮原鲁比奇兽）

图3.6 凶猛袋剑齿虎的骨架（上）和外貌复原。未知的骨骼部分用蓝色高亮显示，是根据其他袋鬣狗类动物复原的，肩高60厘米。［原p.85］

的头后骨骼信息。

1938年，布鲁姆根据在南非卡鲁组"中小头兽带"地层中发现的保存完好的头骨建立了凶猛鲁比奇兽种名，并称这个头骨为"所有博物馆中保存最好的南非爬行动物头骨化石藏品"（Broom，1938:527）。

有袋类剑齿动物

凶猛袋剑齿虎生活在上新世的阿根廷，是哺乳类剑齿动物中最特化的物种之一。几十年来，它一直是家族中唯一已知的成员。起初，它被归入袋鬣狗科的袋剑齿虎亚科，袋鬣狗科囊括了众多南美洲有袋食肉动物，包括各种鼬形和犬形物种。后来的研究表明，袋剑齿虎与袋鬣狗类差异巨大，理应建立一个单独的袋剑齿虎科（Goin & Pascual，1987）。由于化石记录中没有发现任何过渡形态物种，因此，这种差异使得袋剑齿虎更为引人注目。直到20世纪90年代，人们才在哥伦比亚中新世沉积物中发现了第二属更原始的袋剑齿虎类——近袋剑齿虎（Goin，1997），使该科的化石记录可追溯到1200万年前（图3.5）。最

近，在阿根廷中新世沉积中发现了袋剑齿虎科的一个新属新种——戈氏巴塔哥尼亚袋剑虎，其特征显示了介于原始的近袋剑齿虎和进步的袋剑齿虎之间的中间状态，"进步"一词在这里指的是，该类群显示了更原始的属中没有的特征（Forasiepi & Carlini，2010）。

袋剑齿虎类在若干头骨特征上不同于其他袋鬣狗类动物，包括高冠的上犬齿和高的、向腹侧延伸突出的下颌联合部。袋剑齿虎类只生活在南美洲，在上新世晚期，哺乳动物从北美向南迁徙的浪潮开始时，它们就灭绝了——但灭绝发生在有胎盘类剑齿动物到来之前。

凶猛袋剑齿虎是一种健壮的豹子大小的食肉动物，它们四肢粗壮，颈部和头部很大（图3.6）。长长的剑齿有着巨大的、终生生长的齿根，在上颌骨中呈弧形延展，末端甚至可延伸到眼眶上方，加上向下延伸突出的下颌颏突（下巴颏），给了这种生物一个惊人的外观，呈现了剑齿式适应的极端特化情

图3.7 凶猛袋剑齿虎的外貌复原。注意它那狭窄的头骨和下颌。［原p.86］

86

况（图3.7）。头骨的其他"剑齿"特征，如眶后棒及腹面观呈三角形的头骨，也同样见于有胎盘类剑齿动物中的巴博剑齿虎（图3.8）。

袋剑齿虎是1926年在阿根廷的马歇尔野外考察中发现的，当时在卡塔马卡省发现了丰富的上新世哺乳动物化石。其中，有袋类剑齿动物化石被运至芝加哥的菲尔德博物馆，里格斯（E. Riggs，1934）依据这批材料对凶猛袋剑齿虎进行了最初的描述。当里格斯发表他的研究成果时，科学界已经在一个世纪之前就知道了有胎盘类剑齿动物的存在，但在隔离的南美大陆上发现一种长剑齿的有袋类动物是完全出乎意料的。

菲尔德博物馆的袋剑齿虎化石缺少部分头后骨骼，但里格斯还是给出了一幅非常合理的袋剑齿虎复原图，这也是迄今为止发现的最完整的袋剑齿虎化石藏品。在20世纪80年代早期，在布宜诺斯艾利斯和潘帕斯省发现了一些极好的头骨和头后骨骼材料，使得学界对这类动物的牙齿和咬杀机制有了更精准的认识。

肉齿类剑齿动物

肉齿目包括两个食肉哺乳动物科，它们与真正的食肉目有亲缘关系，但又有所不同。这两个科分别是鬣齿兽科和牛鬣兽科，前者包括一些形态似犬的物种，后者体格更结实，四肢更短，看上去有点像猫和水獭的混合体。严格来讲，这两科最显著的差异在于裂齿的相对位置：在牛鬣兽以及一些原始鬣齿兽中，上第一臼齿和下第二臼齿组成了切割型裂齿，而在进步的鬣齿兽中，功能性的裂齿则由上第二臼齿和下第三臼齿组成。肉齿目在始新世和渐新世非常繁盛，也有少数物种延续到中新世。

类剑齿虎类包括两个具有清晰剑齿形态的属——类剑齿虎和迷惑猫，但它们与肉齿目两个科之间的亲缘关系却很难说，将它们归入到任何一科的理由似乎都同样多。事实上，它们和牛鬣兽科动物（以及一些原始的鬣齿兽科动物）一样，裂齿由上第一臼齿和下第二臼齿组成。道森和他的同事（1986）将类剑齿虎类归入牛鬣兽科，但是麦肯纳和贝尔在1997年将它们归入鬣齿兽科，后者可能遵循了盖曾（C. J. Gazin，1946）的分类标准，认为类剑齿虎类与原始鬣齿兽类的湖犬亚科具有解剖学上的相似性。

类剑齿虎类是小到中型的肉食动物，体形小至家猫，大至大型猞猁，它们四肢较短，体态结实。该类动物最早的化石记录已具典型的剑齿形态，如始新世早期的辛氏类剑齿虎，目前尚未发现任何介于它与更原始的肉齿目动物之间的过渡形态物种。该类动物的另一个属是迷惑猫属，已知的仅一件下颌材料，产自中始新世尤因它期，被命名为凯氏迷惑猫，这也是该类动物最晚出现的代表物种。类剑齿虎类动物仅发现于北美。

黎明类剑齿虎的复原肩高约为25厘米，站立时高度还比不上一只大型家

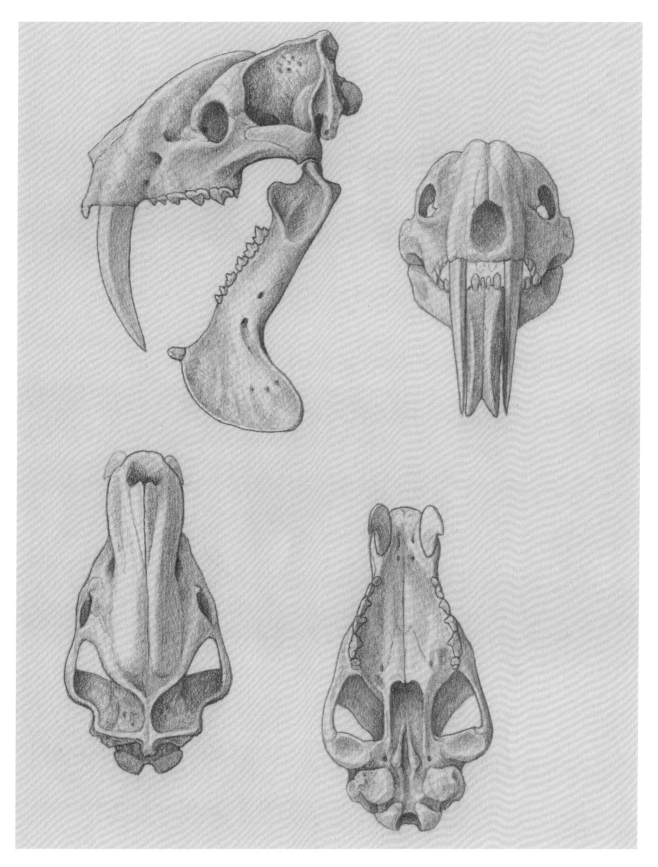

图3.8　凶猛袋剑齿虎的头骨：侧视（上左），前视（上右），背视（下左）和腹视（下右）。前颌骨和上门齿未
　　　知，是根据下犬齿的内侧磨蚀面复原的。［原p.87］

图3.9 黎明类剑齿虎的外貌复原，
肩高25厘米。［原p.89］

猫。然而，它的骨骼要粗壮得多，表明它的体重更大，可能与獾相当，可重达10公斤（图3.9）。窄长的头骨具有许多进步剑齿虎类的特征，如因容纳巨大的上犬齿齿根而膨大的上颌骨，高耸的矢状嵴，低平的关节突，退化的副枕突以及大的向前腹侧扩展的乳突（图3.10）。下颌骨发育明显的颏突和退化的冠状突。黎明类剑齿虎的裂齿（上第一臼齿和下第二臼齿）形似刀刃，几乎和猫的一样，比一般性肉齿目动物如湖犬演化出了更加高度食肉的特性。它的上犬齿长而扁平，冠高约3厘米，但与更早期的辛氏类剑齿虎不同，它的犬齿齿缘没有锯齿。它的下犬齿变小，几乎成为门齿列的一部分。显然，这种小型剑齿虎类的咬杀机制已经十分特化。它的猎物也较小，包括狐狸大小的原始马和家犬大小的犀牛。即便是这样，这些食草动物也比猎杀它们的类剑齿虎大，但后者强大的肌肉力量和善于抓握的前肢足以制服它们。

1909年，马修根据一些下颌骨残段对黎明类剑齿虎进行了描述。1940年，史密森学会在怀俄明州布里杰盆地的考察中发现了一具几乎完整的骨架，使得该物种更加广为人知。盖曾于1946年对这件标本进行了描述。该物种的化石记录还未在布里杰盆地以外被发现，时代也局限于中始新世。

猎猫类剑齿动物

在近年的评述文章中，猎猫科的定义包括了一系列始新世和渐新世的猫形动物，体形小者如猞猁，大者如狮子，发现于欧亚和北美大陆（Bryant, 1996b；Peigné, 2003；Morlo et al. 2004）。猎猫科动物的头骨在总体形态上与猫科非常相似，但两者在耳区结构上极为不同。将听泡分成两个鼓室的横隔板或骨板，在两者中是由不同的颅骨部分形成的。

一些猎猫科的属，如祖猎虎、始猎猫、恐猎猫和凯尔西虎，几乎只有微弱的剑齿化特征，另一个属——恐猎虎，可以完全被视为一种锥齿猎猫类，具有与现生猎豹相似的一些头骨特征。而其他的属，包括恐齿猫、须齿猫、古

图3.10 黎明类剑齿虎的头骨（上）和头部外貌复原。[原p.90]

剑虎、矮剑虎和始剑虎，则具有中等到极度特化的剑齿化特征。就我们目前所知，猎猫科动物的头后骨骼形态相当统一，身体和尾巴较长，四肢和足较短，显示出半跖行或跖行的站立姿态。

猫形恐齿猫

在洛基山脉的沙德伦期沉积中发现的几具保存完好的骨架化石清楚地展示了猫形恐齿猫的身体比例，它的大小与一只小型雌豹相当（Scott & Jepsen，1936）。它的头骨具有剑齿虎类的所有特征，尽管其特征只显示出中等的发育程度：长而侧扁的上犬齿，增大的刀刃状裂齿，增大的乳突和退化的副枕突以及垂直化的下巴颏（图3.11）。然而，它的颈椎相对较小，几乎没有发育供肌肉附着的突起，不像许多进步剑齿虎类那样拥有强健的颈部。恐齿猫有着相对

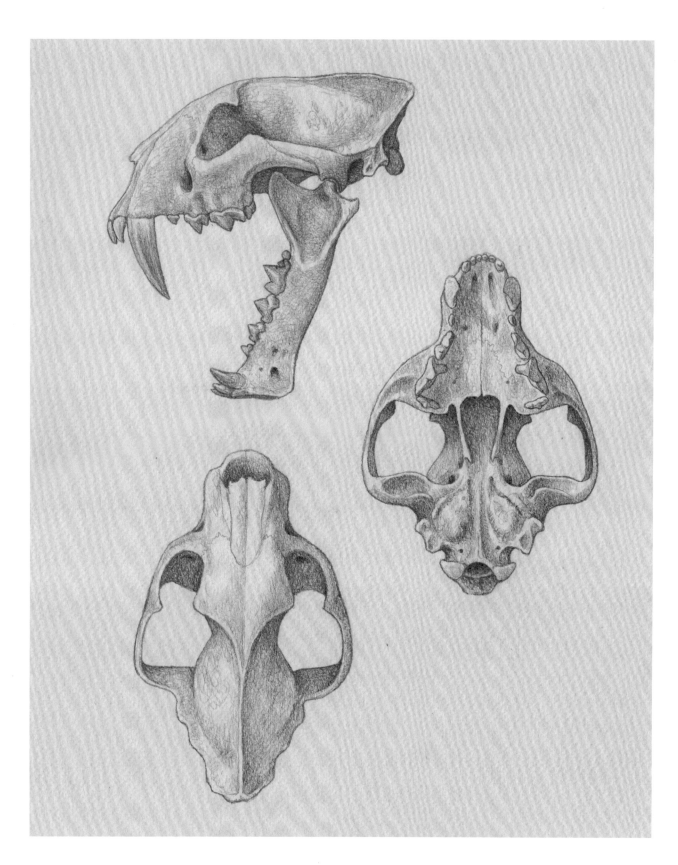

图3.11 猫形恐齿猫的头骨：侧视
（上），腹视（右）和背
视（下）。［原p.91］

纤长的四肢，前臂（前肢小臂）长度超过肱骨（上臂）的90%。但它的足部相对较短，表明它可能是半跖行的（图3.12）。

恐齿猫约有20公斤重，比沙德伦期的另一种剑齿虎类——古剑虎要纤弱得多，但由于它的四足较短，几乎不能长距离追逐猎物。但是，它们能够在短距离内快速地追击身手敏捷的猎物，并将其捕获。

恐齿猫属是雷迪于1854年根据美国自然历史博物馆保存的头骨材料所建。它只生活在北美大陆，时代从沙德伦期（晚始新世）到惠特尼期（早渐新世）。

扁颅须齿猫

与恐齿猫关系密切的是须齿猫属的成员，它们是相对大型的猎猫科动物，比恐齿猫有着更强健的齿列和更大的上犬齿（图3.13）。扁颅须齿猫生活在渐新世（奥雷尔期到早阿里卡里期）的北美西部。属种名都是杰出的古生物学家科普（1879，1880）建立的。

图3.12　猫形恐齿猫的骨架和外貌复原，肩高45厘米。〔原p.92〕

93

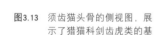

图3.13 须齿猫头骨的侧视图，展示了猫猫科剑齿虎类的基本形态。［原p.93］

古剑虎属

古剑虎属是科普于1874年所建，仅生活在北美大陆，但由此得名的古剑虎族还包括了来自整个全北区最进步的猎猫科剑齿虎类。古剑虎族的最早化石记录是在中国中始新世地层中发现的化石残段，由于材料太过稀少，甚至无法确定其属名。

颏叶古剑虎

颏叶古剑虎是该属中最早为人所知的物种，但它的形态已经相当特化，并在某些特征上比更晚出现的原始古剑虎（Scott & Jepsen，1936）更特化。头骨属于高度进步的剑齿虎类，有着很长的上犬齿，并有发达的下颌颏突，增大的乳突和退化的副枕突等。颈椎比恐齿猫的粗壮，有供肌肉附着的发达突起（图3.14）。在线性尺寸上（如体长、肩高等测量值），颏叶古剑虎并不比猫形恐齿猫大，但它的肢骨更健壮，因而它的体重也更大，估计有25公斤。显然，颏叶古剑虎擅长捕食比自身体形更大的猎物（图3.15）。

94

颏叶古剑虎种名是辛克莱于1921年根据北美沙德伦期地层中发现的化石所建。

其他古剑虎属物种

西方古剑虎（Leidy，1869）是已知最大的古剑虎属物种，发现于奥雷尔

图3.14 颏叶古剑虎的头骨和颈椎（上）以及头部、颈部外貌复原（下）［原p.94］。

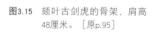

图3.15 颏叶古剑虎的骨架，肩高48厘米。［原p.95］

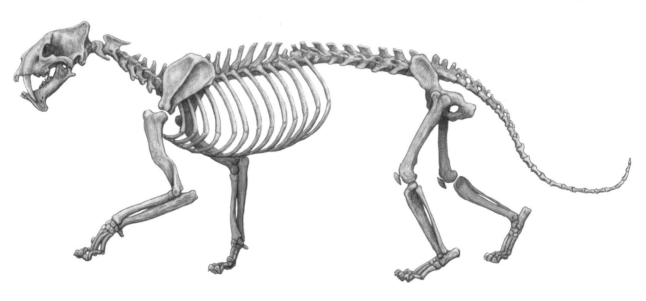

图3.16　西方古剑虎的外貌复原，
　　　　肩高60厘米。［原p.95］

图3.17　原始古剑虎的头骨侧视图。
　　　　［原p.96］

期和惠特尼期的地层中，有着相当完整的骨架化石（图3.16）。它的肩高约60厘米，体重约60公斤，是一种相当可怕的食肉动物，特别是在渐新世时期（Riggs，1896）。

　　另一物种——原始古剑虎的种名，是雷迪于1851年根据在奥雷尔期–惠特尼期地层中发现的优异化石材料命名的（图3.17）。

始剑虎属

　　始剑虎和古剑虎的不同之处在于，它的剑齿化特征更为特化。上犬齿比例更大，裂齿更大更呈刀刃状，舌侧齿尖非常小（"舌侧"是指牙齿面向舌头的一侧），其他颊齿均退化变小（图3.18）。乳突更为向腹侧延伸突出，下颌骨

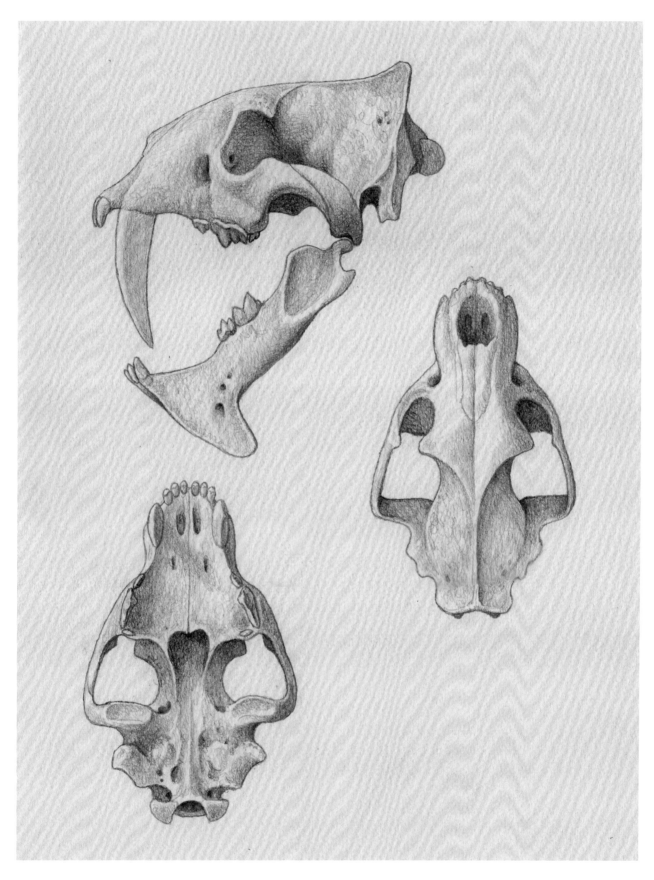

图3.18　二齿始剑虎的头骨：侧视（上），背视（中）和腹视（下）。［原p.97］

图3.19　二齿始剑虎的头部外貌复原。［原p.98］

的颏突也更大，冠状突更为退化（图3.19）。

二齿始剑虎

二齿始剑虎的种名（意为"two-toothed"）源自第一对下门齿的缺失，使得左、右侧下颌都只有两颗门齿。这一物种是根据产自法国著名的凯尔西磷矿遗址的一些保存完好的头骨和下颌化石所建。遗憾的是，由于缺乏最初采集时的具体信息源，以及凯尔西洞穴岩溶充填物的复杂性，现在人们还不能确定这些化石的年代。在这之后，凯尔西和欧洲其他的化石遗址在很长一段时间内都没能再发现好的始剑虎化石，直到半个多世纪以后，才分别在法国的苏马耶和维尔布拉马分别发现了一具几乎完整的骨架和一件头骨（Ringeade & Michel，1994）。现有数据表明，该动物的身体比例与古剑虎的

96

图3.20　二齿始剑虎的外貌复原，肩高48厘米。［原p.99］

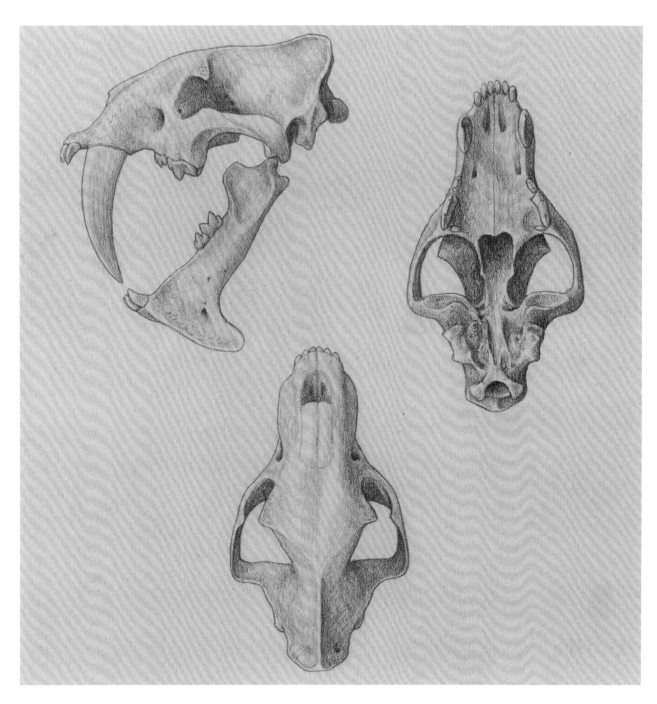

图3.21 刺客始剑虎的头骨：
侧视（上左），腹视
（中）和背视（下）。
［原p.100］

大体相似（图3.20）。最近，在凯尔西地区的伊塔迪斯地点发现了一个5个月大的幼兽头骨，可能属于二齿始剑虎。

二齿始剑虎的种名是费罗尔于1872年建立的，当时命名为*Machaerodus bidentatus*，属名始剑虎则是热尔韦于1876年建立的。

刺客始剑虎

这个产自北美的始剑虎物种比二齿始剑虎要大得多。在一些剑齿化特征上，它也更为特化，包括：发达的上犬齿和下颌凸缘，突出的门齿列，退化的冠状突，低的关节窝，垂直的枕骨，退化变小的副枕突以及极为向上抬升的吻部，代表了最进步的剑齿虎类（图3.21）。

图3.22 嘶吼中的刺客始剑虎。
[原p.101]

　　鉴于该物种与欧洲始剑虎的相似性，辛克莱和杰普森（Sinclair & Jepsen，1927；Jepsen，1933）曾将其归入始剑虎属中。然而，该物种的一些其他特征更容易让人联想到古剑虎，有人认为它是古剑虎支系的一个成员，只不过与欧洲的始剑虎发生了形态上的趋同演化（Bryant，1996b）。在本书中，由于缺乏明确的解决方案，我们保留它传统的属级分类（图3.22）。

其他始剑虎属物种

美洲物种达科塔始剑虎（Hatcher，1895）外形上与刺客始剑虎相似，但缺乏吻部的极端抬升，有学者认为它实际上是古剑虎的一个进步物种（Bryant，1996b）。同样来自北美的大头始剑虎甚至比二齿始剑虎还要小，是目前已知体形最小的剑齿虎类之一。它是科普于1880年根据产自惠特尼–阿里卡里期地层中非常破碎的材料命名的，随后人们又发现了相对完整的头骨化石（Bryant，1996b）。

巴博剑齿虎类

巴博剑齿虎类的概念是由舒尔茨和他的合作者在1970年提出的，最早是被当作猫科真剑齿虎亚科的一个族——巴博剑齿虎族的。几年后，当学界普遍认为猎猫类属于一个不同于猫科的独立科时，巴博剑齿虎类成为了猎猫科的一个亚科。最近，有人提出，这类动物应该被归入一个单独的巴博剑齿虎科，相比猎猫科来说，它与猫科的关系可能更近，本书也采用这个观点（Morales et al. 2001；Morlo et al. 2004）。巴博剑齿虎类是一类健壮的猫形食肉动物，体形从大型猞猁那样到狮子那样不等。它们的四肢和足部都很短，背部结实而稍坚直，颈部肌肉发达。头骨短而高，在进步类群中显示出了尤其特化的剑齿化特征，包括缩短的头骨后部，发达的下颌颏突和眶后棒，垂直的枕部以及极度增大的刀刃状裂齿，其他的犬齿后齿退化或完全缺失，上犬齿至少在后缘发育锯齿并存在垂直沟槽。

最早的巴博剑齿虎类记录是来自乌干达纳帕克地区中新世早期（约1900万年前）的下颌骨和牙齿化石，种名定为纳帕克金氏剑齿虎（Morales et al. 2001）。该科早期成员还有来自欧洲早中新世的化石记录，被归入原桑桑剑齿虎属（Morlo et al. 2004）。而非洲剑齿虎属比上述类群都进步，正如属名所示，它发现于非洲地区（Schmidt-Kittler，1987），但是西班牙阿蒂西拉早中新世（约1700万年前）地层中的一些化石也被归入这个属中，种名定为西班牙非洲剑齿虎，使得非洲剑齿虎成为唯一在非洲和欧洲地区均有发现的巴博剑齿虎类（Morales et al. 2001）。这些早期的巴博剑齿虎类体形与猞猁相当，只发育微弱的剑齿化特征。

掌状桑桑剑齿虎

这是一类体格健壮的豹子大小的剑齿虎类，头骨有发达的剑齿化特征，但只有中等长度的剑齿（图3.23）。与后来的亲戚巴博剑齿虎属相比，桑桑剑齿虎的体形更小，剑齿更短，裂齿不那么刀刃化，眼眶开放，乳突区域不那么特化（图3.24）。与同时代的四齿假猫相比，掌状桑桑剑齿虎的四肢相对较短，足部骨骼表现出更接近跖行的姿态。

图3.23　掌状桑桑剑齿虎的生活场景复原。［原p.102］

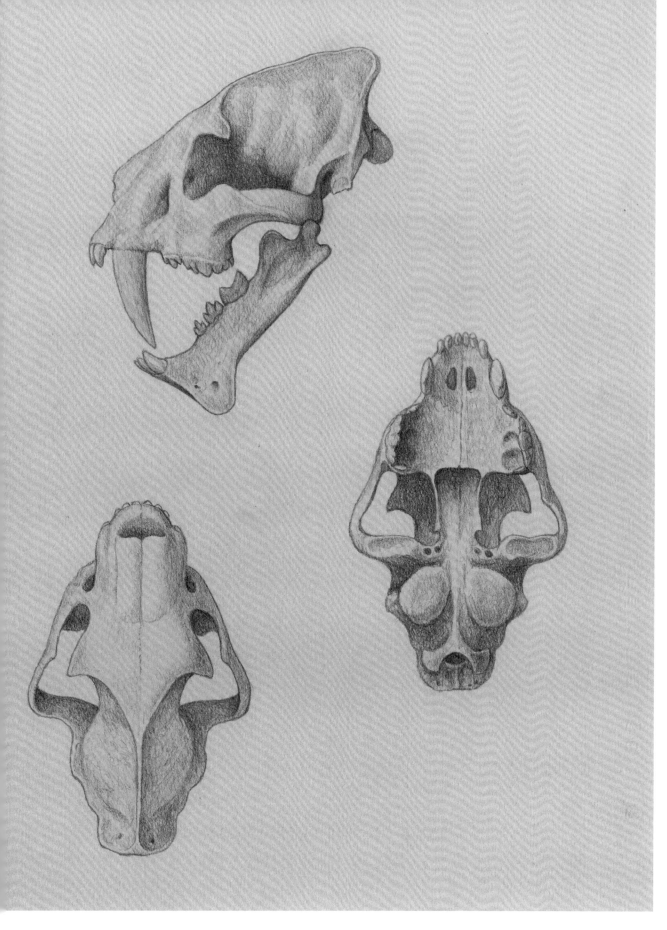

图3.24 掌状桑桑剑齿虎的头骨：侧视（上），腹视（中）和背视（下）。［原p.103］

　　另一个物种——皮氏桑桑剑齿虎，是根据产自土耳其西纳普地层的头骨材料所建，最初被错误地归入猫科巨颏虎属中，随后被格拉茨和居勒克（1997）归入巴博剑齿虎科。

　　桑桑剑齿虎是在法国的桑桑遗址发现的，属名也出自于此。1841年，布兰维尔最初将它命名为掌状猫，和欧洲许多其他剑齿虎类一样，很长时间它们都被置于剑齿虎属中（*Machaerodus*，是我们更熟悉的*Machairodus*的另一种老的拼写）。早在1929年，克赖措伊就创建了桑桑剑齿虎这个名称，但是直到1961年，金斯堡（L. Ginsburg，1961a）才第一次详细描述了桑桑遗址中发现的这类动物的丰富化石样本。

茹氏阿尔邦剑齿虎

　　这个物种与掌状桑桑剑齿虎亲缘关系密切，多年来一直被认为与后者属于同一个属。然而，最近发现的完整化石揭示了该物种与桑桑剑齿虎存在相当大的差异，使得旧的属名阿尔邦剑齿虎被重新启用（Robles et al. in press）。该物种的化石产自西班牙巴塞罗那的巴耶斯–佩内德斯盆地。

巴博剑齿虎属

　　1970年，舒尔茨和他的合作者根据1947年在美国内布拉斯加州弗兰蒂尔县收集到的头骨建立了巴博剑齿虎属，并将这个头骨所在的物种命名为弗氏巴博剑齿虎。这个头骨是如此独特，以至于这些学者建立了一个新的剑齿"虎"族——巴博剑齿虎族来诠释它的奇特性。巴博剑齿虎属的建属特征是：发育了眶后棒（在早期的巴博剑齿虎类如桑桑剑齿虎中是缺失的），剑齿长而侧扁、颊舌侧面具沟槽，头骨的眶后部分缩短。

莫氏巴博剑齿虎

　　与桑桑剑齿虎相比，莫氏巴博剑齿虎的头骨更大更特化（图3.25），它实际上是一种介于相对原始的欧洲属和后期拥有极端特化形态的弗氏巴博剑齿虎之间的中间形态物种。莫氏巴博剑齿虎体形可媲美一头大型豹，而且十分强壮（图3.26）。

　　这个种同样由舒尔茨和他的合作者于1970年命名，但用来定名的模式标本——一个形态原始的完整头骨化石早在1936年就被莫里斯·斯金纳采集到了，在此期间，它一直被保存在美国自然历史博物馆。当我们看到这个头骨时不禁诧异，这家伙与当时已知的其他剑齿虎类差别也太大了，怎么会这么长时间无人问津呢！

弗氏巴博剑齿虎

　　弗氏巴博剑齿虎是巴博剑齿虎科最晚的成员，它不仅将这个科的所有特征发挥到了极致，也是这个科目前所知体形最大的成员。它的肩高大约90厘米，体重与一头非洲狮相当。它短而半跖行性的四肢展现了强健的肌肉附着面，它

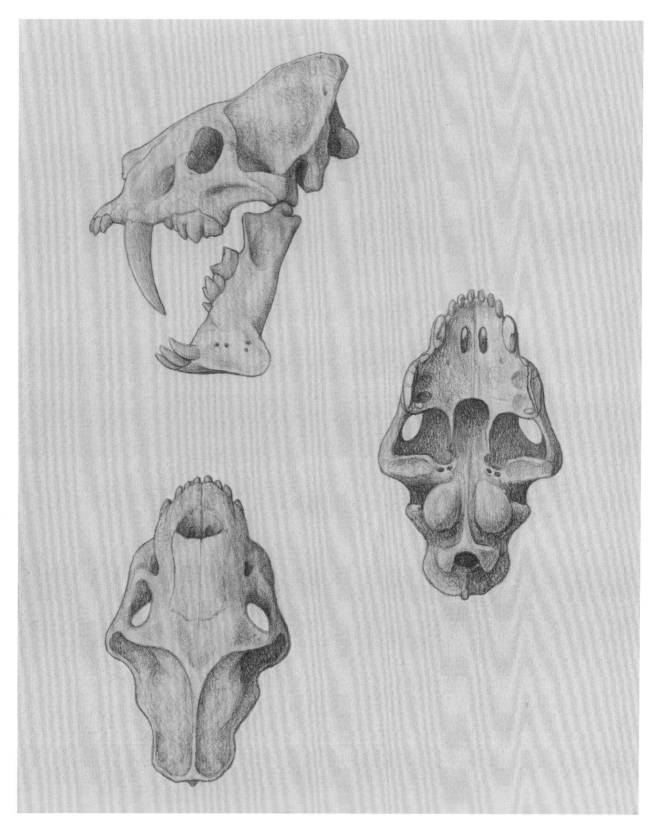

图3.25　莫氏巴博剑齿虎的头骨：侧视（上），腹视（中）和背视（下）。 ［原p.105］

图3.26 莫氏巴博剑齿虎的外貌
复原。[原p.106]

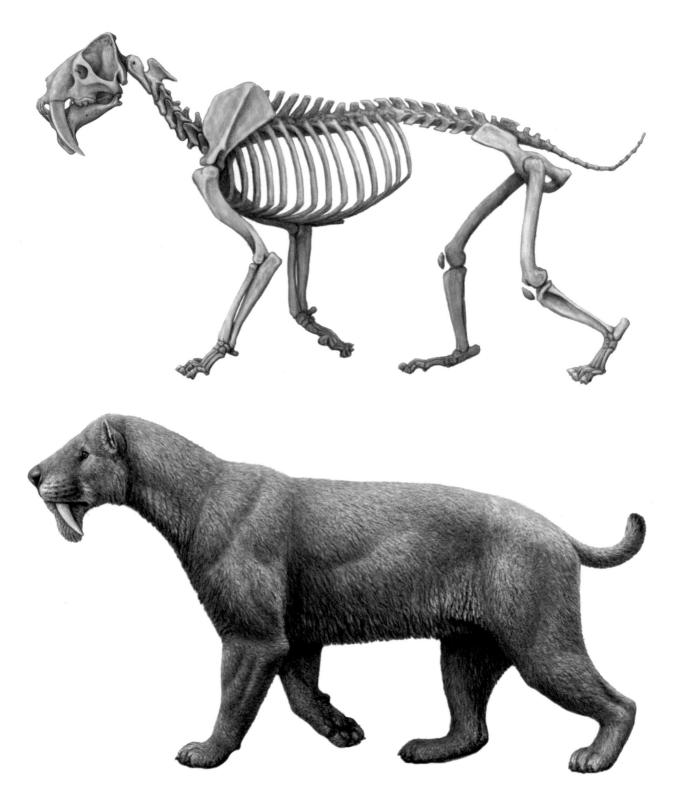

的背部变短，使得身体的横向运动受限（图3.27）。它的头骨短而高，上犬齿非常发达，并有着与之相匹配的巨大下颌颏突，枕面高度垂直（图3.28）。

洛氏巴博剑齿虎

这个物种是根据产自佛罗里达州洛夫骨床的丰富化石材料建立的（Baskin，2005）。包括许多不同个体的不相连的骨骼材料，但综合起来，它们很好地补

图3.27　弗氏巴博剑齿虎的骨架和外貌复原。未知的骨骼部分用蓝色高亮显示，是根据其他的巴博剑齿虎类或相关食肉动物复原的，肩高90厘米。［原p.107］

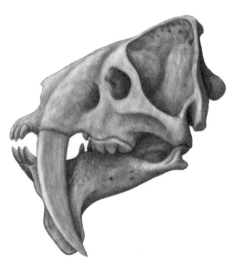

图3.28　弗氏巴博剑齿虎的头骨和头部外貌复原。［原p.108］

充了巴博剑齿虎属的解剖学细节和全身比例（见图2.14），这个属在这之前仅发现其他巴博剑齿虎属物种的一些零散化石。

其他巴博剑齿虎物种

美洲的惠氏巴博剑齿虎显示了若干原始特征，使它与欧洲的阿尔邦剑齿虎相似。前面所提到的产自土耳其西纳普组地层的巴博剑齿虎类，曾被不同学者分别归入巨颊虎属和桑桑剑齿虎属中，它实际上展现出了巴博剑齿虎属的特征，更可能属于该属，最近其名被修订为皮氏巴博剑齿虎（Robles et al. in press）。

猫科真剑齿虎概述

地质历史时期共有三大类猫科动物演化出了剑齿适应特征：后猫类，有时也被称为假剑齿虎；锯齿虎类，或称刀齿（弯刀牙）剑齿虎；刃齿虎类，或称匕齿（匕首牙）剑齿虎（参见第二章和第四章中对这些术语的讨论）。它们可以被归为真剑齿虎亚科的三个族，尽管一些学者认为后猫类可能属于（真）猫亚科。在这三大真剑齿虎类中，来自中新世的早期物种在比例和形态上都与现生猫类极为相似，除去扁平拉长的上犬齿外，这些动物的生前外貌可能与现生大猫非常相似。每一类中最晚出现的物种，一般生活于上新世和更新世，都展现了最特化的剑齿化特征，具有独特的头骨、牙齿和身体比例。在锯齿虎族和刃齿虎族中，腰椎和尾椎均向着缩短的趋势演化。在这三大真剑齿虎类中，最晚出现的物种均展示了稍许缩短的后肢。这些特征，连同头骨的适应特化，很大程度上是趋同演化的结果，因为三大支系的早期物种均具有不特化的解剖特征。

目前已知最早的猫科成员生活于欧洲的渐新世晚期和中新世早期，其中勒芒原猫是最知名的物种。这些早期猫科动物有时被归入单独的一个亚科，即原猫亚科，它们有着看上去结实的外观，前肢短后肢长，半跖行的足能充分往侧向旋转。这些解剖学特征赋予了原猫非凡的攀爬能力，尽管在地面上，它的脚程不会特别快。

在中新世早期，原猫或它的近亲类群演化出了假猫，后者通常被认为是现生猫类和灭绝的真剑齿虎类的祖先类群。但现在看来，按照传统的观点去识别的假猫属物种彼此之间的差异太大，因此，假猫至少应该被分成两个单独的属。体形更小的物种，如野猫大小的图尔瑙假猫和大型猞猁大小的洛氏假猫，清晰呈现出现生猫类的形态，应归入施蒂里亚猫属，属于猫亚科的成员（Salesa et al. 2012）。相比之下，豹子大小的四齿假猫则具有雏形的剑齿化特征，如中度拉长而侧扁的上犬齿，略微垂直化的下颌联合。因此，它与真剑齿虎亚科的理想祖先类群非常吻合，只需稍有改变，它就能演化成中新世的真剑齿虎类，如原巨颏虎、剑齿虎或后猫。

猫科真剑齿虎：后猫族

在猫科真剑齿虎类中，分类上最成问题的就是后猫类，一类发育中度剑齿化特征、形态介于锥齿猫类和真剑齿虎类之间的中间类群。早期，有学者提议（Crusafont & Aguirre，1972）将后猫类归入单独的亚科，与猫亚科和真剑齿虎亚科处于同一分类等级。现在，它们通常被认为是真剑齿虎亚科中的一族，包含若干亲缘关系密切的属。但是，对它们究竟属于猫亚科，还是属于真剑齿虎亚科，不同学者之间还存有分歧。在本书中，我们把它们归入真剑齿虎亚科，因为即使在最早期的后猫类物种中，也发育了若干微弱但清晰可辨的剑齿化特征：所有的后猫类物种都展现了比现生猫类更扁平的上犬齿和更长的裂齿。然而，与其他真剑齿虎类相比，它们的上犬齿较短，扁平化程度较低，乳突不特化，上下颌关节位置没有降低，下颌冠状突也几乎没有退化。根据已有的发现判断，它们的颈椎并不比现生大猫的颈椎长或发达，它们的头后骨骼特征比较原始，后肢很长，善于跳跃。它们生活在非洲、欧亚和北美大陆，分布时代从晚中新世的吐洛里期一直延续到早更新世。

后猫属

后猫属是师丹斯基于1924年根据中国吐洛里期地层中发现的头骨化石命名的，后来在希腊的萨莫斯和皮克米的同时代地层中又发现了这个属的一些化石材料。

大后猫

大后猫在体形上可媲美一头大型豹，它的形态并不特化，看起来像是四齿假猫的进阶版。大后猫的头骨和牙齿显示出初步的剑齿化特征，如中等长度而侧扁的上犬齿，窄长的前臼齿和大的裂齿（图3.29）。70多年来，人们只发现了这种动物的头骨和牙齿残骸（Zdansky，1924），但最近在保加利亚发现了一

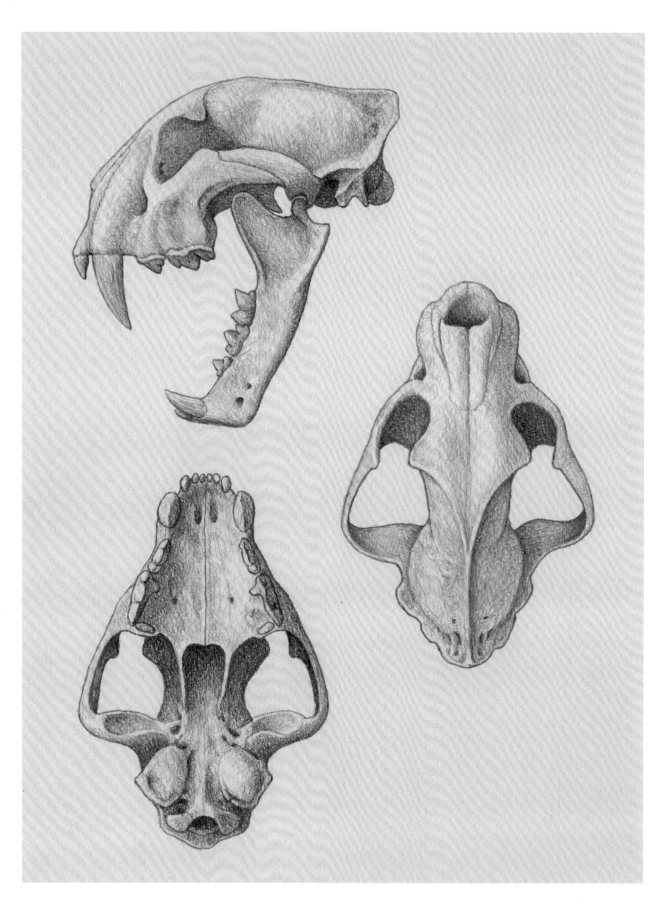

图3.29　大后猫的头骨：侧视（上），背视（中）和腹视（下）。［原p.110］

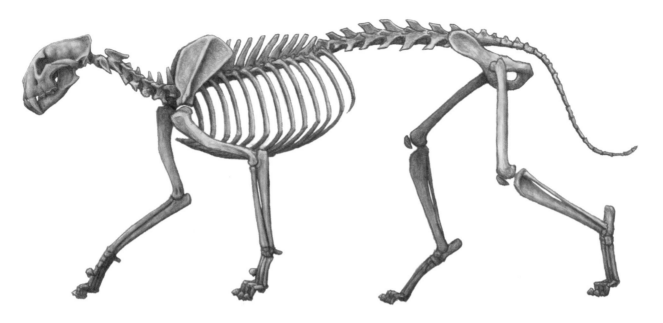

具非常完整的骨架，让我们首次见识了这种剑齿虎类的身体比例（图3.30）。科瓦切夫（D. Kovatchev，2001）对保加利亚发现的骨架进行了描述，并根据细微的差异将其命名为一个新种——*M. anceps*（按：anceps是不确定的意思），而斯帕索夫（N. Spassov，2002）认为这些差异似乎不足以使之与大后猫区分开，本书也采用后者的观点。大后猫骨架对应的体形比一头雄性美洲狮还要大，但除了更长的后肢外，它的整体比例与后者非常相似（图3.31）。相比之下，在更进步的剑齿虎类如刃齿虎和锯齿虎中，后肢下部都或多或少地变短了。

小后猫

　　正如它的拉丁文种名所表示的（parvulus的意思是小），这个物种比大后猫要小得多，头骨形态更偏向于锥齿猫类，骨架纤巧。中国的*M. minor*通常被认为是小后猫的后出同物异名（即一个已经正确命名的分类单元的无效名

图3.30　大后猫的骨架，肩高73厘米。
　　　　［原p.111］

图3.31　跳跃中的大后猫。［原p.112］

图3.32 小后猫的骨架和外貌复原，肩高58厘米。[原p.113]

称）。和大后猫的情况一样，几十年来，小后猫的身体比例一直是个谜。直到希腊凯拉西亚地点发现了一具近乎完整的小后猫骨架，才揭开了它的神秘面纱（Roussiakis et al. 2006）。这具骨架材料显示，小后猫有着相对较长的后肢，类似于美洲狮，还有着与雪豹相似的相对纤细的肢骨（图3.32）。此外，产自中国吐洛里期地层的大量小后猫化石尚未被描述，包括产自和政县的几具关节相连的骨架，它们在整体形态和比例上与希腊的标本相似，但显示出不同的体形大小，表明在中国可能存在着不同的种群甚至物种。

恐猫属

与后猫属一样，恐猫属也是师丹斯基在1924年根据中国的化石材料建

图3.33 巴氏恐猫的头骨和头部外貌复原。 [原p.114]

立的。体形从豹子大小到小型狮子大小不等，恐猫属的物种通常比后猫属的大，极有可能是后者的某个物种演化而来的。恐猫属内的演化是非常复杂的（Werdelin & Lewis，2001），至少有一个支系与现生的豹属动物发生了趋同演化，有着与虎相似的头骨和几乎圆锥状的上犬齿。另一支系则沿着相反的道路，演化出了形态更剑齿化的物种，有着扁平的剑齿和进步的乳突区域。

巴氏恐猫

该物种展现了恐猫属的典型特征：头骨大小与美洲豹相当，具有中度侧扁的上犬齿、大的裂齿以及非常原始的乳突区域（图3.33）。

最早发现的巴氏恐猫化石是产自南非斯特克方丹遗址的一个破损头骨和一枚上犬齿，布鲁姆在1937年对这两件标本进行了描述，但最初并没有将其归入

113

114

图3.34　巴氏恐猫的外貌复原，肩高70厘米。［原p.115］

恐猫属中。布鲁姆认为这些化石属于巨额虎属的一个新物种，并将它命名为巴氏巨额虎。1955年，著名的食肉动物研究专家尤尔重新研究了上述化石材料，并将它们归入欧洲的狩猫属中。10年后，海默发现，后者只是恐猫属的一个后出同物异名，因此巴氏恐猫就有了现在的名称。

1948年，加利福尼亚大学非洲考察队同样在位于南非的博尔特农场发现了三个巴氏恐猫个体的骨骸，随后这些化石随着围岩一起被迅速打包运往加利福尼亚大学，以待精心处理。然而直到1991年，这些材料才被发表，当时库克描述了藏品中的一小部分头骨材料。文章中所提供的图片很好地展示了这个相对原始的恐猫属物种的头骨形态及其种内变异。博尔特农场发现的恐猫的大部分头后骨骼材料尚未被描述报道，但韦德林和刘易斯（L. Werdelin & M. Lewis，2001）对这些材料进行了粗略的评述，综合其他化石点的数据，可以得到巴氏恐猫的总体比例，其前肢类似一头小型狮或虎，但更健壮，后肢的比例与豹非常相似（图3.34）。

皮氏恐猫

这是最像剑齿虎类的恐猫，有着中长而侧扁的上犬齿、极度增长的裂齿以及向前腹侧延伸突出的乳突（图3.35）。它的颈部并没有特别地拉长或加强，但后足相对于前足而言，比巴氏恐猫的短，显示了与其他剑齿虎类相似的后肢缩短的趋势。

皮氏恐猫是尤尔于1955年根据南非克罗姆德拉伊遗址的一个头骨化石命名的。1965年，当海默对恐猫的系统分类进行修订时，所有狩猫属的物种均被重新归入到恐猫属中。

冠恐猫

这是最像豹类的恐猫，就其捕猎习性而言，可能更像一头小型虎或狮。

1836年，法尔康纳和考特利根据印度西瓦里克的化石材料命名了一个物种

图3.35 皮氏恐猫的头骨和头部外
貌复原。［原p.116］

冠猫，后来学者发现，它与师丹斯基（1924）根据中国化石材料建立的亚氏恐
猫完全相同。尽管师丹斯基建立的属名目前已被广泛接受，但由法尔康纳和考特
利建立的种名具有优先权，是有效的。

图3.36 一头黑化的齿隙恐猫外貌
复原图。［原p.117］

其他恐猫属物种

　　在韦德林和刘易斯（2001）的修订文章中，可以看到恐猫属物种有着惊人的多样性，尤其是在非洲。来自欧洲的属型种——齿隙恐猫，目前知道的几乎只有头骨材料，包括一个产自法国上新世佩皮尼昂地点的完整头骨和下颌（图3.36），这可能是恐猫属中最原始的类群。在非洲，恐猫属最早的化石记录来自洛沙冈，化石显示出了一些原始特征，但由于太破损，很难将其鉴定到种一级。来自东非的佩氏恐猫是一个相对更进步的物种，介于洛沙冈物种和巴氏恐猫之间。来自肯尼亚和埃塞俄比亚的惧恐猫显示了皮氏恐猫的一些特征，但不那么特化。来自南非马卡潘斯加特的达氏恐猫与巴氏恐猫非常相似。

其他后猫族动物

其他一些后猫类属种的化石材料都太过破碎，无法进行详细的复原。包括斯氏猫（属）、昆仲猫（属）和福尔图纳猫（属）。

猫科真剑齿虎：锯齿虎族

从19世纪下半叶开始，古生物学家们就意识到，在上新世和更新世的欧洲，至少存在着两种不同类型的剑齿虎，但由于发现的化石大多是残缺的，因此很难确定类群的归属。牙齿是最常见的化石材料，上犬齿的形态成了最清晰的判别标准。古生物学家认识到其中一类剑齿虎有着弯曲且非常侧扁的、边缘呈粗锯齿状的上犬齿，而另一类则有着相对更长直、不那么侧扁的、边缘光滑的上犬齿。这两类就是我们现在所知的锯齿虎类（或刀齿剑齿虎）和刃齿虎类（或匕齿剑齿虎）。20世纪前半叶，在法国维拉方期（晚上新世至早更新世）塞内兹化石遗址中发现了一种锯齿虎类——阔齿锯齿虎和一种刃齿虎类——刀齿巨颏虎的完整骨架，这让古生物学家能够更清楚地界定这两类动物的特征。刃齿虎类的骨架粗壮，四肢短小，而锯齿虎类的四肢相对较长，与现生狮的四肢比例差别不大。锯齿虎类的起源可以清晰地追溯到中新世晚期，那时的剑齿虎属和半剑齿虎属的物种已经预示了维拉方期锯齿虎类的特化，而刃齿虎类的中新世起源还不甚清晰，但可能与原巨颏虎有关。

上新世和更新世的锯齿虎类有着长的前肢、短的后肢和背部，加上它们长的颈部，使这些动物的轮廓看起来介于大型猫类和鬣狗类之间。但更早的中新世物种则保留了一种更原始、更寻常的猫形轮廓，有着更长的后肢和背部，使得它们乍一看很像现代大猫。

剑齿虎属

剑齿虎属为中新世晚期一类狮子大小的猫科动物，主要生活在欧亚大陆，可能还有非洲和北美。它们有着扁平、边缘带锯齿的上犬齿，身体比例与现代虎相似，但有着更长、肌肉更发达的颈部。

剑齿虎属属名的命名历史异常复杂。自1824年以来，欧洲古生物学家就知晓了锯齿虎类特征性的锯齿状剑齿，当时居维叶认为它们属于某种熊科动物，遂将之命名为刀齿熊，并将产自不同国家、不同地质时期、不同种类的牙齿标本都归入到这个物种中，这造成了后来一系列的分类混乱（参见有关刀齿巨颏虎的部分）。1832年，德国博物学家考普认识到这些牙齿属于猫科动物，建立了属名——*Machairodus*（剑齿虎属），并将居维叶命名的物种更名为刀齿剑齿虎。到19世纪末，这个属名获得了学界的广泛认可，几乎所有已知的剑齿物种都被归入到了剑齿虎属中，包括今天被归入桑桑剑齿虎、副剑齿虎、巨颏虎、锯齿虎或其他属的物种。许多古生物学家，尤其是法国的古生物学家，把

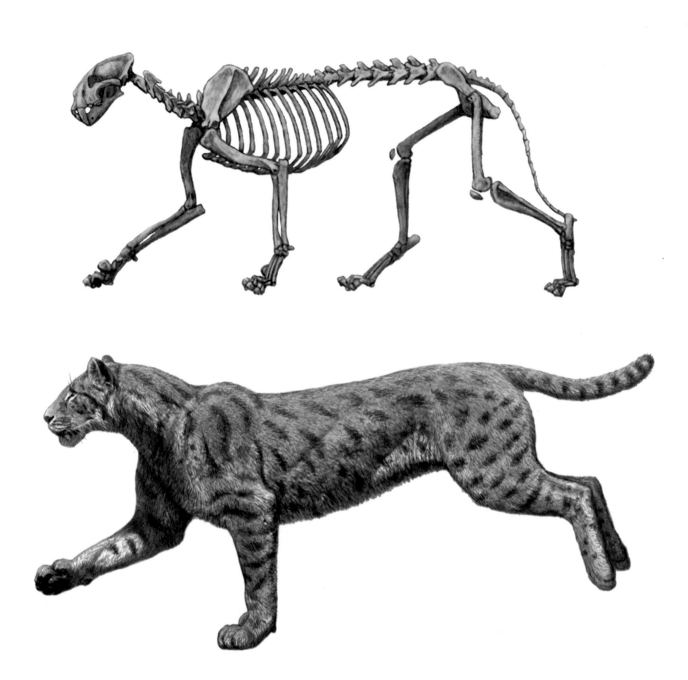

图3.37 隐匿剑齿虎的骨架和外貌复原，肩高100厘米。[原p.119]

Machairodus这个词当作一个通用俗语，非正式地把它应用到各种剑齿虎类身上，即使很清楚地知晓所谈论的物种其实属于一个不同的属。machairodont和machairodontine这两个词显然也源自考普建立的属名。

随着时间的推移，基于许多遗址中更完整化石的发现，剑齿虎类的分类全貌慢慢变得清晰起来，剑齿虎属本身几乎只包括最初描述的物种隐匿剑齿虎，后者是考普于1832年根据德国埃珀尔斯海姆地点发现的化石材料命名的。

隐匿剑齿虎

由于化石记录非常残缺，该物种自发现以来，人们对它的解剖学特征知之甚少。直到1991年塞罗巴塔略内斯遗址的发现，有关它的大量谜团才得以解开，因为在那里发现了非常完整的化石。这些化石揭示出隐匿剑齿虎是一种狮子大小的猫科动物，其骨骼比例与现代虎相似，尽管它有着更长、更强壮的颈

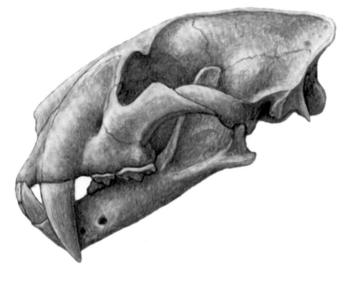

图3.38　隐匿剑齿虎的头骨和头部
外貌复原。［原p.121］

部和更短的尾部（图3.37）。与真剑齿虎亚科的其他类群一样，它的前足有一
个巨大的悬爪，令旁边的其他足趾的爪子相形见绌。

　　隐匿剑齿虎的头骨很有意思，它展示了原始和进步特征的特殊组合，它似
乎是一个装备了一系列奇异剑齿特征的原始猫形头骨（图3.38）。我们在第一
章中列出的一些典型剑齿化特征（向前腹侧延伸突出的乳突，退化的冠状突，
退化的下犬齿，突出的门齿列等）在隐匿剑齿虎中不是缺失就是中度发育，
但高冠、侧扁且带粗锯齿的上犬齿已经几乎与后期有着更进步头骨特征的巨
半剑齿虎或阔齿锯齿虎一样发达（Antón et al. 2004b）。但是隐匿剑齿虎也
确实展现出了一些剑齿化特征，包括一个相对窄的头骨，一个棱角分明的下巴
颏，一个长的下犬齿后齿隙，以及与同样大小的现生猫类相比大得多的刀刃
状裂齿。

这是镶嵌演化现象的典型实例，当一个支系的最终物种所关联的特征不是同时演化出现时，这种镶嵌演化现象就发生了。在锯齿虎族的例子中，特征性的剑齿比人们认为的其他典型剑齿化特征要更早演化出现。隐匿剑齿虎缺乏许多解剖学上的改进，使得它无法像该支系的后期成员那样更高效地使用它们的剑齿。但是，作为一种成功地在欧洲瓦里西期占据主导地位的食肉动物，它有足够的竞争力去对付同时代的其他大型捕食者，如犬熊类动物。

其他剑齿虎属物种

曾有若干欧洲中新世的剑齿虎类被归入剑齿虎属中，包括一些有着原始性状，形态介于四齿假猫和隐匿剑齿虎之间的类群。这些类群有罗氏剑齿虎（Kurtén，1976），假猫形剑齿虎（Schmidt-Kittler，1976），拉氏剑齿虎（Sotnikova，1992）和阿氏剑齿虎（Ginsburg et al. 1981）等。[1]库氏剑齿虎（Sotnikova，1992）相比隐匿剑齿虎有着更进步的特征，在门齿排列、前臼齿退化程度及下裂齿缺失下后尖等特征上与更进步的半剑齿虎甚至是锯齿虎更为相似。所有这些特征均表明这个物种不属于剑齿虎属。同样，对"非洲剑齿虎"（Arambourg，1970）也可以进行类似的判断，这个物种是根据突尼斯艾因布林巴地点的上新世地层中发现的保存完好的头骨建立的，在其原始描述发表多年之后，皮特和豪厄尔（G. Petter & F. Howell，1987）对其作了进一步研究。它的头骨有许多进步特征，如呈弧形突出排列的门齿齿槽，退化缩小的上裂齿原尖，这表明它的演化水平可与半剑齿虎相媲美，甚至超过了后者。更年轻的地质年龄（维拉方期，即上新世晚期）使它成为剑齿虎属最晚的化石记录，但与库氏剑齿虎一样，它也明显不属于真正的剑齿虎属。

拟猎虎属

拟猎虎的属名和猎猫科的科名拼写很相似，可能会让非专业人士感到困惑，但拟猎虎确是猫科动物的一员。一直存在争议的是它与其他真剑齿虎亚科成员特别是锯齿虎族的亲缘关系。北美有着良好的"假猫类"化石记录，从原始的、非剑齿类的无畏假猫到约1200万年前的拟猎虎早期成员如平原拟猎虎，再到后来约1000万年前具更清晰剑齿化特征的恐齿拟猎虎。许多学者认为，所有这些演化过程都独立发生于北美地区，一些早中新世的假猫（或超猫）从亚洲迁移至北美大陆，最终演化出匕齿拟猎虎。随后，匕齿拟猎虎作为一个演化终端又被另一个亚洲"移民"也是真正的锯齿虎类动物——科罗拉多"剑齿虎"取代。这理论上可能说得通，但另有一些情况让这个说法变得更为复杂，比如匕齿拟猎虎和旧大陆的隐匿剑齿虎之间就存在着很大的相似性。当学界在20世纪70年代提出上述演化图景时，古生物学家仅发现了隐匿剑齿虎的牙齿化

---

[1] 译者注：此处原文表述有误，只有后两者产自欧洲。罗氏剑齿虎产自北非的突尼斯，假猫形剑齿虎产自土耳其的亚洲部分，后文的库氏剑齿虎产自哈萨克斯坦。

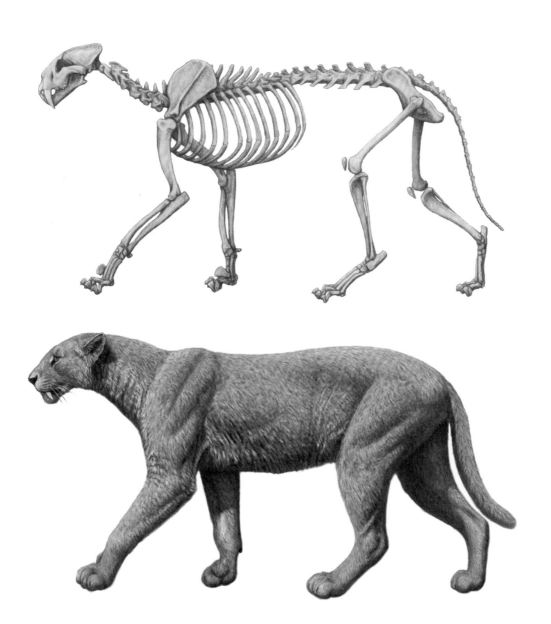

石，几乎还没有人知道其头骨或头后骨骼的解剖结构，甚至也不知道拟猎虎的上犬齿是否有锯齿。这种情况很容易让人猜测，进步的拟猎虎和瓦里西期的隐匿剑齿虎之间的相似性是由于趋同演化造成的。现在，随着大量化石的发现及相关信息的披露，我们发现两者之间的相似之处是如此的详尽，以至于如果我们在巴塔略内斯发现一具（所谓的）匕齿拟猎虎的骨架，肯定会毫不犹豫地将之归入到隐匿剑齿虎中。

匕齿拟猎虎是该属中出现最晚的物种之一，也是该属体形最大的物种之一。它的体形与大型虎相当，有着长而强壮的四肢及长的背部（图3.39）。它与隐匿剑齿虎的相似性包括：上犬齿的扁平程度，齿缘上锯齿的发育，上第二前臼齿的缺失，门齿的形态和排列，大的下犬齿，发达的冠状突，以及一系列其他特征。此外，美洲物种匕齿拟猎虎和科罗拉多剑齿虎之间的差别与旧大陆的隐匿剑齿虎和半剑齿虎的差别是相同的。所有这些信息表明，锯齿虎类动物在北半球可能遵循着另一种演化场景：早期的剑齿虎类——四齿假猫在亚洲

图3.39　匕齿拟猎虎的骨架和外貌复原，肩高100厘米。［原p.123］

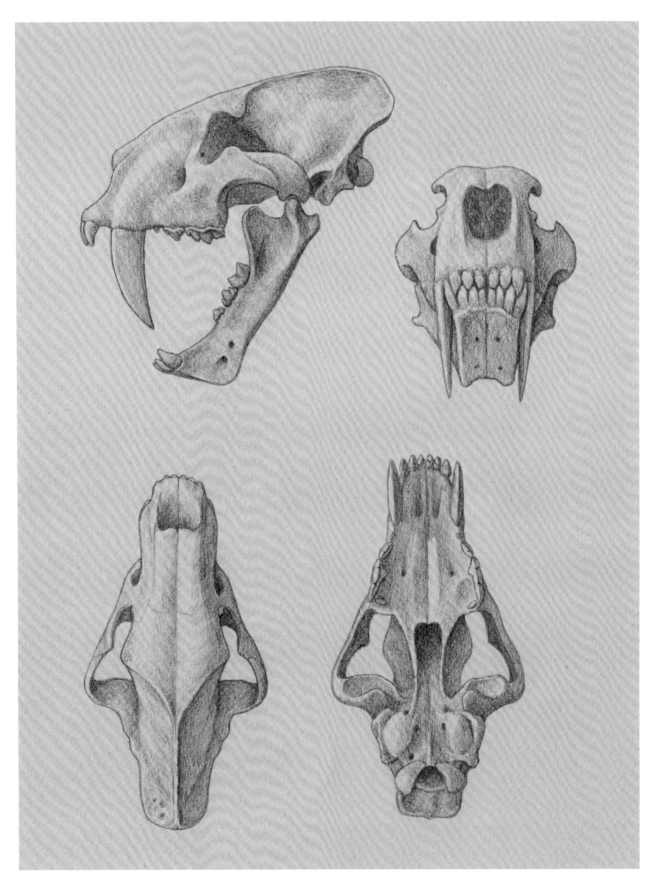

图3.40 巨半剑齿虎的头骨：侧视（上左），前视（上右），背视（下左），腹视（下右）。 ［图注原p.124，图原p.125］

发生辐射演化，并一波一波向西欧和北美扩散。其中，隐匿剑齿虎的祖先类群迁徙到了欧洲，而匕齿拟猎虎的祖先类群则迁徙到了北美。后来，在旧大陆又演化出了更进步的锯齿虎类——巨半剑齿虎，并最终在美洲演化出了科罗拉多"剑齿虎"。按照更早的设想，如果拟猎虎属和剑齿虎属的祖先在真剑齿虎亚科分化开始之前就分开了，那它们在各个细节特征上的相似性都需要有趋同演化效应，这似乎并不符合简约原则。

匕齿拟猎虎之名是科普在1887年根据一件具有联合部的下颌残段建立的，最初命名为匕齿剑齿虎。其生存年代为亨普希尔期（晚中新世）。

半剑齿虎属

这是晚中新世另一类狮子大小的剑齿虎类动物，与剑齿虎属相比，它发现于时代更年轻的沉积物中。传统上认为，半剑齿虎只分布于欧亚大陆，现在发现它也存在于非洲（Sardella & Werdelin，2007）和北美（Martin et al. 2011）。

巨半剑齿虎

巨半剑齿虎的头骨与隐匿剑齿虎的不同之处在于，它有着更大、更向前弯曲突出的门齿、相对较小的下犬齿、更呈刀刃状的裂齿、更退化的冠状突和更大且更向前腹侧延伸突出的乳突（图3.40）。它是一种狮子大小的猫科动物，有着相对较长的四肢骨骼，但与现代大型猫科动物不同，它有着长而肌肉发达的颈部，（脚掌上）一个巨大的悬爪以及其他趾上相对较小的爪（图3.41、图3.42）。遗憾的是，目前尚未发现巨半剑齿虎的完整骨架化石，因此，我们只能结合不同个体和不同地点的化石材料来重建它的身体比例。在中国发现了一些保存最完好的头骨化石（Chang，1957），而在西伯利亚则发现了一系列精美的颈椎以及一些头骨残段和其他头后骨骼（Orlov，1936）。在希腊和西班牙发现了部分关节仍相连的完整肢骨（Roussiakis，2002；Morales，1984）。在摩尔多瓦也发现了好的头骨材料（Riabinin，1929）。最近在保加利亚的哈吉迪莫沃第1地点发现了保存精美的头骨和完整的前肢（Kovatchev，2001）。目前，暂未发现任何一个个体的完整前肢和后肢骨骼，腰椎和尾椎也仍然成谜。

巨半剑齿虎广泛分布于欧亚大陆，从西班牙到中国和西伯利亚地区。此外，非洲和北美地区发现的一些晚中新世的化石材料，虽然现在被归为不同的物种，但它们在形态上与巨半剑齿虎非常相似，经过详细的修订后，可能也会被归为巨半剑齿虎。

与19世纪以来发现的所有欧洲剑齿虎类物种一样，巨半剑齿虎有着复杂的分类历史。许多年来，人们对现在被归入隐匿剑齿虎的瓦里西期物种与更进步的吐洛里期物种没有作出明确的区分。匈牙利古生物学家克赖措伊命名了大量猫科化石物种，他根据与欧洲化石在牙齿上的细微差别，为中国的巴氏剑齿虎创造了一个新的属名——半剑齿虎属。半个世纪后，瑞士古生物学

图3.41 巨半剑齿虎的生活场景复原，注意它那增大的下门齿和小的下犬齿。[原p.126]

图3.42　咆哮中的巨半剑齿虎。[原p.127]

家博蒙（G. Beaumont，1975）对新近纪的真剑齿虎类进行了修订，他发现所有大型吐洛里期真剑齿虎类都享有同样进步的牙齿特征，并将它们与隐匿剑齿虎区分开来。他建议将这些类群统一归入一个物种，其中包括之前被命名为巴氏剑齿虎和丁氏剑齿虎的中国化石材料，并选择*giganteus*（巨型种）作为它的种名，后者是瓦格纳于1857年根据皮克米的化石材料所建。后来，博蒙认为隐匿剑齿虎和巨剑齿虎之间的差别不仅仅是种一级的，因此，提出将这两个物种归入两个不同的亚属：*Machairodus*（*Machairodus*）*aphanistus*和*Machairodus*（*Amphimachairodus*）*giganteus*，将中国的材料归入后者中。后来，西班牙古生物学家莫拉莱斯（J. Morales，1984）在研究产自本塔德尔莫罗的吐洛里晚期化石材料时，找到了这些差异是属一级的理由，因此他提出了我们在本书中采用的分类。最近，在巴塔略内斯第1地点发现了振奋人心的隐匿剑齿虎化石，这个发现使人们能够更清楚地评估上述两个物种之间的差异，充分证实了它们之间的属级差异水平（Antón et al. 2004b）。

科罗拉多半剑齿虎

剑齿虎类扩散到北美大陆的时间最初令人感到十分困惑，在经历了漫长的演化历史后，剑齿虎属似乎是在900万年前才到达北美大陆，并最终在旧大陆被半剑齿虎取代。但是，对科罗拉多半剑齿虎的解剖学特征的详细研究表明，它实际上具有用来区分旧大陆的半剑齿虎属和真正的剑齿虎属的大部分关键特征，包括：增大的、向前突出的门齿，变小的下犬齿，退化的冠状突，有棱角的下巴颏，以及进步的乳突结构。如果我们将科罗拉多剑齿虎视为半剑齿虎属的一员，那么它的形态和它到达北美的时间就不那么矛盾了（图3.43）。1975年，马丁和舒尔茨根据内布拉斯加州金博尔组的一件下颌建立了一个新的亚种——科罗拉多"剑齿虎"坦氏亚种。然而最近，马丁和他的同事（2011）认为这个分类单元应该是一个有效种，并把它归入半剑齿虎属，命名为坦氏半剑齿虎。

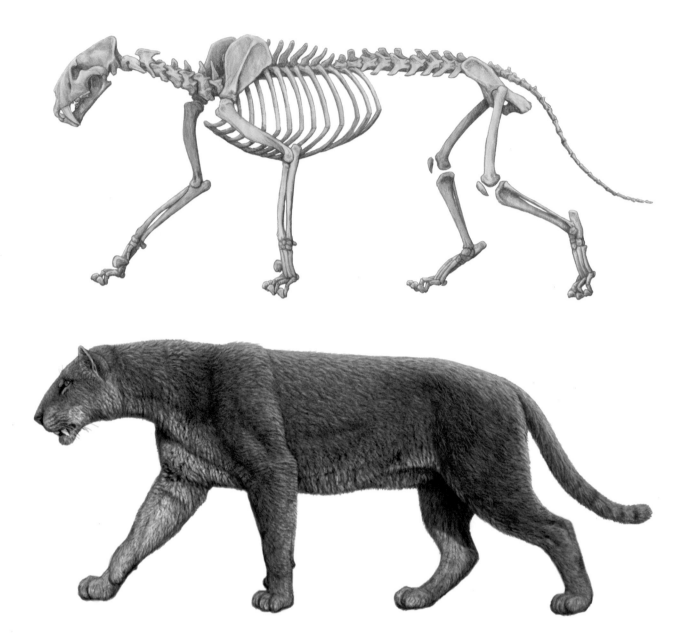

图3.43 科罗拉多半剑齿虎的骨架和
外貌复原。［原p.128］

巨拇迅剑虎

迅剑虎的肩高与现生母狮相当，但更轻盈。与锯齿虎相比，迅剑虎的脊柱腰椎段并没有明显缩短（图3.44）。迅剑虎的模式标本是一具保存优良的完整骨架，包括与各指骨仍关节相连的前爪。这使得那极为增大的悬爪很是显眼，比一头大型狮子的悬爪还要大得多，而第二到第四指爪又比一头豹子的小，豹显然是比迅剑虎小得多的动物（图3.45）。即使被肌肉和毛皮覆盖，这只巨大的悬爪也会是迅剑虎活着时极为显眼的特征。

巨拇迅剑虎物种是瑞典古生物学家韦德林于2003年根据肯尼亚洛沙冈遗址发现的化石材料建立的。模式标本是一具几乎完整的骨架，最初是由利基（Leakey & Harris，2003）领导的考察小组于1992年发现的，当时还不知道这具骨架属于哪种食肉动物。那时，队员在悬崖边发现了几块被风化暴露出的骨骼，当发现这件标本一直可延续到悬崖内部时，他们把更全面的挖掘工作推迟

129

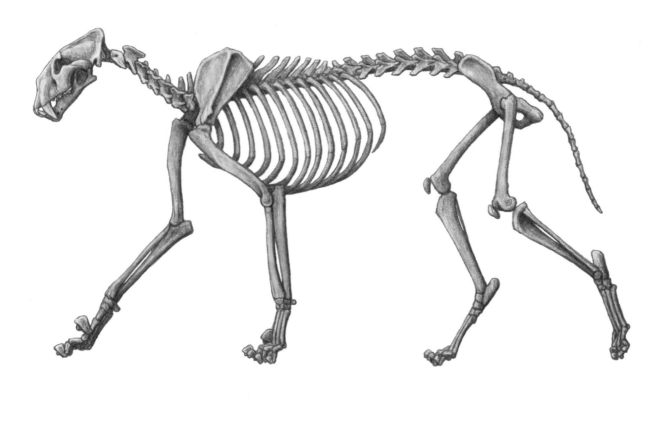

到下一次。1993年，通过一系列复杂的运作，考察队最终取出了一个巨大的岩石块，其中包含了一具各部分仍相连接的剑齿虎类骨架。它最初被认为是剑齿虎属的成员，但详细的研究显示，洛沙冈类群与所有已知的剑齿虎属物种之间存在显著差异，并在一定程度上显示了与锯齿虎的相似性，因此，研究人员为它建立了一个新的属种。

图3.44 巨拇迅剑虎的骨架和外貌复原，肩高90厘米。[原p.129]

图3.45 巨拇迅剑虎的关节相连的
腕掌部骨骼和前爪复原。
［原p.130］

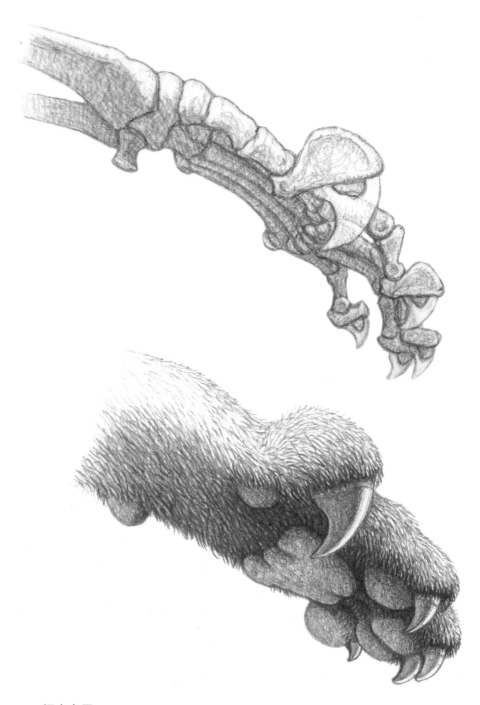

锯齿虎属

132

锯齿虎的化石记录至少可追溯至400万年前，这类动物可能起源于非洲或亚洲，因为在两个大陆均发现了同样古老的化石。即使是最古老的锯齿虎成员也已经明显不同于它们中新世的亲戚如半剑齿虎。

阔齿锯齿虎

阔齿锯齿虎的头骨和牙齿显示出比半剑齿虎更进一步的剑齿适应性：它有着更大、更向前突出的门齿列，更侧扁的上犬齿，完全缺失舌侧齿尖的、更刀刃状的裂齿，更为退化变小的前白齿，更低的冠状突，以及更向腹侧突出的、与下颌连接的关节突（图3.46）。归功于法国塞内兹遗址中一具几乎完整的骨

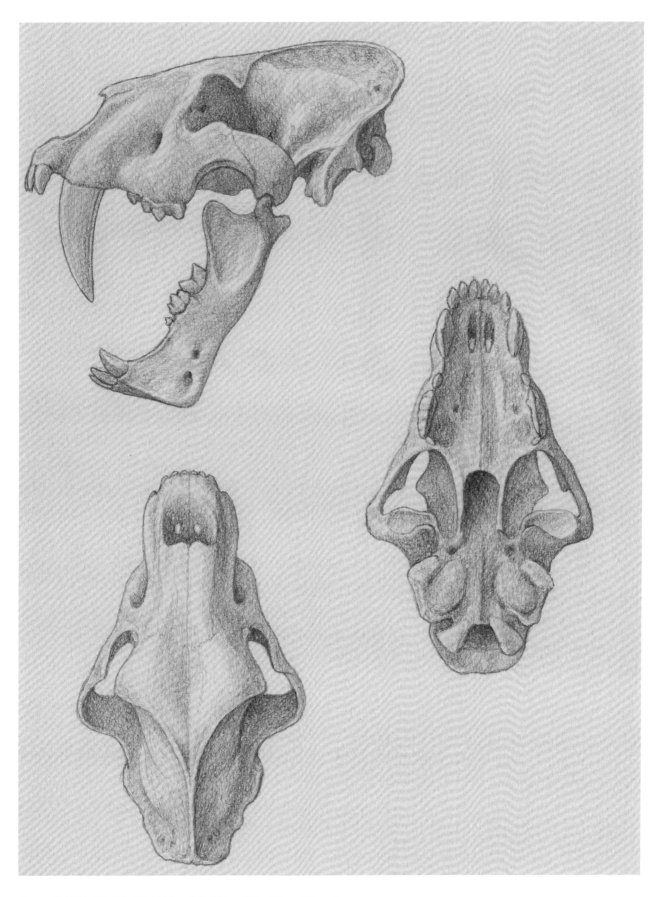

图3.46　阔齿锯齿虎的头骨：侧视（上），腹视（中），背视（下）。 ［原p.131］

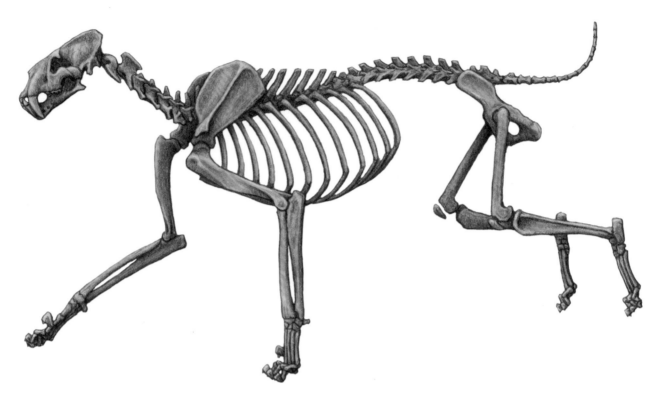

图3.47　阔齿锯齿虎的骨架，肩高
110厘米。［原p.132］

架以及西班牙因卡卡尔遗址的丰富化石材料的发现，我们对阔齿锯齿虎的头后骨骼解剖特征有了清晰的认识。结合一些其他遗址的发现，古生物学家揭示了阔齿锯齿虎是一种狮子大小的剑齿虎类，前肢比狮子的略长，有一个相对较长的颈部以及较短的背部和尾部（图3.47、图3.48）。和所有剑齿虎类一样，它的前肢肌肉发达，有一个巨大的悬爪，能够很好地对付大型猎物，同时一些特征（包括减小且不那么能伸缩的爪）也指示，这类动物很好地适应了开阔地带，能够持续地奔跑。阔齿锯齿虎不仅是剑齿虎类中体格较轻盈的，与欧洲中更新世时期生活在同一领地的狮子相比，也要轻盈得多。

从上新世（约300万年前）到中更新世（约40万年前），欧亚大陆有着几乎连续的阔齿锯齿虎的化石记录。在这之后，唯一的化石记录是出自荷兰壮阔的北海海底的一件下颌骨，根据碳14同位素测年结果，年代约为28000年前（Reumer et al. 2003）。我们很难从这样一个孤立的发现中去推断，这种动物在所谓的灭绝期后还一直存在于欧洲。因为它也可能代表了当时一次来自北美的迁徙事件，在北美，锯齿虎一直从上新世延续到更新世末期。

锯齿虎的第一颗牙齿是在一个叫作肯特洞的英国洞穴遗址中发现的，欧文（发明了"恐龙"一词的科学家）于1846年对这颗牙齿进行了描述，并将之命名为阔齿剑齿虎。大约半个世纪后，意大利古生物学家法布里尼开始研究意大利托斯卡纳地区维拉方期的剑齿虎类化石。1890年，他为其中两个大型物种建立了属名——锯齿虎属，并将它们分别命名为钝齿锯齿虎和内氏锯齿虎。但直到1947年，阿朗堡将锯齿虎属应用到埃塞俄比亚发现的标本上，法布里尼的名称才得到广泛认可。1954年，维雷将法国圣瓦里耶遗址的一些化石

归入到锯齿虎中，并认为欧洲大部分维拉方期的化石材料都应归入钝齿锯齿虎。在20世纪，锯齿虎的分类历史非常复杂，学者经常根据牙齿形态和大小的细微差别来命名，建立了很多无效的新物种。目前的观点倾向于认为在欧亚大陆的上新世和更新世仅存在一个锯齿虎物种，即阔齿锯齿虎（Antón et al. 2005，2009）。

图3.48　奔跑中的阔齿锯齿虎。[原 p.133]

134

晚锯齿虎

该物种发现于晚更新世的北美地区，与旧大陆的阔齿锯齿虎存在一系列形态特征上的细微差异。它有一个更短的齿隙（齿隙即两颗牙齿之间的空隙，此处指的是第三颗上门齿和上犬齿之间的空隙），在下颌骨咬肌窝的前缘有一个明显的槽，前额在背侧看起来更宽。剑齿不是特别大，但是非常侧扁（图3.49）。与前肢相比，后肢甚至更短，使背部更倾斜（图3.50）。

科普最初于1893年将晚锯齿虎命名为晚恐锯虎，但后来的学者发现，将其与锯齿虎属区分开来是不合理的。

最著名的晚锯齿虎化石产自得克萨斯州的弗里森哈恩洞穴，在那里发现了若干个体的骨骼，包括成年和幼年个体的关节连接的骨架。这一特殊发现使我们能够复原晚锯齿虎幼崽的身体比例，并了解它的牙齿萌发顺序（Rawn-Schatzinger，1992）。

图3.49 晚锯齿虎的头骨。[原p.134]

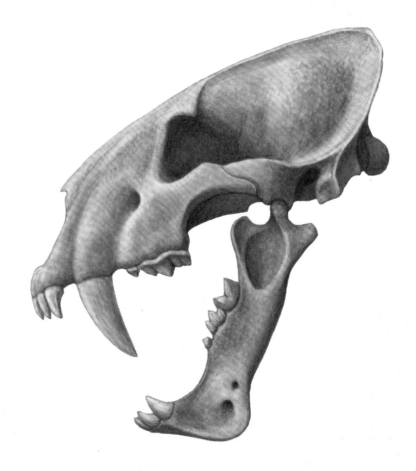

图3.50 一头成年雌性晚锯齿虎带
着它的两个幼崽在白雪皑
皑的山坡上漫步。 [原
p.135]

122   剑齿虎

其他锯齿虎属物种

在布兰卡期（上新世）的北美地区曾生活过一种比晚锯齿虎更原始的锯齿虎属物种，最近，学者根据在爱达荷州伯奇克里克地区发现的一具几乎完整的骨架，将这个物种命名为强壮锯齿虎（Hearst et al. 2011）。这种动物的总体形态与旧大陆的阔齿锯齿虎相似，但有些特征，比如下颌骨中保留了一个双齿根的下第三前臼齿以及增长的腰椎区域，表明它与欧洲支系的分离时间较早。

近年来，关于锯齿虎属分布的最重要发现之一是在南美洲也发现了保存优良的锯齿虎属化石材料。这些化石产自委内瑞拉东北部的一个沥青矿床，被其发现者归为一个新的物种——委内瑞拉锯齿虎（Rincón et al. 2011）。该物种生活在早更新世至中更新世，与旧大陆的阔齿锯齿虎有许多共同特征（图3.51）。

人们在非洲发现了相对较多的锯齿虎化石，但由于大多是残缺的，所以很难鉴定到种。皮特和豪厄尔（Petter & Howell，1988）根据埃塞俄比亚阿法尔上新世沉积物中发现的一个相当完整的头骨建立了一个新物种，命名为哈达尔锯齿虎（图3.52）。

霍氏异剑虎

这是异剑虎属唯一已知的物种，对于一个锯齿虎族成员来说，它奇特的形态令它的发现者感到非常诧异。在头骨和牙齿的一系列细节特征上，霍氏异剑虎有别于其他锯齿虎族成员，但最显著差别还在于它的身体比例。与同族表亲相比，它粗壮而短小的四肢与匕齿型刃齿虎类动物（见下文）更为相似（图3.53）。与锯齿虎一样，它的上犬齿侧扁且发育粗大的锯齿，门齿非常大且呈

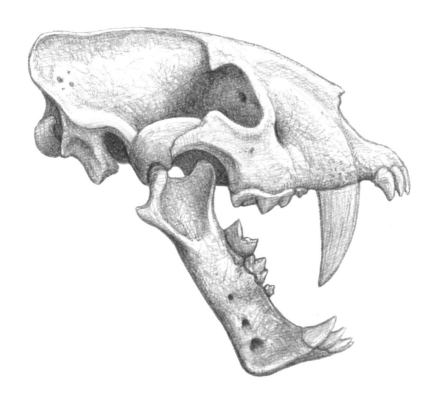

图3.51　委内瑞拉锯齿虎的头骨。［原p.136］

图3.52　哈达尔锯齿虎的头骨和头部外貌复原，这幅素描图对稍稍挤压变形的原始头骨化石进行了复原。［原p.137］

弧形突出，前臼齿非常退化，裂齿巨大呈刀刃状（图3.54）。与锯齿虎不同的是，它的前额很窄，眼眶后面的收缩很明显。上第三门齿和上犬齿之间的齿隙变小，因此在咬合时，上门牙和上犬齿可以更多地作为一个整体进行运作（图3.55）。这一特征使得该物种的最初描述者马丁等人（2000，2011）创造了术语"切割饼干的猫"来定义这种特殊的头骨牙齿形态，在他们看来，这意味着霍氏异剑虎将采取不同的方式来对付猎物（见第二章和第四章）。

　　这一属种只在美国佛罗里达州的海勒21A化石点有确切发现，在那里发现了两具相对完整的骨架（Martin et al. 2000）。在乌拉圭发现了一块曾被鉴定为异剑虎的化石（Mones & Rinderknecht，2004），但由于它太破损，无法被准确

图3.53　坐着的霍氏异剑虎，肩高100厘米。［原p.138］

图3.54　怒吼的霍氏异剑虎。［原p.139］

125

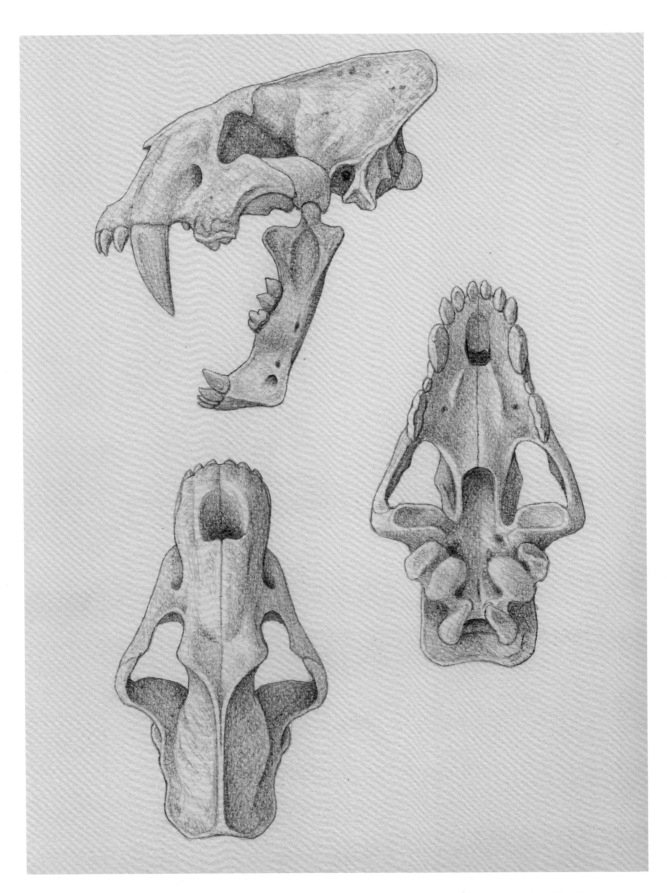

图3.55 霍氏异剑虎的头骨：侧视（上），腹视（中），背视（下）。[原p.140]

鉴定，也可能属于锯齿虎（Rincón et al. 2011）。

猫科真剑齿虎：刃齿虎族

刃齿虎类在某种程度上可以被认为是终极剑齿虎类，因为它包括了巨大的冰河时代物种，而这是我们所有人对剑齿虎的最初认知。刃齿虎属的成员体形庞大，体格强健，它们的上犬齿是所有剑齿虎类中最引人注目的。但在很多方面，实际上它们没有我们前面讨论过的其他物种那么特化。就牙齿而言，与其锯齿虎类表亲相比，刃齿虎类没那么特化。原巨颏虎甚至巨颏虎的裂齿都相对较原始，与正常猫类更为相似，它们的裂齿相对较短，仅中度侧扁，保留了相当大的原尖（或内部齿尖）。相比之下，晚中新世的锯齿虎类的裂齿已经变得更像刀刃，更长也更侧扁，原尖在演化中也迅速缩小。即使是最早期的锯齿虎类，上犬齿的扁平程度也比刃齿虎类的大。在头骨特征上，进步的巴博剑齿虎类比最晚的刃齿虎属物种要特化得多，后者的头骨整体上总是保持着猫形的外观。

洪荒原巨颏虎

这种动物的大小与一头小个子的豹相当，尽管有着更长的颈部和更短的尾部，但身体的总体比例与豹非常相似（图3.56）。头骨发育轻微但有明晰的剑齿化特征，包括拉长而侧扁的上犬齿，棱角分明的下巴颏和增大的乳突（图3.57、图3.58）。

该物种是考普在1832年根据德国瓦里西期（晚中新世）埃珀尔斯海姆遗址发现的一些下颌残段所建，当时命名为洪荒猫。1913年，英国古生物学家皮尔格林认为埃珀尔斯海姆物种有别于所有现生猫属成员，是一种剑齿虎类，并将其归入到副剑齿虎属中，后者是他根据更晚的吐洛里期的一些豹子大小的猫科

图3.56 洪荒原巨颏虎的骨架，肩高60厘米。［原p.141］

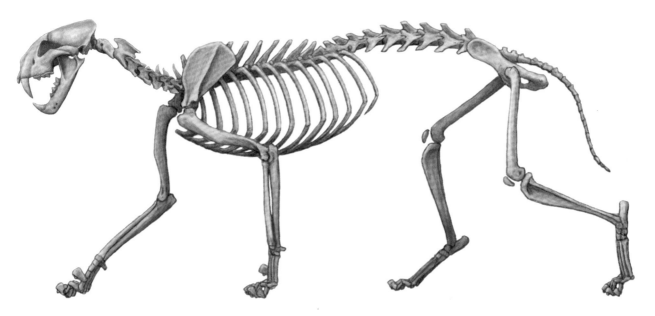

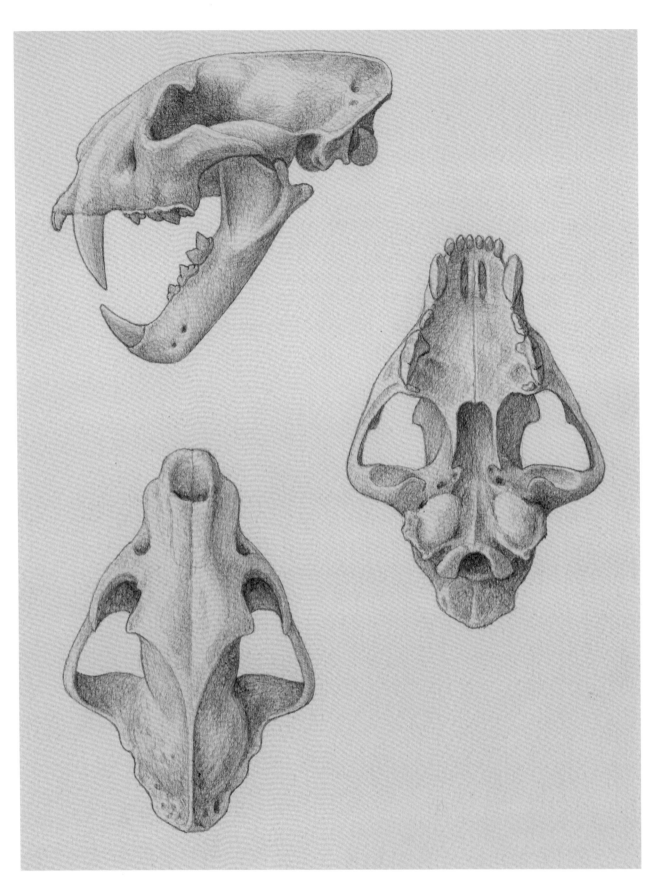

图3.57 洪荒原巨颏虎的头骨：侧视（上），腹视（中），背视（下）。［原p.142］

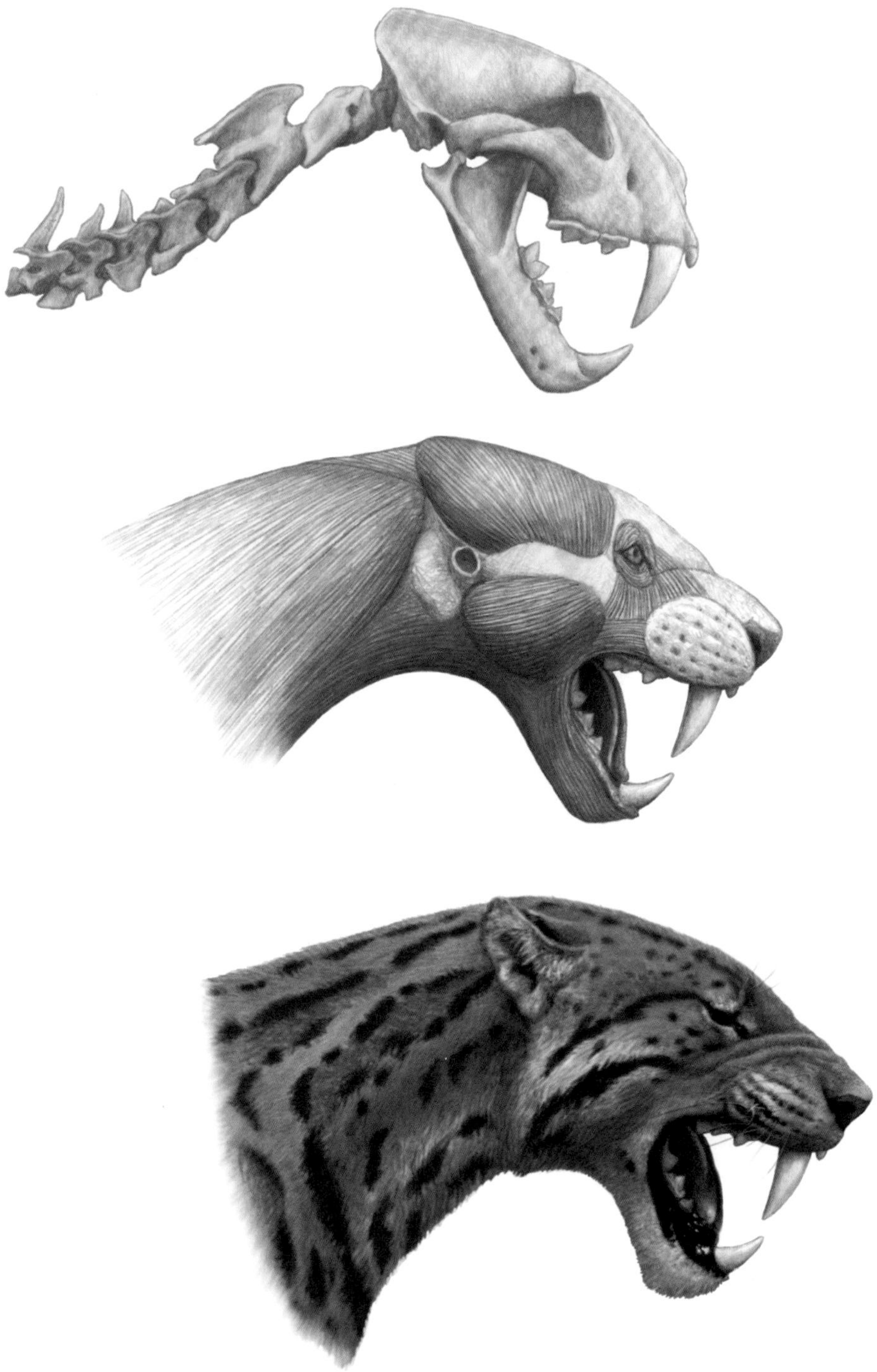

图3.58 洪荒原巨颏虎的头骨和颈椎（上）、头部与颈部肌肉系统（中）、头部和颈部外貌复原（下）。[原p.143]

化石所建，包括了出自希腊皮克米的舒氏剑齿虎和出自伊朗马拉盖的东方剑齿虎。1938年，克赖措伊为埃珀尔斯海姆物种创造了一个新的属名——原巨颏虎属，博蒙于1975年对这些属名进行修订，并发现洪荒原巨颏虎与中中新世的四齿假猫极为相似。他还认为，洪荒原巨颏虎与更晚出现的东方副剑齿虎很可能有着直接的亲缘关系。目前的学术观点认为，洪荒原巨颏虎的原始特征（让博蒙认为与假猫相似的特征）足以将其与东方副剑齿虎区分开，应该归入到一个单独的属中，也就是克赖措伊所建立的原巨颏虎属。

图3.59 东方副剑齿虎的头骨。未知的骨骼部分用蓝色高亮显示，是根据相关类群的骨骼复原的。［原p.144］

　　以上只是洪荒原巨颏虎自19世纪早期建立以来有关其复杂分类历史的简短总结，但这么长时间以来，该物种的化石材料也只有埃珀尔斯海姆的几个下颌残段。通常情况下，化石越破碎，关于它们亲缘关系的争论就越混乱。直到20世纪90年代早期，马德里塞罗巴塔略内斯化石遗址的发现才让这种猫科动物的解剖特征展现于世。西班牙古生物学家萨莱萨的博士论文就是关于巴塔略内斯的洪荒原巨颏虎的，他的研究大大加深了我们对这种神秘猫科动物的认识（Salesa，2002）。

副剑齿虎属

　　副剑齿虎属（Pilgrim, 1913）包括了一些晚中新世生活在欧亚大陆的豹子大小的猫科动物。

东方副剑齿虎

　　与洪荒原巨颏虎相比，这一吐洛里期的刃齿虎类动物更为神秘，但在已知的特征上，它与前者大体相似，尽管体形稍大一些，有剑齿齿缘发育轻微的锯齿（图3.59）。库尔滕（1968）认为它与上新世和更新世的巨颏虎非常相似，所以将它命名为东方巨颏虎，但是后来的学者并不支持这种分类（Salesa et al. 2010a）。

马氏副剑齿虎

该物种是师丹斯基于1924年根据中国吐洛里期的头骨材料所建,与东方副剑齿虎的区别在于:它的体形更大,剑齿形态更进步——更侧扁且发育锯齿,像锯齿虎剑齿的缩小版。

巨颏虎属

巨颏虎属包括了一些生活在非洲、欧亚大陆和北美的早上新世到中更新世的剑齿虎类,体形介于豹和美洲豹之间。正如许多博物学家认为豹是旗舰版大猫一样,我认为巨颏虎也是旗舰版剑齿虎。不像超级健壮的刃齿虎那样威风凛凛,它们在力量和优雅之间取得了平衡。它们的大小和比例与现代美洲豹相似,尽管有着更长的颈部和更短的尾部。像美洲豹一样,它能以闪电般的

速度从隐蔽处冲出来,对付像马和鹿这样的大型猎物,同时又足够敏捷,是爬树高手。它们的头骨和颈部展示出所有进步剑齿虎类的适应性特征,能够迅速而有效地杀死猎物。这种结合使它们获得了巨大的成功,分布范围得以从南非延伸到希腊,从西班牙延伸到中国和北美。作为一类我们绝不会弄错的动物来说,很难相信巨颏虎会有如此复杂的分类历史。当居维叶于1824年首次描述收集到的剑齿动物牙齿时,他用的是两颗来自意大利上新世瓦尔达诺遗址的巨颏虎牙齿和一颗来自德国中新世埃珀尔斯海姆遗址的剑齿虎属牙齿。他认为所有的牙齿都属于同一种动物,但令人惊讶的是,他认为这是一种熊科动物,将它命名为刀齿熊。居维叶常说:"只要给我一颗牙,我就能把整个动物复原出来。"但对于这些剑齿,他似乎过于自信了。然而,他肯定想象不到,他当时基于两个国家、横跨700万年时空的动物牙齿所建立的熊科物种对于后来的分类研究造成了多大的混乱!4年后,法国古生物学家克鲁瓦泽和若贝尔描述了法国埃图埃尔遗址发现的一件巨颏虎下颌,并正确地将其归入猫科中,命名为巨颏猫。但是,当他们在同一遗址中发现这种动物的上犬齿时,发现这些上犬齿与居维叶定义的熊科剑齿相似,因此,当时的他们并没有把这样的剑形犬齿与下颌骨联系起来,而是同样地把它归为所谓的熊科动物——刀齿熊。

我们要记住的是,19世纪早期的古生物学家从未见过这种扁平、拉长的上犬齿与猫形头骨及下颌骨的组合,因此造成了他们在分类上的错误,这是可以理解的。到了1828年,当法国古生物学家布拉瓦尔在法国佩里耶遗址中发现了带上犬齿的巨颏虎头骨化石时,这个谜团就迎刃而解了,他意识到这个头骨与克鲁瓦泽和若贝儿描述的下颌骨属于同一种生物,提议将其命名为 *Megantereon megantereon*。由于巨颏虎的犬齿无锯齿缘,布拉瓦尔建议用这一特征来区别于另一类剑齿虎——以居维叶(部分地)用来建立刀齿熊的埃珀尔斯海姆遗址的带锯齿缘的上犬齿为例(现在我们知道这些牙齿属于隐匿剑齿虎)。布拉瓦尔明智而审慎地提出,居维叶建立的种名*cultridens*(刀齿)应该

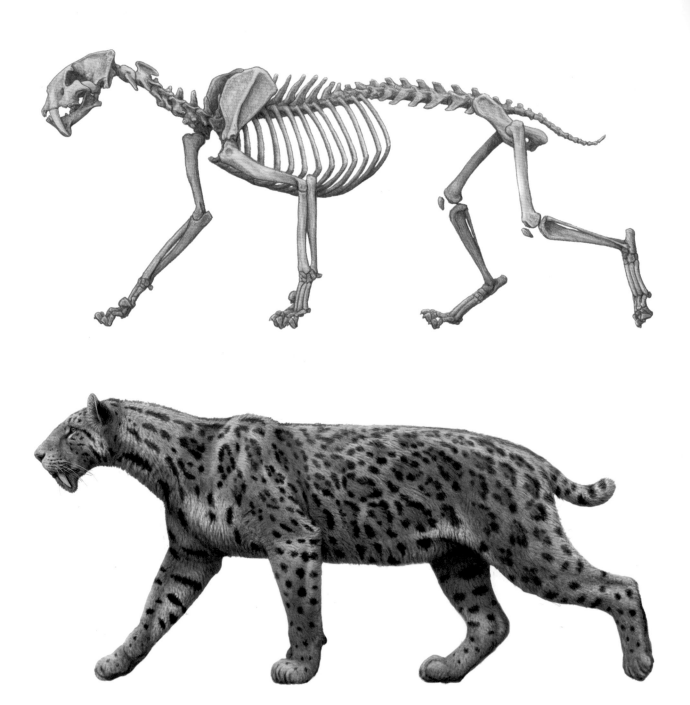

图3.60　刀齿巨颏虎的骨架和外貌复原，肩高70厘米。［原p.146］

保留，但须置于考普建立的属名*Machairodus*后。因此，从那时起，上犬齿带锯齿的剑齿虎类都被称为刀齿剑齿虎。但是，由于居维叶的物种是同时根据剑齿虎属和巨颏虎属的牙齿材料建立的，所以布拉瓦尔的阐释也无法成立。

　　1890年，在对意大利托斯卡纳地区的剑齿虎类进行分类修订时，法布里尼将犬齿无锯齿的物种命名为*Machairodus*（*Meganthereon*）*cultridens*（这也使一些老一代学者将其属名拼写为*Meganthereon*），包括了居维叶最初描述的三分之二的标本。但在1901年，法国古生物学家布勒重新审视了欧洲的剑齿虎类，他认为刀齿剑齿虎是一个有效的物种，而巨颏剑齿虎是一个无效的、后出同物异名！这样的分类噩梦一直持续到1979年，意大利古生物学家菲卡雷利对托斯卡纳的剑齿虎类进行了重新修订，仔细地应用了命名法规，最终得出结论：刀齿巨颏虎的名称具有优先权，并用它来定义豹子大小、上犬齿无锯齿缘的剑齿虎类。

刀齿巨颏虎

这是一种美洲豹大小的刀齿虎类，有着短而粗壮的四肢，长而肌肉发达的颈部，以及与原巨颏虎和副剑齿虎相比，剑齿化特征更发达的头骨（图3.60）。头骨的总体形态与始新世猎猫科的古剑虎非常相似，包括同等发达的上犬齿和下颌颏突、退化的下颌冠状突和发达的乳突。这是两个属之间的一个非常精妙的趋同演化现象，它们分属于两个不同的食肉动物科，两者早在3000万年前就分道扬镳了（图3.61）。

在居维叶第一次描述巨颏虎牙齿的一个世纪以后，这种动物的头后骨骼解剖结构才为人所知，这要归功于法国塞内兹遗址发现的一具近乎完整的骨架，瑞士古生物学家绍布于1925年对这件骨架材料进行了描述。绍布将这种动物定义为美洲豹大小的猫科动物，有着短而粗壮的四肢，与骨骼纤巧的另一种维拉方期的剑齿食肉动物阔齿锯齿虎形成了鲜明的对比。绍布原计划写一篇关于塞内兹骨架的详细专著，但遗憾的是还没有完成他就去世了。因此，他的最初描述是几十年来唯一发表的有关刀齿巨颏虎头后骨骼的文章，而这个骨架也一直在瑞士巴塞尔博物馆的玻璃柜中展出。直到2007年，斯堪的纳维亚古生物学家阿道夫森和克里斯滕森才发表了一份最新的有关这具骨架的详细描述。

在提到刀齿巨颏虎时，人们一般都会使用塞内兹的头骨标本，用它当作这个物种头骨形态的标准图像。然而，它也有一个非常出乎意外的特征：与最进步的刀齿虎物种——毁灭刀齿虎类似，它有一个极度抬升的枕骨面，而与佩里耶的头骨的倾斜枕骨不同，后者按理是原始类群所具有的特征（正如我们将在下一章中看到，抬升的枕骨一般属于高度特化的剑齿虎类的特征）。这是一个谜题，因为它要么意味着巨颏虎的后裔——致命刀齿虎出现了演化逆转，具有倾斜的头骨枕区，要么意味着塞内兹物种的过早特化，那么它就必须被排除在刀齿虎的直系祖先之外。当韦德林和我在一个不太可能的地方——内罗毕的肯尼亚国家博物馆看到了塞内兹头骨的模型时，这个恼人的问题终于有了答案。这件模型告诉我们：头骨的整个后半部分是人工修复的，与前半部分的质地完全不同，它很光滑，没什么特点，甚至还带有修复者手指的痕迹，对于观察者来说，玻璃展柜里的原始标本很难远距离看清。很可能有人建议这位修复者效仿毁灭刀齿虎来修复巨颏虎头骨的受损部分，毕竟巴塞尔博物馆正收藏了一具来自阿根廷的完整骨架，并与巨颏虎的头骨一起展出。最近报道的产自格鲁吉亚德马尼西的巨颏虎头骨（Vekua，1995）证实了这类动物有着倾斜的枕骨，中国和非洲的材料也证实了这一点（Antón & Werdelin，1998）。

其他巨颏虎物种

上新世和更新世旧大陆的巨颏虎属物种的分类一直存在争议。一些学者倾

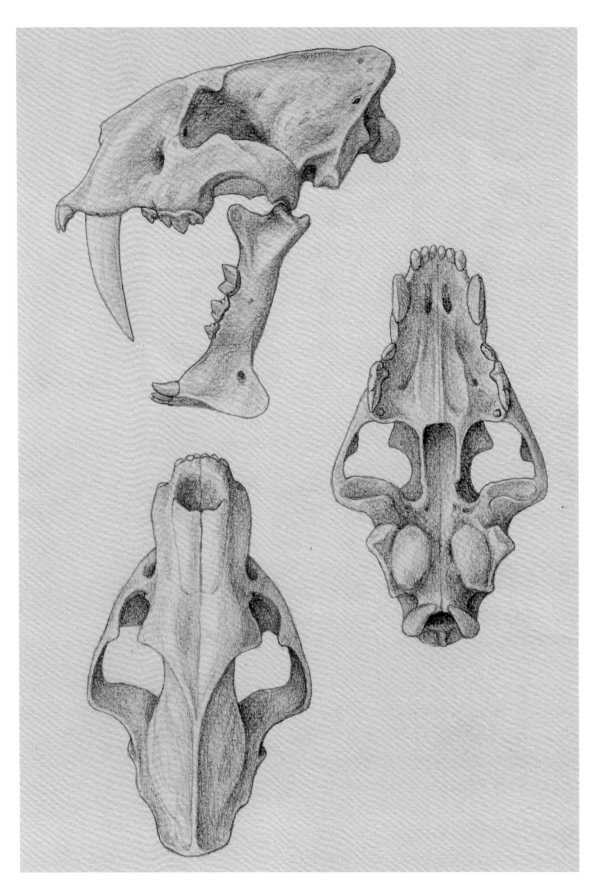

图3.61　刀齿巨颏虎的头骨：侧视（上），腹视（中），背视（下）。［原p.147］

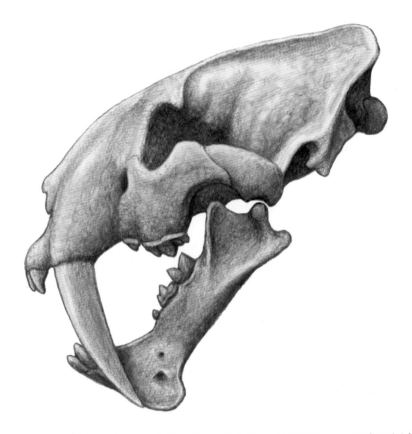

图3.62　怀氏巨颏虎的头骨。〔原 p.148〕

151

向于将所有的标本统一归入一个单一的、存在种内变异的种——刀齿巨颏虎，而其他的学者（Martínez-Navarro & Palmqvist，1995）认为，在非洲和一些地中海化石点中至少存在第二个种——怀氏巨颏虎（图3.62、图3.63）。在肯尼亚的南特克韦尔早上新世（约350万年前）的沉积中，至少还发现了另一个可能更原始的种——钩状巨颏虎（Werdelin & Lewis，2000）。中国的标本曾被归入泥河湾巨颏虎和意外巨颏虎，它们与欧洲标本的差异尚不明确。布兰卡期（早上新世）的化石材料证实了这个属在北美的存在，被归入西方巨颏虎，它可能最终演化出了美洲大陆的刃齿虎（Martin et al. 1988）。

刃齿虎属

153

正如我们在第一章中提到的，刃齿虎的属名是伦德于1842年根据巴西圣湖镇的化石材料建立的，此后学者描述了众多刃齿虎属物种。然而，大部分物种的名称现在被认为是无效的，多数学者认为只存在一个早期物种，即体形相对较小的、与巨颏虎非常相似的纤细刃齿虎和两个体形较大的、更晚的物种——致命刃齿虎和毁灭刃齿虎。这个属的成员只生活在更新世的美洲。

纤细刃齿虎

这是最早出现的刃齿虎属物种。大小与美洲豹相当，比最大的刀齿巨颏虎个体要小，比如塞内兹的个体。它最为人所知的化石来自美国佛罗里达州海勒遗址（Berta，1987），这些材料显示这种动物结实而强壮。它的牙齿和一些头骨部分（如乳突区域）比巨颏虎的更发达。

图3.63　怀氏巨颏虎的外貌复原。
〔图注原p.148，图原p.149〕

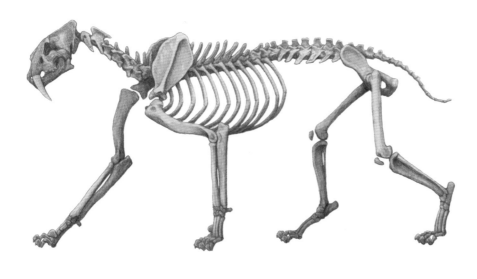

图3.64 致命刃齿虎的骨架和外貌复原，肩高100厘米。［原p.150］

致命刃齿虎

这是一种很受大众喜爱的剑齿虎，产自北美晚更新世的拉布雷亚沥青坑和一些其他化石点。它是一种非常大型的刃齿虎类，在线性尺寸上与狮子非常接近，但四肢和身体更为健壮、肌肉更为发达，这意味着它的体重要比现生狮或虎大得多（图3.64）。与巨颏虎一样，它颈部长而强壮，背部短，尾巴短而粗。头骨与巨颏虎的大体相似，但更粗壮，上犬齿更大，尽管其下颌骨的颏突非常小（图3.65、图3.66）。

凭借拉布雷亚沥青坑发现的大量化石标本，1932年，梅里亚姆和斯托克对致命刃齿虎的解剖结构进行了详尽的描述，令人赞叹不已。正如前面所提到的，致命刃齿虎在线性尺寸上与狮子接近，意味着它与狮子有着相当的体长和肩高，但由于它更加强壮、肌肉更发达，它的体重也会大得多。目前，我们很难回答到底大出多少，但与现代大猫一样，致命刃齿虎的体重存在很大的雌雄差异。古生物学家阿尼永格（W. Anyonge，1993）根据长骨的大小对致命刃齿虎的体重进行了估算，长骨大小比传统上用来估算化石类群体重的牙齿大小更可靠。他的研究结果表明，致命刃齿虎的体重在340至440公斤之间，与体重在

图3.65 致命刃齿虎的头骨。［原 p.151］

110至225公斤之间的现生非洲狮相比，差别是相当惊人的。然而，克里斯滕森和哈里斯（P. Christiansen & J. Harris，2005）根据36个骨骼学变量进行的最新估算得出，致命刃齿虎的体重范围是160到280公斤，这仍然很惊人，但更符合现代大猫的体重。

致命刃齿虎的种名是雷迪于1868年根据美国得克萨斯州哈丁县的一个残破上颌骨所建，但是，正如一些读者可能已经猜到的，它最初并没有被归入刃齿虎属中——事情从来没有那么简单！实际上，雷迪认为他的化石来自某个猫属成员，尽管他也意识到这件标本的独特性足以把它归入一个新的亚属和物种：*Felis*（*Trucifelis*）*fatalis*。曾经，像梅氏刃齿虎、佛罗里达刃齿虎和加利福尼亚刃齿虎这样一系列种名相继被建立又先后被取消，在习惯了分类学上的来来往往后，现在人们普遍认为北美只存在两种刃齿虎：晚更新世狮子大小的致命刃齿虎和时代更早（从更新世早期到中期）、体形较小的纤细刃齿虎，后者的大小和形态介于巨颏虎和致命刃齿虎之间。

图3.66 刚杀死猎物的致命刃齿虎，这意味着这种动物的猎杀方式使得它在杀死猎物时，牙齿和吻部会沾染上大量血迹，更甚于现生大猫，后者的猎物在被杀死时，有时伤口上一点血迹也没有。[图注原p.153，图原p.152]

139

图3.67 正在奔跑的毁灭刃齿虎。这种大型剑齿虎类在大部分情况下都是行走或小跑前进，但偶尔也能短距离快速冲刺。在奔跑时，会运用到背部强健的肌肉，消耗大量的体能。由于该物种最大个体的体重将近400公斤，因此，它们只在捕猎、领土争斗或者求偶时才会进行奔跑。肩高120厘米。[原p.154]

毁灭刃齿虎

该种包括了体形最大、最强壮的刃齿虎标本，其中一些大型个体的体重超过400公斤（图3.67、图3.68）。除了体形更大更壮外，这种动物与北美的致命刃齿虎之间的差异相当微小，包括更直的头骨背侧轮廓，更垂直的枕面（图3.69），以及相对较短的掌跖骨。

门德斯·阿尔索拉于1941年详细描述了阿根廷的布宜诺斯艾利斯地区晚更新世沉积中发现的一具极为完整的骨架，这项研究复原了毁灭刃齿虎的身体比例并指出了其与现代大猫的显著差异，特别是虎，后者是作者用来进行解剖学对比的参照物。

1842年，伦德根据巴西晚更新世圣湖镇洞穴遗址的化石材料描述了这一物种。出自阿根廷的标本曾被命名为新生刃齿虎和杀手刃齿虎，但现在我们认为这些名称可能都是无效的。（在其生存的时代）毁灭刃齿虎占据了南美洲安第斯山脉以东的很大一片区域，北至委内瑞拉，南到巴塔哥尼亚。

图3.68　毁灭刃齿虎的外貌复原。［图注原 p.154，图原p.155］

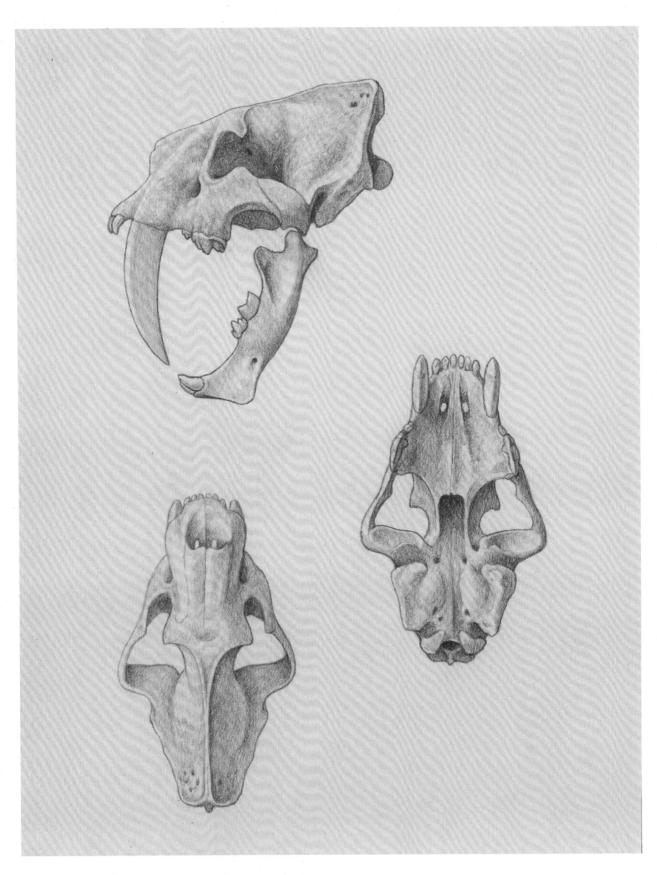

图3.69 毁灭刃齿虎的头骨：侧视
（上），腹视（中），背
视（下）。［原p.156］

第四章　剑齿虎——生气蓬勃的捕猎者

　　剑齿虎只留下了变成化石的骨骼，但它们却是地球上真实存在过、生活过的生物，古生物学这门科学的一项宗旨就是利用这些化石尽可能地推测它们的生活方式。可是面对化石，我们除了单纯地想象剑齿虎类如何移动、捕猎和交流，还有什么可做的呢？实际上，只要懂得观察化石的方式，我们就可以从化石骨骼中得到多到惊人的信息。我们采用了比较解剖、形态功能、三维成像等各方面的研究手段，使这些逝去生物的形象逐渐变得饱满而丰富。这一过程很复杂，而且我们得像调查犯罪的法医一样，在直觉和共识中找到平衡点。

　　整个过程的第一步是详细地重建剑齿虎的解剖结构，我们要从骨骼开始，一步一步复原它们的身体姿势、比例、肌肉以及剩余的软组织，皮肤甚至毛发的纹样也都不能忘了考虑。接着，我们要着手还原生物的运动，骨骼和肌肉可以反映出运动系统的机能特征，进而可以让我们推断不同的剑齿虎类有着怎样的步态和运动能力，如何奔跑、攀爬、放倒猎物以及完成其他动作。头骨结构与脑、神经相关，进而包含了身体在感官、协调方面的信息。将这一系列信息与猎物、古环境的数据综合在一起，我们就可以猜想剑齿虎以怎样的方式捕猎。化石中有关机体伤病的信息在分析这个问题时也很重要，因为捕猎行动总是伴随着各类损伤。个体发育和性双型的信息可以反映出剑齿虎的家庭生活和社会结构，将物种的整个生活史勾勒出来。

复原

　　古脊椎动物学研究和拼图游戏有很多相似之处。我们在第二章中讨论化石遗址的保存条件时提过，多数遗址中的大部分化石都是孤立的骨头，这些骨头还常常有着破损。因而你可以想见，古生物学家在发现完整的、关节相连的骨架时会有多兴奋了。利用这难得的材料，我们可以立即建立起一套标准，将相同或相近种类的更为破碎的材料遴选出来。在已经定名的50多种带剑齿哺乳动物中，有相对完整骨架发现的还不足20种。

　　在缺乏完整个体资料时，我们的复原工作常常要从补全骨架开始。在这一步中，我们要重建形象的话，得考虑个体的体形差异而对各个部分进行缩放，许多剑齿虎类物种在同种的不同个体中都有着很大的体形差异，我们在复原时可不能忽略这点。四肢长骨的比例是复原的基础，但在这里我们还会

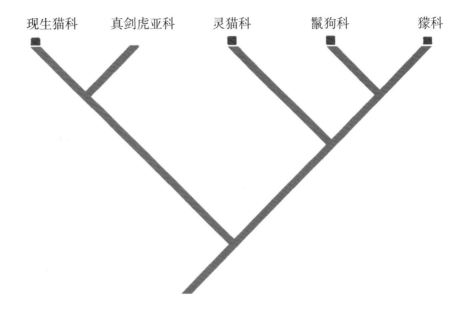

現生猫科　　真剑齿虎亚科　　灵猫科　　鬣狗科　　獴科

图4.1 这个分支图显示出了猫科的真剑齿虎亚科与它现生亲属的关系。在利用"现生系统发育框架"的方法来推测化石未保存部分时，最重要的参考是这一部分在最近类群中（在这个例子中就是现生的猫科）的情况，如果外群（这里就是指猫型类里其他的科）中的情况也一样，那么这个参考就更可靠了。
［原p.159］

碰到额外的问题——骨头越长，它在变成化石前遭受破坏的可能性就越大。在博物馆的化石收藏中，我们可以找到大量食肉动物腕部和踝部的骨骼，这些骨骼小并且略呈方形，是最容易在石化过程中存留下来的。相比之下，多数长骨都有破损。为此，我们需要参考相对完整的材料的长宽比例，估算缺失部分的长度。

然而有一些属种，甚至一些科，我们对它们的整个骨架都几乎一无所知。在剑齿虎类的历史中就满是这类让人遗憾的空白。美洲的肉齿类剑齿动物——迷惑猫，是它所在的科中最为进步的属，然而我们只在一百多年前曾在始新世尤因它期（按：约4620万年前到4200万年前）的沉积找到过它的一件下颌，此后再没有更多的发现。无独有偶，北美最惊人的猎猫类剑齿动物——刺客始剑虎，目前也仅发现了头骨和下颌材料。这几个例子是最极端的，但在古生物解剖的认识中即使只有一些较小的空白，我们也需要找到站得住脚的标准来补全缺失的部分。这时，除了解剖方面的知识，我们还需要用到系统发育分析中得到的信息，这也是我们接下来要谈的。

系统发育

不论是补全剑齿虎类骨架上的几节脊椎，还是为复原的生物形象设计一套纹样，我们的工作本质上都是复原化石中未保存的特征，这时我们会将目光转向与之关系最近的种类，他们是我们最先要参考的。在过去，奈特等古生物艺术家已经出于直觉而遵循这一原则，而近年来系统发育分析的进展则让我们得以重新提炼其中的方法论。几位古生物学家（Bryant & Russell，1992; Witmer，1995）都独立地阐释了这一原则的理论基础，他们的方法虽然有一些差异，但都有两个基本假设：重建化石类群未保存部分时应当找到保存了这部分的最近亲属，参考其性状；如果我们能在关系第二近的类群（也就是前两者的外群）中也找到类似的性状，那么前一个参考的可信度就更高。韦特玛针对这一方法论提出了现生系统发育框架的概念，并倡导在复原各类未保存部分特别是化石脊椎动物的软组织时使用这一概念。未保存部分在参考类群中的状态给我们提供了最保守的猜想。姐妹群中观察到的状态是很好的依据，如果它们的外群同样与参考群类似，那么我们的推测就更可靠了（图4.1）。

接下来我们需要看看化石已知的形态是否暗示未保存部分有特有的衍生特征（称为独有衍征，也译作近裔性状）。在通常情况下，我们会优先采用系统发育分析给出的假设（即动物的某个缺失结构会和它的近亲一致），但是如果独有衍征的证据很充足，或者系统发育分析得不到可靠结论，我们就会进行外推性的分析，比如研究形态和功能的对应关系。在剑齿虎类的案例中，剑齿虎类和它们不长剑齿的亲戚的差异大体上并不意味着它们在软组织上会有很极端的差别，更有可能的情况是一些我们很熟悉的结构会在剑齿虎类中被重新排布，以适应不一样的生物力学需求。当然，也有一些例外，古生物学家纳普勒斯和马丁在研究巴博剑齿虎类时认为，它们的咬合肌肉有着和其他食肉类不同的排布方式。他们认为这类动物扩大的眶下孔为深层咬肌的肌束提供了通过的空间，在大多数哺乳动物中这部分肌肉都附着在颧骨的颊部，而在巴博剑齿虎类中则会穿过眶下孔附着在眼眶的前方（图4.2和图4.3）。这种情况也见于一些啮齿类——如豪猪属的成员中，因而也被称为豪猪形咬肌。这种观点认为，巴博剑齿虎类特殊的咬肌排布提高了这块肌肉在嘴巴张开到极大角度时的力学性能（应该指出，这种结构在这里适应的功能和豪猪的豪猪形咬肌适应的功能并不相同，毕竟豪猪从来不会这么样张开大嘴）。我们接下来会提到，围绕着剑齿虎类巨大的眶下孔还有另外几种解释，但是巴博剑齿虎确实有可能具有豪猪形咬肌，在这个有趣的例子中，我们从骨骼学的形态–功能对应关系对软组织中未保存的独有衍征进行了推测。

骨架的组建

从食肉动物的骨架中我们可以推知一系列姿势，但当我们画骨架复原图时常常会选取一个"中性"的姿势。站姿和走姿就是这类标准骨骼图中理想的姿势，但是要画出这类图我们就需要对骨骼关联的方式作出一些重要的推测。所幸陆生哺乳动物的骨架就像是一套精密的杠杆系统，骨骼的许多关节面形态让我们可以清楚地了解相应关节所能屈伸的范围。

所以我们只要观察脊椎关节面的形状和方向，就有可能推知动物的脖子是挺直的、弓形的还是呈S形的，当然我们也需要考虑软骨质的椎间盘，在动物活着时这些椎间盘占据了脊椎之间的空间，会影响脊柱的弯曲程度（图4.4）。动物肘部和膝盖的关节可以告诉我们它们在站立和行走时四肢是匍匐弯曲的还是笔直的。尺骨近端的鹰嘴突也会保留这方面的信息，因为前肢的主要屈

图4.2 弗氏巴博剑齿虎的头骨以及按照"豪猪形"假设复原的深层咬肌，这块肌肉的纤维从眶下孔中穿过。［原p.160］

肌——肱三头肌的肌腱就附着在鹰嘴突上。如果肘部通常是弯曲的（比如现生食肉类中的椰子狸、熊狸等常匍匐的类群），那么鹰嘴突就会弯向前方，如果肘部通常是挺直的（比如现生食肉类中的狮子、猎豹、犬类和鬣狗），那么鹰嘴突就会弯向后方。在带剑齿哺乳动物中，肉齿类中的类剑齿虎就有着弯向前方的鹰嘴突，因而可能常常蹲伏，是一个优秀的攀爬者，猫科的锯齿虎有着弯向后方的鹰嘴突，这说明这类动物完全在平地上活动，伸直的四肢可以让它的行走和奔跑更有效率（图4.5）。

相比之下，确定化石食肉类是跖行（脚掌着地行走）的还是趾行的会更困难。在哺乳类中，趾行者大体上来说有着更好的奔跑能力，因为趾行增加了四肢在使用时的有效长度。动物迈出的每一步都更长，足和地面接触的面积也更小，这使得每一步都更有效率。而跖行的运动方式更加稳定，相较速度，跖行者常常更强调力量，比如适应挖掘（如现生食肉类中的熊和獾），或者攀爬

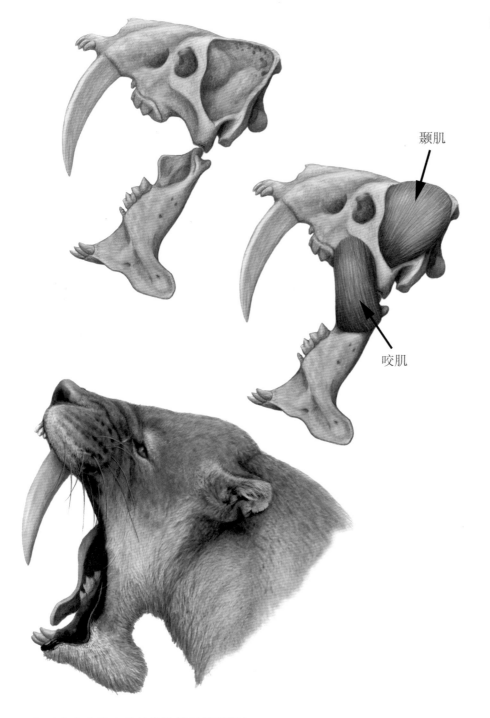

图4.3 弗氏巴博剑齿虎的头骨（上）、复原的咬合肌肉（右）和外貌复原图（下）。在肌肉复原图中，咬肌和颞肌位于它们的"传统"位置。这样的复原和豪猪形咬肌的复原方案并不是完全矛盾的，因为这里只画出了浅层咬肌，深层咬肌在这个角度中被盖住了，按照豪猪形假说，它应该会穿过眶下孔。［原p.161］

颞肌

咬肌

（如现生食肉类中的长鼻浣熊和椰子狸）。

　　跖行的熊和完全趾行的犬有着显而易见的区别，前者和人一样在行走时后足的脚掌完全着地，而后者在行走时脚后跟是离地的，足骨（跖骨，即脚掌骨）垂直于地面（图4.6）。因而，我们并不会为犬和熊在足部骨骼上的巨大差异感到吃惊。但我们在进行了仔细观察以后，发现情况比上面所描述的更加复杂：在人类这样完全跖行的动物中，迈步时脚后跟（也就是跟骨部分）会比脚掌先着地，脚掌呈上凹的桥形（按：即足弓），而熊的跟骨在其他足骨着地时总是稍稍高出一点。

163

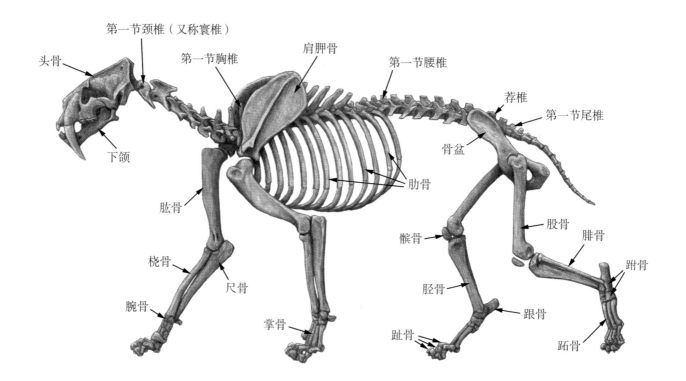

第一节颈椎（又称寰椎）

头骨

第一节胸椎

肩胛骨

第一节腰椎

荐椎

第一节尾椎

下颌

骨盆

肋骨

肱骨

股骨

腓骨

跗骨

桡骨

尺骨

髌骨

腕骨

掌骨

胫骨

跟骨

趾骨

跖骨

图4.4 刃齿虎的骨架，主要部分的名称都已被标出。[原p.162]

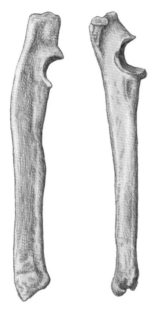

图4.5 两种剑齿动物的尺骨近端形态对比，左侧是擅长攀爬的肉齿类动物黎明类剑齿虎，右侧是特别适应陆地活动的猫科动物阔齿锯齿虎。可以看到，尺骨鹰嘴的后缘（按：图中骨头的左侧）在类剑齿虎中是凸出的，在锯齿虎中是凹入的。两块骨头没有按照相对大小的比例绘制。[原p.163]

在现生的食肉类中还有一些更复杂的情况，有一些灵猫科（灵猫、椰子狸、獴所在的科）和鼬科（鼬、獾和水獭所在的科）成员并不是真正的跖行动物，因为它们在行走时脚后跟不着地，但是它们的足骨并不垂直于地面而可能是更接近水平。我们用裸眼观察这些食肉类的一些姿势时可能会被误导，只有在仔细观察影像资料并结合足迹的研究后才可能确定它们的姿势。即使在身边有可供观察的活物时，科学家们还是有可能拿不准它们的姿势，以至于有一些论文错误地声称獴（一类分布于非洲、阿拉伯和南欧的小型灵猫科动物）是跖行的——獴在树枝间移动时确实接近于跖行（以增加运动的稳定性），但是在平地上行动时就不是如此。我们可以称这类动物为"低角度趾行者"，它们足部骨骼的形态介于典型的跖行和趾行之间。不少剑齿虎类就有着这类中间形态的足骨，因而猜测它们的姿态毫无疑问也是个技术活儿。

更新世的锯齿虎就是其中的一个有趣例子，在很长时间里，它的后足都被复原成了跖行足。它的后肢骨骼和熊有一些相似的地方，如较短的跟骨和相对扁平的距骨，这让很多专家认为这类动物可能像熊一样以跖行的方式行走。但是法国古生物学家巴莱西奥在他1963年的细致研究中发现，法国塞内兹地点的阔齿锯齿虎完整骨架中保留了大量支持趾行的证据，比如它的跖骨长而直并且相互平行，中间的两根跖骨（也就是连接动物第三和第四趾的脚掌骨）长度大大地超出了其他跖骨，而在典型的跖行食肉类中，跖骨的排列更类似一个扇形，中间的跖骨不会有如此突出的长度。

但是，锯齿虎那跖行化的明显特征又该如何解释呢？我们猜想这些特征也许提高了动物在狩猎时的稳定性（我们在下文还会提到这点），而与通常的运

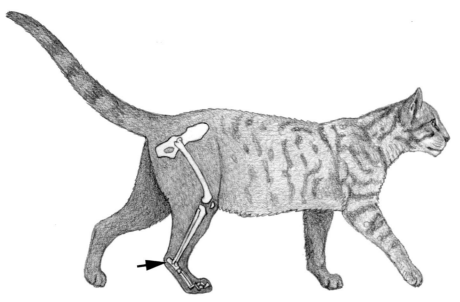

动姿态无关。阐释剑齿虎类足部姿态的工作也许看起来无足轻重，但是它与动物的运动和习性有着重要的联系，参考不同的阐释，我们复原出的动物面貌也会有惊人的不同（图4.7）。

锯齿虎是趾行还是跖行曾困扰过很多人，但现在诸多证据都已相当明确地支持了趾行的看法。但是，在锯齿虎的近亲异剑虎中，这一问题更难以回答。异剑虎有着非常粗壮的四肢和短宽的足（Naples，2011）。它足部的大致形态和熊一类跖行食肉类有许多相同的特征，因而我们很难确定异剑虎是否用扁平的足掌行走。对于巴博剑齿虎科和猎猫科这些已完全灭绝类群的成员来说，姿态的重建也是很困难的。法国古生物学家莱昂纳尔·金斯堡在1961年研究了法国桑桑地点的桑桑剑齿虎，他发现这一巴博剑齿虎科动物是跖行的，但同地点的猫科动物假猫则和现代的猫科一样是趾行的。金斯堡得出结论的过程并不简单——他对现生食肉类进行了全面的研究，整理出了一系列跖行动物区别于趾行动物的特征。他找到的特征标准至今仍是阐释食肉类足部形态的重要参考，但其中留下了一个难题。食肉类的跖行运动常常意味着缓慢的前进，而趾行往

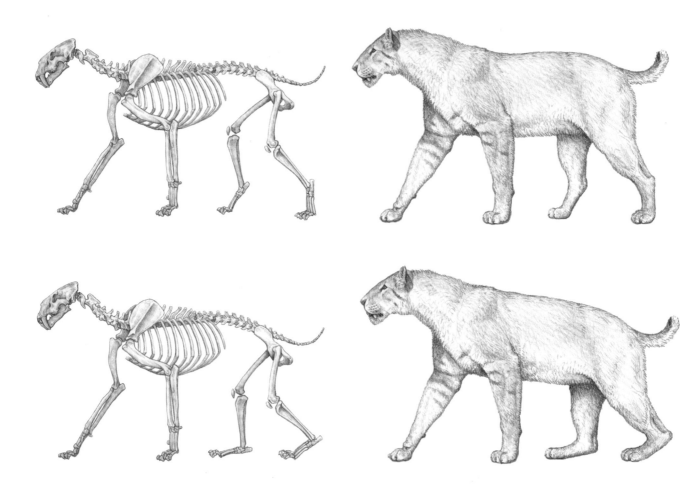

图4.7 阔齿锯齿虎骨架（左）和外貌（右）的两套复原方案，上方为趾行假说，下方为跖行假说。可以看到，在跖行假说的方案中，后腿的步长是很有限的，在行走时为了跟上前腿迈出的大步，后腿将不得不蹦跳起来。［原p.165］

往是对于奔跑（快速追逐猎物）的适应，足部形态更多地体现了对奔跑适应程度的高低，而不是趾行和跖行的区别。一些跑动并不很迅速的动物却是地道的趾行动物，而另一些动物是趾行还是跖行从形态上是特别难以判断的。

大部分的猎猫科、巴博剑齿虎科以及有袋类的袋剑齿虎都显然不是高度趾行化的动物，不像现代的猫那样将脚掌垂直于地面。但是它们足部的具体姿态也还需要作进一步的研究。

步态和足迹化石

虽然剑齿虎类的足迹化石非常稀少，古足迹学记录仍然为我们对剑齿虎类运动方式的描绘做了贡献。猫科真剑齿虎亚科的拟猎虎属和剑齿虎属成员在美国加利福尼亚州的三处地点留下了足迹化石：死谷国家公园①，阿瓦瓦茨山脉和莫哈韦沙漠（Alf, 1959, 1966; Scrivner & Bottjer, 1986）。这些足迹全长平均约为9到10厘米，对应的动物体形大致与小一点的狮子相当。它们的形状和猫的足迹很类似，趾头呈旁轴形排列（意思是中间的两个趾头——第3、4趾长度相当，比侧面其他趾更长），印迹包括一个半圆形到接近三角形的主垫以及一些

① 译者注：原文是 Death Valley National Monument（死谷国家纪念区），但这个区域已经在 1994 年升级成为国家公园。

卵圆形的趾垫，没有爪痕——这说明它们的爪子可以伸缩。由于中新世的锥齿猫类体形从没有超过猞猁（死谷的沉积中另外也发现了尺寸和猞猁、野猫足迹相当的足迹），因而这些大足迹的主人只可能是剑齿虎类。这些足迹有着很进步的、类似现代猫科的趾行形态，因而不太可能是同时期在中新世的北美生存的巴博剑齿虎科动物，后者的足迹至少是半跖行的——行走时脚掌接触地面的面积会更大。

剑齿虎类保存最好的足迹可能是美国得克萨斯州咖啡农场亨普希尔期（晚中新世）地点的。这个地点出土了科罗拉多半剑齿虎的化石，因而足迹的主人很可能也是这个种。这些足迹的形态和现代猫科很像，全长约13厘米，比上述发现于加利福尼亚州的足迹更大，对应的动物体形大约和大个体的狮或虎相当（Johnston, 1937）。

在西班牙有一个年代更早的早中新世的足迹化石地点，对应着猫科演化中更早期的一个阶段。这个地点位于巴斯克地区阿拉瓦省的一个叫萨利纳斯的村子附近，这里保留了一些有着精致细节的食肉类足迹，其中一部分对应着一大一小两种类似现生猫科的动物（Antón et al. 2004a）。较大的那种体形类似猞猁，足部和现生猫科动物基本相仿，但主垫相对更大，趾行的程度因而也比现生猫科动物更低。萨利纳斯村的长串足迹让我们得以清楚地窥见早中新世猫科动物的运动方式，包括同侧序列行走①和对角序列小跑②，我们在现代猫科中也能观察到这几种步态。一系列互相平行的足迹显示动物们以小组为单位移动，这个小组可能是成年雌性和已经到达成年体形的幼兽组成的家族群体。因而我们也可以从这些足迹中一窥早期猫科的习性——现生猫科动物的幼崽会待在母兽身边直至自己长到成年的体形，而这种行为模式早在2000万到1500万年前就已经确立了。

不依据活动物或者活动物的直接留存来建立分类框架的学问称作副分类学，足迹化石的分类就是其中的一支。在这套工序中，足迹研究者可以对足印或者行迹进行直接的归类，而不需要考虑将足印化石与某个化石动物类群对应起来。这种副分类学是完全基于形态的，所以即使在地理或地层学的证据下显示有两个足迹是由不同种类的动物留下的，只要在形态上它们无法区分，那就可以被归入同一个足迹分类单元③。因而，尽管一些美国的足迹化石被不规范地称作"猫的足迹"，在正式的分类中，它们和西班牙萨利纳斯的大小足迹一起被归入了同一个足迹属——猫足迹属中。我们很难知道在萨利纳斯留下足迹的这些猫是剑齿虎类的祖先还是真猫支系的成员，但这些足迹清楚地显示它们的主人有着猞猁般的大小、相对原始的足部姿态以及和现代猫科大致相同的运

---

① 译者注：指一侧后肢着地后，同侧前肢紧接着着地，同一侧前后肢的前后运动近于同步，类似人走路时的"顺拐"姿势。

② 译者注：指一侧后肢着地后，对侧的前肢紧接着着地。

③ 译者注：原文为 ichnotaxon，也可译作痕迹化石分类单元。

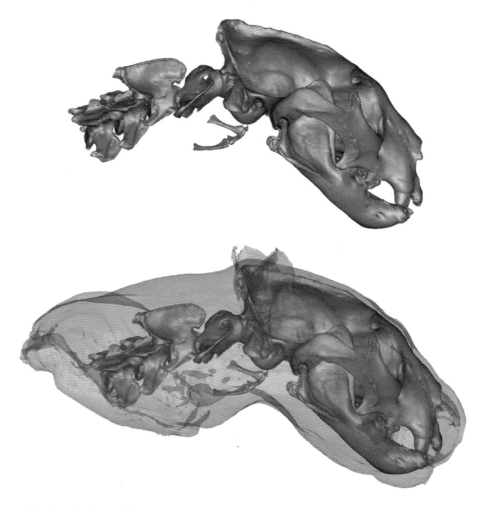

167

动方式。相对地，前述的那些美国足迹显示晚中新世的猫科已经有很现代的足
部形态，以完全趾行的姿态运动，与在拟猎虎和半剑齿虎这些同一时代同一地
点的猫科真剑齿虎类化石中得到的信息也可以对应起来。

软组织的复原

在我们将动物的骨架按生活时的姿态组建起来以后，就可以往上面添加软
组织了。骨骼的表面留下了因肌肉附着而产生的印痕、嵴和粗糙面，我们的第
一步就是依照这些痕迹重建深层肌肉。

我们从骨骼上可以比较直接地推知决定动物大致轮廓的主要肌肉。在这
个过程中，我们主要参考了现代食肉类的实体解剖，但是其中也有局限。实体
解剖的过程是损坏性的，我们要看到内部的结构就要剥去表面的结构，而浅
层的肌肉一旦被去掉就无法被放回原位了。除了动物体深部的解剖细节，我们
也需要检视骨骼与表面结构的空间关系，而这时实体解剖的局限性就暴露出来
了。CT（电子计算机断层扫描）技术可以有效解决这个问题，它让我们可以在
不损坏标本的前提下同时观察软组织和被软组织包裹的骨骼。CT技术在剑齿虎
类全身，特别是头部的复原中发挥了重要的作用（图4.8）。

从头部开始，我们最先要面对的是剑齿虎类几块巨大的咬合肌肉——咬

168

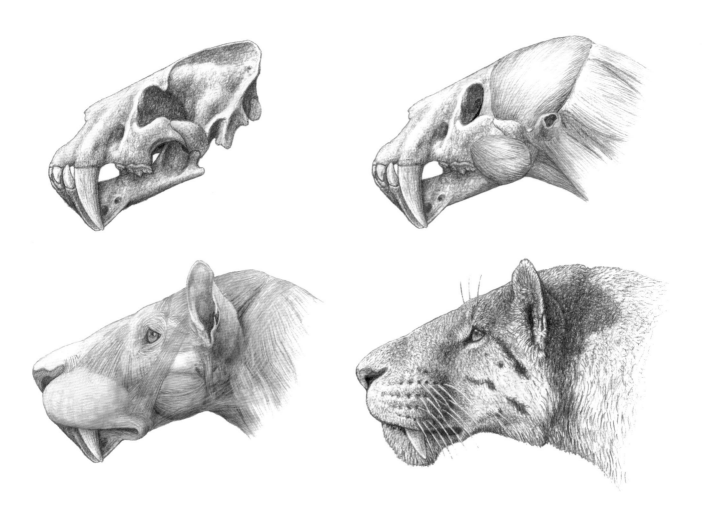

肌和颞肌，它们由矢状嵴、人字嵴、咬肌窝以及其他一些显眼的结构包围（Antón et al. 1998, 2009）。我们应该庆幸，这几块主要的肌肉就占据了动物头部很大一部分的体积，而头部形态又在很大程度上决定了动物外形的"气质"（图4.9）。

确定了头部主要肌肉的形状和位置之后，我们继续添加更多的浅层肌肉以及唇、皮肤、鼻软骨和外耳软骨等非肌肉的结构，这些结构在动物外形中是不可或缺的。要从骨骼形态推测这些结构的特征就更加复杂，需要更高层次的推断（也就是更多的外推）。我们可以绘制用不同颜色的记号来表现动物的骨骼和不同类型的软组织关系的草图（图4.10），在复原过程中绘制这类非正式的草图是很有用的。

1969年，美国古生物学家乔治·米勒对刃齿虎头骨形态和外貌特征的关系提出了一种特别的观点。这种观点认为刃齿虎以及其他剑齿虎类的头部都有一个相当古怪的外形。这套解释挑战了更早的传统复原方案，比如梅里亚姆和斯托克在1932年的著作中指导查尔斯·奈特绘制的复原图，在20世纪的后期，米勒的观点在学者和艺术家中也获得了一定的接受度。米勒指出了刃齿虎和现代大猫头骨的一些区别——刃齿虎鼻骨前缘（相对前颌骨的前端）更加向后退缩、矢状嵴更高，他认为相比于现生大猫，刃齿虎应该有着更短的、形似斗牛

图4.9　阔齿锯齿虎头部的顺序重建图。左上为头骨，右上在头骨上添加了深层肌肉，左下又加上了浅层肌肉和软骨，右下为外貌的复原。我们在图中可以看到，锯齿虎的剑齿尖端从上唇的下方露了出来，它头颅的上轮廓很平，口吻部巨大，这些特征都能使它和现代大猫相区分。

[原p.168]

169

170

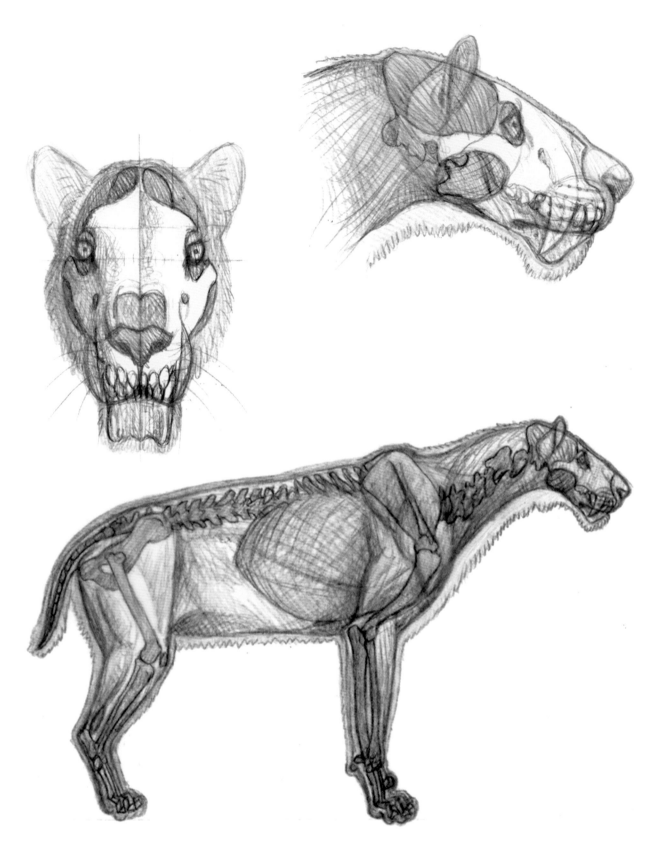

图4.10 晚锯齿虎头部和躯干重建的示意草图。骨骼用蓝色标出，肌肉脂肪和软骨用棕色标出，皮肤和体毛则是绿色的。［原p.169］

犬的外鼻，由于外耳道相对于头骨的上轮廓位置更低，刃齿虎的外耳和现生大猫也应该有很大的区别。此外，米勒还认为刃齿虎在用嘴的一侧取食时，长长的剑齿会成为阻碍，在他的假设中，刃齿虎为此需要将嘴张得更大，因而需要有一条更长的唇线，对比现代猫科，刃齿虎会有一个强烈向后延伸的嘴角。米

图4.11 按照米勒提出的观点所复原的致命刃齿虎头部。

[原p.170]

勒指导画师按照自己的假说绘制了刃齿虎的面部复原，这个复原确实和之前奈特的复原有着巨大的差异（图4.11和图4.12）。

米勒提出的观点带来了特别的难题，因为鼻子、耳朵和嘴唇都不会在骨骼上留下可识别的痕迹。那么，我们是否有可能在米勒和梅里亚姆、斯托克、奈特的方案中作出选择呢？要解答这个问题，我们需要将解剖学与前面提到的系统发育方法论结合起来。为此，我们要首先考虑刃齿虎现生亲属头骨形态和外貌特征的关系（Antón et al. 1998）。

在推断软骨质的外鼻时，米勒观点的逻辑是外鼻向前的凸出程度应该和鼻骨前缘的位置成正比，但我们在回顾了现代猫科后发现事实并非如此。实际上，外鼻的湿鼻垫位置与前颌骨和门齿齿槽的位置有关，在现生种类当中，不管鼻骨前缘的位置变化有多大，鼻垫和鼻软骨都位于鼻骨前缘和前颌骨之间。比如，现代的虎和狮在鼻骨退缩程度上的差异甚至比狮和刃齿虎之间的差异更大，但是两种现代大猫的鼻垫都位于门齿上方稍靠前的位置，鼻的外部形态也很相似。事实上，米勒在类比时所举的斗牛犬鼻吻（或者哈巴狗鼻吻）的例子是非常不合适的，因为斗牛犬的鼻吻是人工选择（选育）的结果，是一种名为下颌前凸的病态畸形特征，斗牛犬有一个过度收缩的面部，它们的上犬齿已经无法和下门齿正确地咬合了，这一情况在健康的野生食肉动物中是看不到的[1]。

171

---

① 译者注：不只斗牛犬，八哥等大多数短吻宠物犬品种以及波斯猫等面部扁平的宠物猫品种也都是选育得到的下颌前凸畸形，这类特征在民间也叫作"兜齿"或"地包天"。

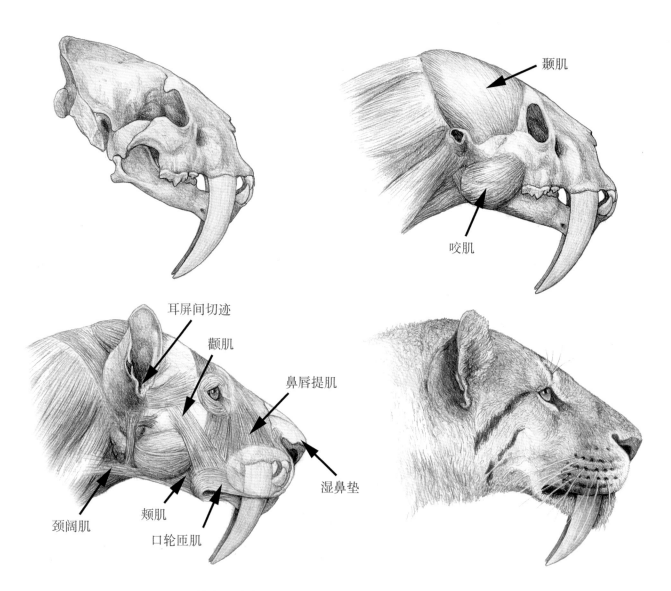

颞肌

咬肌

耳屏间切迹

颞肌

鼻唇提肌

湿鼻垫

颈阔肌

颊肌

口轮匝肌

外鼻这个例子也可以说明选取类比对象的重要性，其他哺乳动物类群和食肉类在这点上可能有着很大的差异。比如在大猿中，后缩的鼻骨确实就如米勒说的那样与短小的外鼻相关联。猿类和食肉类的这些差异也许与一些深层次的功能差异有关，比如在猿类中嗅觉的重要性就远不如食肉类，但我们对此的了解还十分有限。总而言之，我们只有在正确的系统发育基础上进行猜测，才能确保套用在化石类群上的性状是合适的。

外耳，也叫耳廓，在现代猫科中从头骨的外耳道上伸出，并且会向上延伸一段距离，因而检查复原中耳朵的位置是否正确是个相对简单的工作。米勒正确地指出了刃齿虎的耳朵位于很低的位置（相对于头骨的上轮廓而言），但奈特的经典复原也是这样表现的，只是耳朵的低位置并没有让奈特的复原形象变得像米勒的那样古怪。实际上，鬣狗和其他一些现代食肉类的头骨背侧有着高耸的矢状嵴，因而它们的耳朵也是从头骨中非常低的位置伸出的，但是这些动物看起来仍然很"正常"。米勒复原中的外耳之所以古怪，并不是因为耳的位置低，而只是因为耳的形状错了。现代猫科以及它们的表亲——獛和灵猫在耳的形态上都有着很高的一致性，唯一会有较大差别的是耳的相对大小。同时，这些耳的形态又属于在食肉类中普遍存在的模式类型，在外耳后缘具有一个囊状结构，这个类型可能在原始食肉类动物中就已经出现。推断剑齿虎类也具有这样广泛存在的耳形态是很有说服力的。

在现代猫科中，唇线的后缘在松弛时位于咬肌前部肌纤维的前方。考虑到现代猫科和已经灭绝的真剑齿虎亚科的姐妹群关系，将现生猫科中观察到的软组织和骨骼之间的联系放到对真剑齿虎亚科的推断上看起来就是靠谱的，如果同样的联系在外群中也出现，那么这个推断就更站得住脚了。我们可以选的外群，即现生猫科以外，真剑齿虎亚科最近的亲属，是灵猫科和鬣狗科成员。在唇线问题中，选二者中的哪一个都无关紧要，因为它们和猫科在嘴角的特征上没有差异——所有现代食肉目动物都是这样的。

即便刃齿虎的口裂会延伸到咬肌前缘的后方，那也不会像米勒假说所想的那样能让动物更好地用裂齿去处理肉块，因为位于口腔侧壁的咬肌本身也会阻挡食物在侧面的进路。此外，只需对现代猫科做一些简单的观察就可以发现，尽管现代猫科的犬齿比刃齿虎的要小一些，但在取食时同样会成为阻碍，因为在它们用裂齿咬合时，嘴张开的角度很小，上下犬齿之间是没有间隙的。所以，米勒所设想的剑齿在取食中给刃齿虎带来的阻碍是完全不切实际的（图4.13）。

认为更长的口裂会有助于使嘴张得更大，实际上体现了前人对于现代动物观察的不足。河马和西貒①为了显示自己的犬齿，可以将嘴张到很大（河马张嘴的角度超过100度，西貒稍逊一些），但它们都有着普通的口裂，嘴角没有向后超出咬肌的前缘——一个简单的理由是，口腔侧壁组织的弹性远比我们通常所想象的要大得多。

即使是狮和虎，在打哈欠时也可以将嘴巴张开到约70度（我们认为这个角度也是它们嘴所能张开的极限），它们也可以做出鬼脸，将嘴唇向后咧以露出侧面的牙齿，这说明它们唇部还是有很大的拉伸潜力。总的来说，现代解剖和系统发育的方法都支持奈特及其顾问在20世纪30年代给出的复原方案，即刃齿虎的外貌会明显地类似现代猫科。

在应用上述的复原方法时，有一个有趣的案例：我们是有可能在史前人类的艺术中鉴定出动物的身份的。比如在法国一侧比利牛斯山区的伊斯图里茨发现了一个旧石器时代的小雕像，捷克古生物学家马扎克在1970年时撰文判断它可能是锯齿虎的塑像。有趣的是，这个雕塑并没有显示出上犬齿的尖端，马扎克因而猜测锯齿虎在活着的时候，上犬齿可能是被下嘴唇覆盖住的，这与现生猫科以及其他食肉动物都是不同的。我们依照比较解剖和现生系统发育框架的理论原则，对锯齿虎的软组织结构进行了细致的复原（图4.9）。我们发现剑齿

---

① 译者注：西貒是鲸偶蹄目西貒科动物，猪科在美洲大陆上的表亲，两者外形相似，但西貒的上犬齿和河马一样向下生长，而不像猪类那样弯向上方。

图4.12 致命刃齿虎头部的顺序复原。右上部画出了主要咬合肌肉颞肌和咬肌，它们的位置在左上部画出的头骨中已经清楚地反映出来了，这两个肌肉一下子就占据了活动物头部的大块空间。鼻唇提肌和颧肌等更浅部的肌肉在骨骼上也留下了特征痕迹，虽然它们更细小，不会对头部的三维形态带来很大改变。但它们的轨迹在复原面部表情时会很重要。要复原其他的浅层肌肉，诸如颈阔肌、颊肌和轮匝肌（包括口轮匝肌和眼轮匝肌），我们就需要依据现存亲属的资料了。头骨外耳道的上方对应着外耳孔靠下的部分（即耳屏间切迹），因此依靠这个结构我们就能确定外耳（耳廓）的位置。在左下部的图中我们还能看到，鼻软骨的位置使得它前端的湿鼻垫比门齿列稍稍更靠前一些。在完成右下部的复原图时，我们还需要设定毛发长度、颜色等外部属性，这时我们可以对比化石的现生亲属，利用系统发育关系进行推理，并考虑它们的功能需求。[图注p.173，图原p.172]（图见左页）

图4.13 正在用裂齿咬食物的刃齿
虎头部，上部画出了头骨
和复原软组织的轮廓，下
部画出了头部的外形。从
画中我们可以看到，刃齿
虎能直接使用它那位置很
靠外侧的裂齿去咬食物，
而犬齿是不会阻碍到进食
的。同时，我们也可以看
到，在用裂齿咬食物时，
动物的嘴只需要张开到很
小的一个角度。即使对于
现生的大猫，在用裂齿咬
食物时，上下犬齿的尖端
之间也不会出现空当，所
以在剑齿虎类中情况也是
一样。现代大猫在用裂齿
咬肉时并不需要奇形怪状
的嘴唇，刃齿虎也应该
如此。［原p.174］

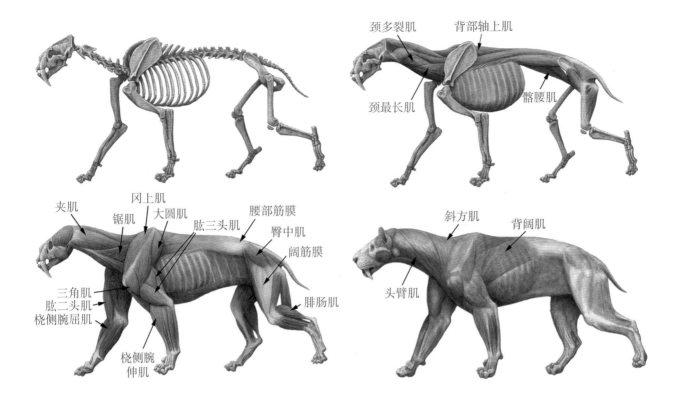

图中标注（从左上顺时针方向）：
颈多裂肌　背部轴上肌
髂腰肌
颈最长肌

斜方肌　背阔肌
头臂肌

夹肌　冈上肌　大圆肌　腰部筋膜
锯肌　　　　肱三头肌　臀中肌
　　　　　　　　　　阔筋膜
三角肌
肱二头肌
桡侧腕屈肌　　　　　　腓肠肌
桡侧腕
伸肌

虎类的头部和伊斯图里茨的雕塑有着一些重要的区别，而后者刻画的实际上更可能是狮子（Antón et al. 2009）。

再来看看全身的复原（图4.14），我们可以发现四肢和背部的主要屈肌、伸肌是猫科动物全身上下最大也最厚重的肌肉，它们在很大程度上决定了动物活体和骨架在轮廓上的差异。

还有很多的浅层肌肉在骨骼上没留下什么痕迹，我们只能通过比较现生物种以及从其他肌肉的附着位置来推断它们的位置（Barone, 2010）。如此，我们就得到了动物全身肌肉的合理形象。

毛皮的颜色样式

当我们尝试重建灭绝哺乳动物那无法保存的毛皮样式时，应该最先参考系统发育方面的证据。在食肉类中，一些特定的样式可能会在某些类群中特别常见，在其他类群中则很罕见。比如，带有条纹或斑点的身体纹样在犬型亚目成员（犬、熊和鼬类）中几乎见不到，在猫型亚目成员（猫、鬣狗、灵猫和獴等）中却相当常见。

两类动物这样明显的差异让我们在复原这些亚目的灭绝种类时有了粗略的参考（但是在猫型和犬型亚目中都可以见到具有环斑的尾巴）。除此之外，我们还要考虑毛皮纹样的功能意义，例如，中小体形、杂食、晨昏或深夜活动的食肉动物中都有着一种面部深色斑纹与周围浅色区域形成对比的特定纹样（Newman et al. 2005），在现代的灵猫类、浣熊类和獴类中都能找到这样的例子。深色斑点、条纹和浅色背景可以形成有效的迷彩，在栖息于林地的猫型

图4.14　毁灭刃齿虎身体的顺序复原。左上为骨架；右上画出了深层肌肉，包括各个轴上肌（它们也是最贴近脊柱的肌肉）、肋间肌和后肢近端的一些深层肌肉；左下画出了其他一些深层肌肉，包括头部的咬合肌肉，四肢的主要肌肉以及腰部筋膜（译者注：在人体中通常叫作胸腰筋膜）；右下画出了浅层肌肉，包括头上的面部肌肉、头臂肌、斜方肌和背阔肌，胡须垫，浅部的筋膜以及外耳、鼻软骨等软骨质的结构。[原p.175]

175

图4.15 毁灭刃齿虎外貌的两种复原方案，斑点皮毛（上）和纯色皮毛（下）。两种方案都是有可能的，选择某一种通常是基于功能上的考量。如果动物生活在林地中，那它就更可能保留祖先所具有的斑点皮毛。但在现生猫科中同样存在相反的例子，所以毛色只能根据经验性的猜测来设定。［原p.177］

类中很常见，但也有一些明显的例外，尽管豹纹对于林地捕食者来说是个优势，可是一些没有豹纹的种类同样能在林地环境里生存得很好。还有一点也很重要，狮、美洲狮这些成年后拥有纯色毛皮的种类在幼年时期也是具有斑点纹样，这些都说明拥有斑点是这些类群的祖先所具有的特征。

这些对于现生种类的观察为我们在对剑齿虎类的重建中提供了不同的建议。比如，猫科真剑齿虎类可能和它们的现生猫科近亲以及獴类、鬣狗类等表亲一样有着原始的、类似獴的带斑点和条纹的毛皮纹样。诚然不同动物种类在毛皮纹样上也可能有差异，斑点在一些最大型的种类，特别是那些生活于开阔地带的种类中可能会趋于变淡乃至消失。雄狮的鬃毛以及虎的纵条纹在演化中属于不常规的毛皮类型，它们是很难预测的，所以我们保守的推测方法总是倾向于复原出多数种类所具有的主流样貌，而不太会向这些少数派们靠拢（图4.15）。

要复原猎猫科的毛皮样式是非常困难的，因为它们与其他食肉类的近缘关系并不明确。如果它们属于猫型亚目，那么我们的推测会和对猫科真剑齿虎类的差不多。但如果我们接受另一个分类方案，认为猎猫科是其他食肉目动物的姐妹群，那么猎猫科的毛皮可能就会更像犬或熊类所拥有的纯色，而非猫型类的豹纹样式了。所以，对于猎猫科以及其他缺乏现生亲属的剑齿捕食者来说，我们只能依靠常识、对毛色功能的推理以及一点想象力来复原毛皮样式了。

脑和感官

哺乳动物的脑由头部骨骼形成的厚壁紧紧包裹从而被保护起来。脑和头骨的接触严丝合缝，所以头骨空腔（颅腔）的形状和脑及其附属结构的形状即使在细节上也有很高的一致性。因此，如果哺乳类化石颅骨的内壁得到了较好的保存，我们向颅腔中填入合适的物质，就能得到脑外形的铸模。在一些化石头骨中，颅腔已经被沉积物基质填满，这些基质的形状就是脑的形状，成了天然的内模。我们也可以用CT扫描化石，在电脑上使用三维成像技术观察颅腔的形态。

拉丁斯基在1969年对各类剑齿动物及其相关类群的脑形态进行了回顾。他发现渐新世的猎猫科以及早中新世真正的猫科——原猫都有着比现代猫科更简单的大脑沟回。晚中新世以后的猫科真剑齿虎，如剑齿虎属、锯齿虎、刃齿虎，已经有了很现代的沟回类型，它们脑部在控制听觉、视觉和肢体协调的区域已经有了更高的复杂性。

不管是现生的猫科，还是真剑齿虎亚科成员，在脑的相对大小上都有一定的差异，早年的一些研究认为狮的脑在线性的测量上是大于其他大猫，如虎和美洲豹的（Hemmer, 1978）。这一结论引出的推论认为狮子具有更大大脑的原因在于它们有着更复杂的群居性、社会性的生活方式，需要更高的智力，而虎更小的脑则对应着独居的习性。由于刃齿虎有着比锯齿虎相对于体重来说更小的脑，基于上面的推论我们也可以猜测前者可能像老虎一样是独居的，后者像狮子一样具有一定的社会性。这些过于简单化的猜测是值得质疑的，因为没有证据显示虎比狮愚蠢，二者的脑除了相对大小上略有差异，脑部的复杂程度也是近似的。另外，刃齿虎和锯齿虎在脑相对大小上的不同既可能反映了二者的智力差异，也可能是体格差异的体现（前者比后者要强壮得多，肢体相对于脑颅也更粗大）。

　　近来的一项研究对大脑尺寸与社会性相关的理论提出了最有力的挑战（Yamaguchi et al. 2009），这一研究统计了很大样本量的大猫脑体积（而不是早年研究中的线性长度），结果显示，相对于体形来说虎的脑实际上是大于狮的。对现代大型猫科野外行为的观察显示，相比于脑与体重的比例，捕食者在生态上受的制约才是决定社会习性时更加重要的因素（Packer, 1986; Packer et al. 1990; Sunquist & Sunquist, 1989）。

　　肉齿类常被当作正牌食肉目动物的原始先驱，可以想象它们的脑会比早期食肉目动物更小而简单，但实际情况并非如此。随着地质年代从远往近更迭，肉齿类的新脑皮层逐渐增大，开始发展出沟回，它们表现出的趋势与食肉目动物如出一辙，尽管两个目之间也确实有一些难以用生物学术语描述的差异。古近纪肉齿类脑的相对大小和同时期的食肉目大致相当。

　　袋剑齿虎作为有袋类中的剑齿动物，大脑沟回的类型和现代的有袋类也较为相仿（Goin & Pascual, 1987）。

　　猫科真剑齿虎相比于它们的现代近亲，有着相对更小的眼眶。现代猫科的大眼睛和它们晨昏、夜间活动的特性有关，与之相比，祖先类型的剑齿虎可能在白天有更多的活动。现代猫科的眼眶还转向了前方，这是带来优秀双眼视觉的重要适应，在树枝间狩猎时可以有助于判断自己与猎物的距离。真剑齿虎亚科的眼睛稍微更向两侧移动，尽管它们仍保有可观的双眼视觉，大约和狼的相仿。猫科真剑齿虎可能有着更长的适应地表生活的历史，而真猫（猫亚科）成员则更偏向于树栖生活，眼眶特征就是支持这条推论的几个证据之一。

　　剑齿食肉动物大都具有相对大尺寸的眶下孔。我们在前面已经提过巴博剑齿虎特别巨大的眶下孔让人猜想它的咬肌纤维会从中穿过，这种肌肉排列的类型也见于一些现代的啮齿类动物当中。除了眶下孔巨大，巴博剑齿虎在上颌骨的表面也有一大块区域有肌肉附着的痕迹，从眶下孔中向前穿出的肌肉很可能就附着在这里。大多数食肉类都有着相对较大的眶下孔（不至于都和巴博剑齿虎一样大），但在前方并没有肌肉附着的痕迹。肌肉束穿过眶下孔的特化情况在现代毕竟只见于一些啮齿类，而在所有哺乳类中，其他一些结构都从孔中通过，它们就是眶下神经、眶下静脉和眶下动脉。眶下神经是上颌神经的一个分支。它包含了负责胡须感觉的神经。神经束在穿过孔以后就开始分支，最终到达胡须的根部，形成真正的"神经垫"，这使得许多兽类吻部两侧有着显眼的凸起。

　　因此，我们很容易得到一个结论：剑齿虎类有着灵敏的胡须，发达的支配胡须的神经穿过了大口径的眶下孔。在现生食肉类中，水生哺乳动物种的例子很有趣，它们往往长有粗大的、特别敏感的胡须，可以用来感知周围的水压变化，进而在能见度很低的环境中推测猎物的位置。鳍脚类和獭类就是如此，它们也都具有硕大的眶下孔，在东南亚还有一种半水生的獭灵猫，它的鼻垫和胡须也很发达，眶下孔也要比那些非水生的灵猫科近亲更大。相反的是，现代

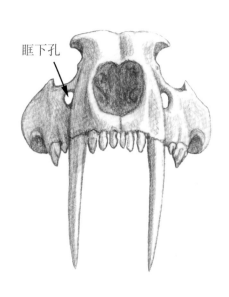

眶下孔

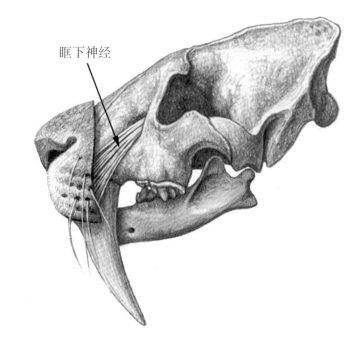

眶下神经

的熊类和鬣狗类独立演化出了小而残缺的胡须，与此对应，它们的眶下孔都很窄小（图4.16）。

不巧的是，眶下孔的直径和眶下神经的粗壮程度之间并不存在简单直接的比例关系。神经和血管的截面积加起来总小于孔的截面积，剩余的部分由结缔组织填充，因此我们无法从孔的尺寸便捷地推知化石物种眶下神经的直径。虽然这种关系可能或多或少能解释食肉目不同科之间眶下孔直径的大致差异，但还有一些物种之间的差异是难以解释的。比如，狮的眶下孔就大于虎，但是它们的胡须并没有更大，也没有证据表明狮的胡须比虎的更灵敏。但不管怎么说，动物学家确实普遍认为孔的发育程度与眶下神经有一定关系。在其他类群如灵长类中，进步的类人猿就有着比原始的原猴类更小的眶下孔，这与它们（和我们）胡须的退化以及吻部感觉神经的萎缩相关（Muchlinski，2008）[1]。

我们有许多理由在复原剑齿虎类时加上现代猫科动物那种显眼的胡须。但是剑齿虎类的胡须有没有可能比现代猫科动物更加灵敏呢？如果真是如此，又会是出于怎样的原因呢？我们接下来会谈到，剑齿虎类猎杀时的致命一咬必须非常精确，因为剑齿是很容易在侧向的扭转或者与猎物的骨骼磕碰中破损的。

咬杀的目标区域在猎手的视野范围之外，这时胡须提供的触感信息对于精确地控制咬合动作就显得特别有用了。现代猫科动物可以利用发达的立毛肌来控制胡须的运动[2]，在进行咬杀时它们的胡须通常指向前方，使被咬的区域被一层毛发的感觉网覆盖（Leyhausen，1979）。与之相比，剑齿虎类易碎的长牙有着额外的风险，感官的提升对它们来说将会十分受用。

图4.16 左侧是刀齿巨颏虎头骨的前视图，眶下孔在这个角度是可见的。右侧是致命刃齿虎的侧视图，图上画出了从眶下孔中穿出的眶下神经，以及包括胡须、胡须垫的部分软组织。我们参考了现代食肉动物，猜测刃齿虎的眶下神经在没有穿出孔时已经开始分支，并且它会向前方进一步分开，并直达各个胡须的根部。［原p.179］

———————————

① 译者注：人类的眶下孔位于眼睑下方的一个小凹陷，即在做眼保健操时揉压的四白穴。

② 译者注：使人汗毛倒竖的肌肉就是立毛肌，只不过这块肌肉在人体中通常是很退化的。

功能解剖学：概述

剑齿虎捕猎行为的早期解释

剑齿虎在捕猎时是如何使用它们赖以成名的犬齿的呢？这是围绕这类动物的最大谜题之一。我们直觉上的猜测是，这些长牙是恐怖的武器，能给猎物造成严重可怕的创伤，但要问猎杀具体是怎样进行的，问题就开始复杂起来了。比较特化的剑齿虎类是无法像"正常的"食肉动物那样咬东西的，因为它们需要将嘴张到极大，才能在上下犬齿之间留出咬合需要的空隙，但这时颌部肌肉也有了很大的拉伸，无法产生咬入猎物所需的巨大力量。

刃齿虎是最为人熟知的剑齿虎类，19世纪下半叶时的科学家们针对它的古生物学研究和演化提出了许多假说。有观点认为，刃齿虎在攻击时会闭上嘴让上犬齿的尖端从下颌的下缘突出来，然后利用突出的部分向下击打猎物。也有观点认为，刃齿虎在对付雕齿兽类[①]时，可以将剑齿作为开罐器。还有观点认为，犬齿增大是演化中一条不可逆的死路，而剑齿虎类都是走入其中的受害者（Cope, 1880），在真剑齿虎亚科演化历程中最早的几百万年间，犬齿的增大看起来可谓是很愉快的，但到刃齿虎这个阶段，情况已经失控了，进食变得很困难，它们因而不可避免地走向了灭绝。

20世纪初，美国古生物学家马修最早对刃齿虎以及早期几类剑齿虎的解剖和适应进行了细致研究，他在1910年提出了刺杀假说。假说认为，剑齿虎类无法进行上下犬齿相合的典型咬杀，它们会利用颈部的肌肉使头沿一道弧线向前运动，把动作的惯性带到刺杀的动作中将犬齿刺入猎物，而在这一个过程中嘴巴需要张到很大才能让下颌不成为阻碍。整个动作和人用手拿着刀，挥动胳膊刺杀的动作颇为相似（图4.17）。马修还进一步指出，锁骨乳突肌所附着的乳突，以及斜角肌附着的颈椎横突在剑齿虎类中都有很高的发育度，那些肌肉可以使头颈部有力地向下弯曲，这可以佐证他的观点。

但其他一些学者反对这个学说。瑞典古生物学家步林在1940年指出，长而扁的剑齿是脆弱易折的，它们在马修所说的那种粗暴的使用方式中很容易就会损坏。美国著名古生物学家辛普森看到了步林的讨论，他进行了新的分析并在1941年改进了马修的理论。

辛普森认为，剑齿虎类在捕猎时会跳到猎物身上，利用跳跃的惯性增加刺戳的力道，这种方式的捕猎景象将会惊人地残暴。但步林没有被说服，他在

---

① 译者注：雕齿兽类是中南美洲的一类已经灭绝的异关节类动物，和现存的犰狳同属于有甲目（Cingulata），它们和犰狳一样有着真皮特化而成的骨甲，包裹躯体，覆盖头骨和尾部的部分区域。犰狳躯体部分的骨甲不愈合，因而身体可以大幅度地蜷缩，一些种类可以缩成铠甲球，而雕齿兽躯体部分的骨甲则愈合呈现为一块半球形的壳，类似龟的背甲。一些雕齿兽类背高可达 1.5 米，背甲长逾 2 米，身体全长则能有 3 米，整个动物如同一辆小坦克。

图4.17 握住匕首的手（左上）与致命刃齿虎的头颈部复原图（下），二者对比可以看出前者在运动时和刺杀理论的相似之处。挥刺匕首时胳膊的旋转轴要远比握住匕首的手靠后（位于肘部和肩部）；同样，刃齿虎完成刺杀动作时，旋转轴也很靠后，大约位于颈胸关节所在的位置。刺杀理论还认为掠食者跳跃时的惯性在刺杀动作中起到了作用。［原p.181］

1947年又发表了对辛普森的反驳，许多古生物学家，特别是欧洲的学者，都支持步林的观点。剑齿虎类因为上犬齿的功能难以得到合理的解释，它们是否能作为捕食者也变成了一个疑问。

　　在步林的设想中，无法杀死猎物的剑齿虎类就只能是食腐者，它们会用犬齿从腐尸中割下软肉块来食用。人们相信，食腐习性可以解释拉布雷亚沥青坑中为什么会有如此丰富的刃齿虎化石，因为它们会聚集在腐尸周边，而像狮子之类更有效率的猎手则会明智地与沥青坑中这些致命的陷阱保持距离（Merriam & Stock, 1932）。这个观点还认为聚集在尸体旁的刃齿虎会炫耀硕大的犬齿，借此宣告自己对于食物的占有，恐吓潜在的竞争者。

　　这些食腐理论诞生于我们解读剑齿虎类行为时由于缺乏现代参照物而陷入的困境，但要用它们解释动物的习性还很不足够。从一个角度来说，只因为无法想象某类化石食肉动物曾如何捕食就推断它们是食腐者，未免把问题想得太简单了。

　　正牌的食腐者、清道夫，诸如鬣狗，并不单单是无法捕捉猎物的食肉动物，它们也有着自己的一套独特适应，比如异常粗壮的前白齿赋予了它们处理骨头的能力，而像犬类一样的四肢让它们能够以很小的能量消耗奔走很长的距离，寻找零散分布于各处的尸体，这些适应是剑齿虎类所不具有的。而且即使是鬣狗，食物中也或多或少有一定比例是主动猎捕得来的，陆生哺乳动物中并没有纯粹的食腐者。秃鹫对清道夫生活方式的适应要好得多，它们不花多少力气就可以利用滑翔巡视大片的地域。在食腐这件事上，剑齿虎类如果想比现生大猫这样偶尔吃点腐肉的机会主义者走得更进一步的话，那它们粗重的四肢、可伸缩的爪、只适合处理肉类的切割型牙齿无疑都是不合格的装备。

另一方面，犬齿是所有食肉类最主要的捕猎武器，把它变成展示性的物件从演化的角度上看是非常不划算的。同时，在有力的竞争者面前，跨物种的炫耀可能没有多少作用（在这个例子中，刃齿虎在拉布雷亚地区面对的是拟狮和成群的恐狼），我们在现代非洲的捕食者行为中可以看到，猎杀现场的争端可以变得非常血腥，威吓随时都可能升级成为动真格的打斗，而在场的每个竞争者都得为此做好准备。易折的剑齿很不适合处理和其他捕食者产生的混乱冲突，它们更像是需要细致、精确使用的武器。我们当然不是在说剑齿虎类不会龇牙咧嘴地炫耀它们的犬齿。但是，这和认为展示功能是剑齿演化中一个重要的或者说主要的因素的观点是两码事。大型哺乳类捕食者就是靠犬齿谋生的，出于展示的目的牺牲它们的功能实在是很荒谬。

在进行了上述考虑之后，我们可以比较确定地认为剑齿主要是捕猎的武器，最大的问题是，它们是如何发挥作用的。要解答这个谜题，我们首先要从剑齿虎类的功能形态学入手，从生物力学的方面获取一幅令人满意的图画。在接下来的几个章节中，我主要讨论的是猫科真剑齿虎类的形态，因为在将它们与现生大猫进行对比时，我们得到了一些对于了解剑齿功能最有价值的启发。我们也会考虑到其他的剑齿类群，在解剖差异很大时会进行详细的讨论。

咬合器官

牙齿最直接地反映了化石哺乳动物如何处理食物。我们已经讨论过真剑齿虎亚科中特化的类群在牙齿上区别于现代猫科动物的一些特点：门齿大而向前凸出，排列呈弧形；下犬齿有一定程度退化，在功能上它逐渐变成了下门齿列的一部分。在犬齿的后方，裂齿的内侧（舌侧）尖退化消失，整个裂齿变成了长刃状，裂齿以外的颊齿都趋于退化或者消失。

这些区别的功能意义是很复杂的。门齿的增大、匍匐排列使得它们更容易衔住猎物，从而可以让剑齿承担更少的抓握功能。在现代猫科动物中，门齿的抓握功能被弱化了，锥状的犬齿可以不太费力地承受与猎物初次接触时产生的冲击。犬类和鬣狗类的门齿形态倒是更像真剑齿虎类，尽管这些现代动物也有着强有力、呈锥状的犬齿，就像现生猫科一样。

这种差异的原因在哪里呢？答案不在嘴里，而是在捕食者的前肢上。猫科动物在给出致命咬杀时，它们会用前掌和可伸缩的爪来抓住和控制猎物，犬科和鬣狗科动物的前掌狭窄且无法弯曲，这种结构适应于持久的奔跑，丧失了抓握能力，所以它们的门齿就要承担更大的抓取、衔住猎物的职能。

我们知道，真剑齿虎亚科和现代猫科动物一样有着强有力的前肢，但是它们需要保护相对脆弱的剑齿，让剑齿离危险越远越好，所以它们像犬类和鬣狗类一样更多地使用门齿来抓住猎物。在纪录片中，我们常常可以看到狮子同时用爪子和犬齿抓住了还在奔跑的猎物，但剑齿虎类可能很少这么做。在开始与猎物接触后，它们会尽可能地不去咬杀，在猎物挣扎、尝试逃脱时，它们会使用门齿和下犬齿进行啃咬。之后，在剑齿虎类给出致命一咬时，增大的门齿又会发挥另一项功能：在剑齿深深地刺入猎物体内以后，门齿也会触碰并抓稳被咬的区域，这样剑齿承受侧向压力的风险就会随之降低。

早期的一些真剑齿虎亚科动物，如隐匿剑齿虎可能为自己缺乏突出的门齿列付出了代价。它们有着真猫亚科式的小犬齿，因而可能像狮、虎一样更频繁地使用犬齿来帮助抓取猎物，但是它们的犬齿在这种压力下太容易受损了，出自巴塔略内斯的隐匿剑齿虎材料中就有很大一部分犬齿在生前受到了破坏。

与拉布雷亚的刃齿虎材料相比，巴塔略内斯的剑齿虎犬齿破碎状况就像是患上了流行病一样。虽然比齿拟猎虎（与欧亚大陆的隐匿剑齿虎相对应的北美种类）在化石数量上比不上巴塔略内斯的剑齿虎，但是藏于美国自然博物馆中的材料显示它在犬齿破损这点上有着和后者类似的情况。

有趣的是，生存于上新世和更新世的锯齿虎在前掌上也有个别类似犬类的特征，爪的伸缩性有所降低（拇指上的悬爪除外），它们有着猫科真剑齿虎亚科中最为突出的门齿列，这一结构补偿了足掌所丢失的一部分抓握能力。

在美洲的锯齿虎族属种——霍氏异剑虎中情况有一些不同，它硕大的门齿排列成了明显的弧形，但相比于其他的真剑齿虎亚科动物，它的第三上门齿和上犬齿之间的空隙缩小了，因而门齿和上犬齿看起来共同组成了一个功能单元。描述这个物种的学者（Martin et al. 2000，2011）将其称之为"切割饼干的猫"，猜测它会使用一种特殊的方式给予猎物致命一咬。这种观点认为，异剑虎会将所有的前部牙齿（门齿和犬齿）当作一个整体，围绕着猎物的一大块肉展开刺戳并将之撕扯下来，猎物会因此休克并丧命。

这一设想会让人想起鲨鱼的噬咬，鲨鱼在攻击时不太会选择特定的部位，与其他大多数猫科动物瞄准猎物喉咙进行精确咬杀的策略有很大不同。但是相比于拥有侧扁犬齿的异剑虎，鬣狗类和犬类强有力的锥形犬齿可能更适合无差别的撕咬（这两类动物现今也确实是这么做的）。

另一种解释认为，异剑虎门齿弧形排列的主要功用在于在犬齿进行撕咬时稳定住被咬的区域，它们当然也能够对移动中的猎物躯体进行无差别撕咬，但这不会是常态。锯齿虎族成员的门齿有着变大和呈弧形排列的趋势，异剑虎可以看作是这一趋势的极端例子，但是这种形态具体发挥了怎样的作用还需要更多的研究。

作为有袋类中的剑齿动物，袋剑齿虎的门齿和上述类群相去甚远。这类动物尚未发现有上门齿，并且只保留了一对细小的下门齿；下犬齿同样很小但仍然发挥着功能，从磨蚀面上我们可以看到它的外侧与上犬齿接触，尖端则和另外的某个结构接触。所有已知的袋剑齿虎前颌骨化石材料都不完整，所以我们连它上门齿齿槽的情况也不得而知。袋剑齿虎上犬齿之间的距离很窄，因而没有给门齿留出太多空间，但我们推测这里至少存在一对小的上门齿，这一对牙就是与下犬齿尖端相互磨蚀的结构。不管怎么说，袋剑齿虎在使用剑齿时是没有强壮的门齿列从旁辅助的，其中的机制和有胎盘类的剑齿动物一定也会有很大的差异。甚至在丽齿兽类那样的冒牌剑齿动物中，门齿列也很强壮，虽然它们的犬齿横截面呈卵圆形，不像哺乳类剑齿动物的剑齿那么脆弱。

为了保护剑齿，剑齿虎类还有着另一个适应，它们犬齿齿冠和牙龈的接触面积变大了，学者们在刃齿虎中发现了这一解剖特征留下的证据：刃齿虎上犬齿的白垩质[1]从齿冠和齿根的界限处朝着牙齿尖端的方向延伸了一段距离（Riviere & Wheeler, 2005）。这种结构将会带来几个好处：牙周韧带中属于牙龈的部分将会增强剑齿的稳定性；由于牙龈具有触感，延伸到剑齿表面的牙龈将帮助捕猎者感知牙齿对猎物的洞穿在什么时候到达了最大限度。

上犬齿的形态本身也具有很复杂的功能意义。侧扁的截面使上犬齿变得脆弱易折，但也让对猎物躯体的刺戳变得更加高效。巴博剑齿虎和其他一些剑齿虎类在剑齿的齿冠部分发育有沿牙齿纵轴方向延伸的沟，和士兵刺刀上的血槽十分类似，曾有人错误地猜测这种结构可以让捕食者更轻松地从创伤处抽出犬齿（Diamond, 1986），而它的真实用途可能是让牙齿在维持强度的同时变得更加轻便。上犬齿的弧度适合沿着一道圆弧穿刺，圆弧的圆心并不在头骨上，这暗示穿刺过程并不只有下颌的闭合，也包含了头部向下的动作。袋剑齿虎的剑齿齿根在成年时仍然是开放的，这说明这颗牙齿保持了持续的生长，对尖端受损无疑加上了一重保险[2]。

剑齿虎类形如刀刃的裂齿，以及趋于退化的前臼齿都暗示肉是它们食谱中最主要的部分，它们压碎骨头的能力甚至还不如现生大猫。有趣的是，猎豹的裂齿在现生猫科中与剑齿虎类的最为相似，它们裂齿舌侧的齿尖都趋于退化，而猎豹也是现生猫科动物中最不爱食腐的物种。它们常常会在其他捕食者的进逼之下早早放弃猎获物，因而也没有时间来取食骨骼。除了从尸体上切下肉，裂齿也有切割猎物皮肤的功能，皮本身就能食用，捕食者也需要剥掉皮来吃到下面的肉质。

---

① 译者注：白垩质也称作牙骨质，它通过牙周韧带和齿槽紧密地关联在一起。
② 译者注：牙齿停止生长后形成齿根，齿根末端与牙髓腔连通，牙本质继续在牙髓腔内积累，使牙髓腔和根管逐渐变小，最终封闭起来。

现代食肉动物也会用门齿切肉，但很少用它们切皮，剑齿虎类可能也是如此。所以，裂齿的相对长度也许无法衡量一种猫可以吃多少肉，但能衡量它是否能有效地剥开尸体、处理尸体。按照这种思路，我们可以认为拥有巨大裂齿的锯齿虎和巴博剑齿虎需要在竞争压力下迅速甚至狂暴地进食，这可能与集群生活有关，也可能是相对开阔环境中还有其他掠食者竞争的缘故。而巨颏虎有着在剑齿虎类中相对较小的裂齿，我们可以想象它像现代的豹或美洲豹那样把猎物搬到树杈上或者灌木丛的深处，然后再独自悠闲地开吃。

袋剑齿虎不具有真正的裂齿，但它所有的颊齿都有所拉长，内侧（舌侧）的齿尖有所退化，在犬齿之后形成了一排连续的垂直剪切刃。这是南美有袋类中对高度食肉习性的最极端的适应。

两侧的下颌骨在前端互相关联，形成了下颌联合部①，这个部分在食肉类中的剑齿动物和非剑齿动物中也有很大不同。剑齿动物的联合部在垂向上得到了加固，常常形成尺寸各异的颏突，颏突在一些种类中会和剑齿一样长，在内侧对剑齿形成半包围的支持。有观点认为剑齿虎类的咬合软绵无力，在致命咬戳中下牙没有起作用，但如果真是这样的话，还有什么必要去加固下颌前部呢？

强壮的联合部暗示下颌的前部需要在咬杀中承受垂直向上巨大的力量，但在随机的侧向压力下，这个结构却是不利的——这需要捕猎者尽量控制住猎物不让它移动。下犬齿方向就与此相关，从前看剑齿虎类的下犬齿是竖直的，而现代大猫的则很倾斜，两边一起形成一个V形。垂直的结构最适合承受垂直方向的受力，而V形的下犬齿能够更好地应对猎物挣扎时造成的侧向压力。

剑齿虎关联头骨和下颌的颌关节有一些适应张大嘴巴的特征。相对于腭面和牙齿的咬合面，它们颌关节的位置较低，因而沿着这个轴旋转时，嘴的开口自然就大一些。头骨的颌关节窝凹陷比较浅，这使得下颌获得了比现代猫科中更大的旋转幅度。

下颌主要内收肌（也就是闭合上下颌所用的肌肉）的附着区域也体现了剑齿虎类对于张大嘴巴的适应。下颌的冠状突很低矮，头骨的矢状嵴很高耸，这两个特征都使得颞肌变得更长。肌纤维只有在拉伸长度不超过收缩长度的1.5倍时才能良好地收缩，嘴张得越大，颞肌等内收肌受到的拉伸就越强烈，而冠状突和矢状嵴的形态增加了它的收缩长度，这对于要把嘴张大到100度的家伙来说是十分必要的。

相比于常规的猫科动物，剑齿虎类颞肌和咬肌的咬力在嘴张到最大时是较小的，但随着下颌往回旋转，咬力迅速增大，在裂齿发挥切割作用时咬力是十分可观的（Bryant, 1996a）。剑齿虎类的裂齿位置相对更靠后，更靠近颌关节，这降低了咬合时的阻力臂，因而也帮助提高了咬力。

---

① 译者注：这部分就是俗称的"下巴颏"。

图4.18 表现锯齿虎对猎物进行"犬齿切咬"的图片序列。在上方的图中，嘴张得很开，下犬齿和下门齿锚定在了猎物的身体上；在中间的图中，整个头部在颈前侧肌肉的牵引下被拉向下方，让剑齿的尖端刺进肉中；在下方的图中，一旦上下颌合到一个足够小的角度，咬合肌肉就发挥作用，让嘴巴进一步关闭。捕食者向后拉拽自己的头部时，制造的创伤会越来越大。[原p.188]

头颈部的肌肉和犬齿的切咬

头骨后部和颈椎上有很多供肌肉附着的区域，剑齿虎类和其他食肉动物在这些特征上的区别对我们了解剑齿虎类咬杀的机制有很重要的意义。我们注意到的第一个显眼的特征位于乳突处：剑齿虎类的乳突向前下方伸出，与之相伴的是乳突后方的副枕突回缩，这与大多数现代食肉目动物、肉齿类和非剑齿有袋食肉动物都有很大差异。

副枕突的变化与张大嘴的需求有关，控制张嘴的主要肌肉——二腹肌就附着在这个突起上。副枕突尖端在向后退缩时拉长了肌肉在两个附着点间的距离，因而在下颌沿一个很大角度旋转时，二腹肌拉伸长度和收缩长度的比值仍在一个合理的范围内，可以有效地进行收缩。

科学家们对于乳突的变化有着一些不同的解释。马修（1910）·和辛普森（1941）最早意识到乳突上附着着将头拉向下方的肌肉，他们特别强调了其中的头臂肌和锁骨乳突肌，二者分别会将头往上臂和胸骨的方向牵引。两人将这些证据整合到了他们的刺杀假说当中，认为既然这些肌肉的附着面积在剑齿虎类中都增大了，那么把头拽向肩下方的动作肯定是剑齿使用时必要的一部分。这个观察只揭示了部分真相，因为那时人们对现代食肉动物的肌肉还没有进行过高水平的描述，早年的古生物学家在这个问题面前是缺乏参考资料的。

美国解剖学者戴维斯在1964年出版的大熊猫解剖专著中有着对肌肉的详细描述，古生物学家阿克斯滕在1985年参考这些描述对刃齿虎乳突的形态进行了分析。阿克斯滕注意到大熊猫头臂肌和锁骨乳突肌实际上附着在乳突外侧一块很小的条状区域上，而乳突上附着的主要肌肉其实延伸到了寰椎翼[①]的下表面上。

阿克斯滕考虑过剑齿虎类和大熊猫的亲缘关系较远，同源结构的排布也许不完全相同，但他还是将大熊猫乳突上的肌肉分布方式套用在了化石物种刃齿虎上，这也为剑齿使用的谜题给出了很多新说法。

如果连接寰椎和乳突的肌肉才是剑齿虎类乳突形态发生变化的直接作用对象，那么绕着寰枕关节[②]压低头颅的动作，才会是剑齿虎类区别于其他食肉动物的关键动作，而不是先前设想的拽向肩下方或躯干前部的动作。我们自己对现生大猫进行了实体解剖（Antón et al. 2004c），发现大熊猫和刃齿虎的现生表亲在这个区域的肌肉附着情况确实有一些细节差异。但基本的事实在二者中是一样的：乳突表面最主要的肌肉是一束连接到寰椎上的肌肉——头前斜肌。阿克斯滕还注意到剑齿虎类的寰椎翼会向后延长，这与乳突上的变化可以很好地对应起来。事实已经很明了，相比于其他食肉动物，剑齿虎类寰椎与乳突间的肌肉更长，能够让头绕着寰枕关节以更宽广的幅度摆动。

---

① 译者注：寰椎即哺乳动物的第一节颈椎，它的横突很发达，在许多类群中形似蝴蝶的翅膀，称作寰椎翼。

② 译者注：即头骨后部和第一节颈椎互相形成关节的地方，可以通俗地理解为头颈关节。

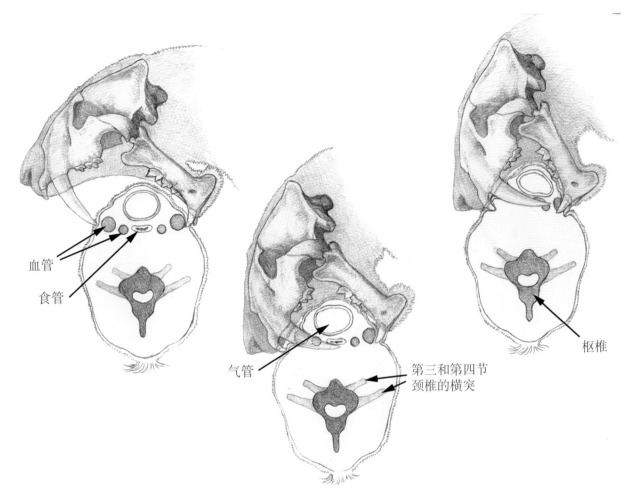

血管

食管

气管

第三和第四节
颈椎的横突

枢椎

依据这些观察，阿克斯滕针对刃齿虎的咬杀方式提出了一个叫作犬齿切咬的假说，这和以前的刺杀假说有相当大的差别。假说中在咬杀的开始阶段，捕食者会对着猎物身体的一个凸出部分将嘴张到最大，这个凸出部分可能是喉咙，在阿克斯滕的设想中也可能是位于大腿和腹部之间的皮褶。由于在嘴长得极大时咬肌和颞肌都处在不适合发力的位置，为了让上犬齿有效的刺穿猎物，就控制低头的肌肉，特别是寰椎乳突间的肌肉，开始发挥作用。与此同时，下颌充当了"锚"的作用，它会抵住猎物身体的一个特定位置，使得让头骨低下的肌肉（头部降肌）在运动时有一个着力点。一旦上下颌闭合到一个足够小的角度，咬肌和颞肌就可以发挥全力，为咬合增加更多的力量。在阿克斯滕的设想中，咬杀过程的最后一个动作是向后拖拽，这会从猎物的身体上撕裂一整块组织（图4.18、图4.19）。

犬齿切咬假说漂亮地解决了人们对刺杀假说提出的许多问题，但仍有一些问题悬而未决。刺杀假说中主要发挥作用的肌肉是头臂肌和相关联的肌肉以及斜角肌群，它们在切咬理论中被放到了一个次要的位置上，为头骨向下的运动提供了一些额外的力量。但切咬理论的咬杀是从一个静止的状态开始的，即头通过下颌锚定在猎物身体上的时候，我们很难解释在这个时候为什么整个头

图4.19 图片从左到右显示巨颊虎咬入马颈部过程的次序。在马颈部的截面中我们可以看到枢椎（第二颈椎）、气管、食管和主要血管。马颈部在颈椎下方咽喉部的狭窄处为咬合提供了锚定点，在剑齿刺穿躯体时，它们非常有机会损坏一条或几条大血管。而剑齿越大，切割血管造成致命伤的可能性也就越大。［原p.189］

图4.20　阔齿锯齿虎咬住马颈部时的俯视图。上方的图给出了锯齿虎颈部的解剖细节，可以看到附着在脊椎横突上的横突间肌和斜角肌，得益于这些向两侧强烈延伸的脊椎横突，阔齿锯齿虎能够让颈部更加强有力地进行弯曲。下方呈现了猎手和猎物在猎杀时的场景。［原p.190］

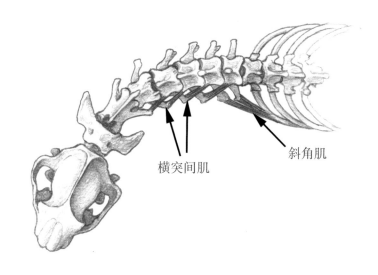

横突间肌　　斜角肌

颈要沿着如此靠后的轴去旋转。如果枢椎①前面的区域就能完成咬杀的主要工作，那为什么颈部还要长那么长，要有上述那些不寻常的肌肉附着方式呢？长而肌肉发达的颈部肯定要消耗更多的能量。

　　西班牙因卡卡尔发现的锯齿虎头骨和颈椎材料为这个问题带来了启发。西班牙古生物学家加洛瓦尔特和我在多年以前曾研究过这批材料，我们发现锯齿虎的颈椎和现代猫科动物有许多差异，其中不少都是马修和辛普森在研究刃齿虎时没提过的（Antón & Galobart, 1999）。

　　马修和辛普森都指出过，附着斜角肌的颈椎横突在剑齿虎类中要比现代猫科中更向腹侧（下方）延伸，但是我们还观察到，整个横突以及横突上附着各种颈部肌肉的区域都要更加发达，并且更向两侧延伸。部分颈椎的横突上还有显眼的向背侧突出的小突起。除此之外，锯齿虎的每一块颈椎都要比现代猫科

————————————
①　译者注：哺乳动物的第二节颈椎。

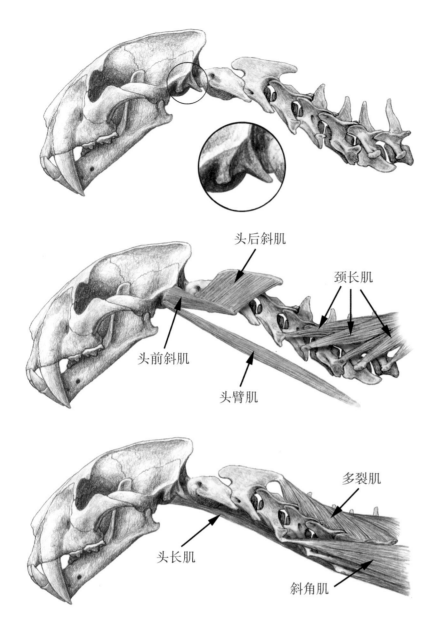

头后斜肌

头前斜肌

头臂肌

颈长肌

多裂肌

头长肌

斜角肌

图4.21 隐匿剑齿虎的头部与颈部解剖。上方画出了头骨和颈椎，乳突部分被圈出和放大以呈现细节，不同肌肉附着的区域被标上了不同的颜色，其中头臂肌的区域为绿色，头前斜肌为蓝色，二腹肌为橙色。中间画出了一些深层肌肉，包括附着在乳突上的几个头外侧降肌。下方画出了另一些深层肌肉，包括头部的一个深降肌——头长肌，以及颈部侧向、纵向运动的肌肉。［原p.191］

相对更拉长，这个特点我们能在好几种剑齿动物中观察到。

这些特征有着重要的功能意义。更长的颈部扩大了头所能旋转的范围，颈椎横突的增大使得一些肌肉能更好地支持颈部朝背腹和两侧旋转，并用可观的力量维持颈部的各种姿势。我们没有发现刺杀假说所预测出现的特别加强头颈往下方弯曲能力的证据，而脖颈后部在咬杀行为中扮演的角色看起来也要比犬齿切咬假说最开始设想的更加重要。

在我们的设想中，锯齿虎的长脖子可以精确地把头送到进行致命咬杀的位置，在猎物激烈挣扎时，许多肌肉协同作用使得头能够稳当有力地保持在这个位置上。这样的颈部构造同时保证了力量和精确性，完美地与我们关于犬齿切咬的想法相契合，但是对于精确性的要求似乎更适合咬咽喉，而不是咬腹部。

不管怎么说，颈部在被加长之后就需要更多力量来支持，而更多的力量来源于更多的肌肉，必然要消耗更多的能量，所以剑齿虎类增加颈部的活动范围和精确性一定是因为这有重要的好处（图4.20）。横向对比，现代鬣狗也演化出了拉长的颈部，但理由和剑齿虎类并不相同，它们的颈部没有特别发达的颈椎横突，也没有特别发达的外侧、下侧肌肉。鬣狗颈背侧的肌肉特别发达，这些肌肉是它们叼着大块尸体移动时需要用到的伸肌（Antón & Galobart, 1999）。巴塔略内斯的隐匿剑齿虎是锯齿虎族的早期成员，研究显示它的乳突解剖形态相比于锯齿虎反而更类似现代大猫（图4.21），但即使如此，它也表现出了一些对犬齿切咬的初步适应，比如向后方延伸的寰椎翼（Antón et al. 2004a, 2004b）。

剑齿虎类长而强壮的颈部在袋剑齿虎中发展到了极致，它的颈椎不仅有夸张的横突，在腹面上还有显眼的中嵴，这些中嵴与控制颈部弯向下方的屈肌——颈长肌（longus colli）有关。不仅如此，袋剑齿虎头骨腹面还有十分突出的头长肌附着痕迹，头长肌可以看作是颈长肌在头部的延续，在这里同样是控制低头动作的强大屈肌（Argot, 2004）。在因卡卡尔的锯齿虎头骨上我们也找到了类似但不那么突显的痕迹，这表明这些腹侧肌肉同样在有胎盘剑齿虎类运用犬齿切咬时的头部运动中发挥了作用。

还有一个特征与咬合时颈部肌肉的运动有关，那就是枕面后部的抬升，比如猫科的毁灭刃齿虎、巴博剑齿虎科的弗氏巴博剑齿虎以及有袋类的凶猛袋剑齿虎互相没有什么近缘关系，但它们都在演化中表现了这个特征趋势。在更原始的、典型的食肉动物中，枕面通常更加后倾，甚至接近水平，进步剑齿虎类中枕面更加垂直甚至前倾，这显示它们能够让头相对于颈部以更大的幅度仰起。

得益于这个结构，位于头骨上部的肌肉在以寰枕关节为轴把头往后拽时可以拽得更远（Martin, 1980）。仰头对于要大张嘴的剑齿虎类来说很有意义，在准备咬杀时这个动作很便于张大嘴，在进行犬齿切咬时这个动作又增加了头部向下猛冲的弧线长度。

身体比例，肌肉和运动

肉食类哺乳动物的前肢需要在运动和捕食时做出动作，因而需要满足两种互相矛盾的功能需求。高效的地面运动需要轻盈的四肢，肢体的远端部分拉长（增加步长），肌肉则集中在近端（这降低了摆动部分的重量），关节要把运动范围稳定地限制在垂向平面——也就是矢状面上（肢体只能做前后向的摆动）。而另一方面，制服猎物需要几乎相反的动作特征，肢体最好要短粗一些，远端部分需要发达的肌肉提供巨大的压制力量，关节要灵活，允许前肢和前掌进行侧向的旋转，做出旋前和旋后的动作[①]，前肢的这一系列用于制服猎物的特征同时也很适于攀爬。

食肉类祖先是群对于攀爬有一定适应的小动物，而它们的后代面对上文说到的两相矛盾的困境采取了不同的演化策略。犬类和鬣狗类发展出了长而善跑的四肢，抓捕猎物的任务很大程度上交给了前部的牙齿。猫类总体上保留了一

---

① 译者注：旋转肢体，将朝向内侧的手掌心转向前方的动作叫作旋前（supination），转向后方的动作叫作旋后（pronation）。

图4.22 袋剑齿虎的头颈部复原序列。上：头骨、下颌和颈椎，中：肌肉，下：外貌复原。［原p.192］

些食肉类祖先对攀爬的适应特征，如灵活的腕部和前臂，发达的前臂肌肉以及可伸缩的爪，在抓取猎物时，这些结构都能派上用场。猎豹算是其中的半个例外，为了追求奔跑的速度，它前掌的力量和灵活性都大大降低了，爪的伸缩能力也发生了退化。猎豹拇指演化出了异常巨大的悬爪，对捕猎能力的丧失进行了一定补偿，在高速追逐的过程中，它会使用悬爪来钩倒猎物。

我们可以想见，剑齿虎类的前肢很大程度上采用了猫类模式，其中的很多种类实际上把这一模式发展到了极限。刃齿虎、巴博剑齿虎和古剑虎都有着短粗有力、可以朝两侧旋转的前肢，肢体末端配备了巨大的可伸缩的爪。如果没有亲手抱过狮、虎的掌，你可能很难想象它到底有多大、多沉重。在参与大猫的实体解剖时，我曾有幸抓到过它们的前掌，当时我立刻就明白了为什么它们不费力气挥出的一掌就能对一个成年人造成致命的打击。毁灭刃齿虎的掌部比所有现代大猫都更宽大厚重，胳膊的肌肉也更加发达有力，因而我们也能想见它们前肢的挥击能形成多么可怕的杀伤力。更为强壮的剑齿虎类显然不会冒着折断剑齿的风险纵容猎物挣扎。中型的有蹄类动物如果被刃齿虎压在身下肯定会变得无法动弹，如同被埋在了成吨的岩石之下。

袋剑齿虎的剑齿比起有胎盘类中剑齿最为发达的种类也毫不逊色，但是它缺乏可伸缩的爪，这被看成它作为特化剑齿动物身上带着的一个缺陷。没有像猫一样的爪子，它又是怎样制服猎物的呢？事实上在利用已有原材料达成演化目的这点上，袋剑齿虎就是一个绝佳的范例。有胎盘食肉目动物祖先的爪可能已具有了一定的伸缩能力，所以对于它的后代来说，要完善这个功能只需要在演化上走出相对简单的一小步。但是南美有袋食肉类祖先类群的爪丝毫没有伸缩能力，作为它们后代的袋剑齿虎如果还能有这方面的演化就太令人意外了（尽管这也不是完全没有可能）。

袋剑齿虎和有胎盘的剑齿虎类有着许多惊人的相似之处，这说明哺乳动物身体结构有很高的演化可塑性，但在另一方面，爪这样的细节区别也同样重要，它告诉我们：遗传背景可以对演化进行约束和限制。即便如此，袋剑齿虎的前肢结构还是显示出它有着极为强大的力量，三角肌和胸肌尤其发达；它宽阔的掌部可以向两侧旋转，拇指能与其他指爪进行一定程度的对握——这些结构可以在制服猎物时起到作用。现代熊类的爪也无法伸缩，但即使面对一只小个头的熊，你也一定不想被它的熊掌捉在怀里，那将是名副其实的死亡拥抱。

也有一些剑齿虎类的前肢表现出了对于奔跑追猎的适应。上新世和更新世的锯齿虎属成员就是其中最极端的例子，而这个支系较早期的类群也已经表现出了一些体现此类适应的特征。锯齿虎前肢的小臂较长，远端的关节区域较窄，这对应着一个较窄的腕部，它腕部的旋转能力不如刃齿虎族的成员，甚至也不如现生的虎。锯齿虎的爪较小，伸缩能力也要逊于刃齿虎族和现今的（大多数）猫科动物。晚中新世的迅剑虎有着与之相似的结构，半剑齿虎属和剑齿虎属也表现出了类似的趋势，这几个属的成员在前掌拇趾上都有惊人的巨大悬爪，相比之下其他趾末端的爪只有中等大小（见图3.45）。这种类似现代猎豹的结构暗示锯齿虎族成员为了提高地面运动的效率，也牺牲了前掌的部分抓握功能。其他不那么善跑的真剑齿虎亚科成员也有着不成比例的大悬爪。

猫科真剑齿虎类的后肢结构有着它们独有的特化模式。中新世的原巨颏虎属、剑齿虎属和半剑齿虎属后肢在整体形态和比例上类似现代的豹属动物，只是爪的尺寸总体上缩小了。这一趋势可能体现了它们对地面运动的适应：可伸缩的大爪有利于进行攀爬，小而不太能伸缩的爪使得后足更加轻便，在着地时能够像运动鞋的鞋钉一样提供更多的牵引力。上新世的巨颏虎保持了和原巨颏虎相似的形态，但前者的后肢更加粗壮（Adolfssen & Christiansen, 2007），它的体格整体上来说是"善攀"的。锯齿虎的四肢更加修长，在整体上更为善跑，但它也有着一系列类似熊的特征，我们在之前关于步态的部分已经提到这些特征曾被一些学者当作跖行运动的证据，但它更有可能的作用是在制服挣扎猎物时增加后肢的稳定性。

脊柱的腰椎区域在进步的真剑齿虎亚科中也发生了改变。中新世的真剑齿虎亚科成员有着和现代猫科一样长长的腰椎，这对应着长而可弯曲的背部。这样的背部很好地适应了大多数猫科喜爱攀爬的习性，猫在攀爬时背部需要反复弯曲、伸直，在潜行接近猎物后突然从隐蔽处冲出时，背部的运动也有助于猎手进行突然的加速（图4.23）。上新世和更新世的真剑齿虎亚科有着更短的腰椎，更加像犬类、鬣狗类乃至有蹄类，它们的背部坚直，可以被动地传递后肢的推进能量。锯齿虎在进行长距离的移动时，短而坚直的背部可以节省更多能量。背部在变短的同时也变得更加强壮，在猎手与猎物缠斗时很有用。所以刃齿虎和巴博剑齿虎这些不太爱到处漫游的剑齿虎类也有着这样的腰背。巴博剑齿虎可能是有胎盘类剑齿动物中腰部最为特化的类型，它的腰椎形态比起猫来倒更像獾。在獾用它那巨大有力的前肢进行挖掘时，强壮、坚硬的背部起到了重要的支撑作用，使得它的后足得以牢牢扎在地上。与之相似，巴博剑齿虎在压制挣扎的猎物时，强壮的背部也会有助于它们保持平衡，避免摔倒（也有可能所有的剑齿动物都是如此）。

需要指出的是，虽然许多剑齿虎类物种腰椎的关节方式大大限制了它们向两侧活动，但纵向（向上下）弯曲的能力在所有种类中都保留着，所以它们在奔跑时，背部会在矢状面上反复地屈伸。这种能力在迅速加速的过程中非常重要，现代猎豹腰椎的弯曲就大大提高了它的速度（Hudson et al. 2011）。有说法称，猎豹即使没有四肢，仅仅凭借腰椎屈伸也能以约每小时10千米的速度移动（Hildebrand, 1959, 1961）！

总的来说，猫科真剑齿虎亚科中进步成员有许多形态特点将地面运动和力量结合了起来，它们对地面运动的适应是高效的，程度超过了大多数真猫类，同时为了制服猎物，它们也有着更大的力量。不同的剑齿虎类群突出了其中的一个或者几个特点，比如，大多数锯齿虎族成员发展出了迅捷善跑的身体结构，刃齿虎族的成员则发展出了极度强壮的、类似摔跤手的体格。刃齿虎族的成员并不独享这些特点，它们和锯齿虎族的霍氏异剑虎以及巴博剑齿虎科的弗氏巴博剑齿虎都惊人地相似。这些动物都有着短而肌肉发达的肢体，在捕猎时它们都牺牲了速度，强化了力量（Wroe et al. 2008）。

在有袋类的袋剑齿虎中，后肢和背部的一些解剖特征显示它能以极大的

图4.23 原巨颏虎爬树的复原场景。作为刃齿虎族的早期成员，它有着长而灵活的背部，后肢同样很长，前肢有着很好的旋转和抓握能力，这显示原巨颏虎应该是一个优秀的攀爬者。

[图注原p.195，图原p.194]

178

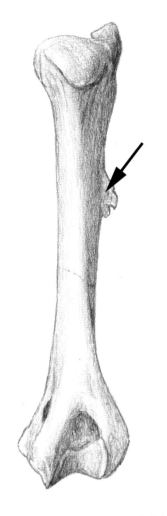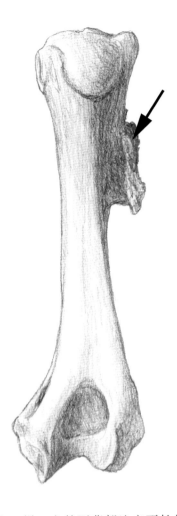

图4.24 猫科真剑齿虎类中保留病理特征的肱骨材料，后视图。左侧为法国塞内兹的阔齿锯齿虎；右侧为美国拉布雷亚的致命刃齿虎。两个材料都在三角肌肩峰部附着的位置出现了病理性的骨质增生。这种增生是肌肉的反复拉伤和修复所引发的。图4.27中画出了狩猎时可能引发三角肌出现这类拉伤的动作。

[原p.197]

力量摔倒猎物，这和它的有胎盘同行如出一辙。它的下背部比它不长剑齿的近亲要更坚直，股骨头显示出它在大腿关节上有着更大的灵活度，后足为半跖行，我们在有胎盘剑齿虎类骨骼学的回顾中已经很熟悉这些特征了，它们暗示这些动物能够将后足牢牢地扎在地面上然后用前半身放倒猎物（Argot, 2004）。

古病理学

化石骨骼上的伤病为我们提供了难得的线索，它反映了灭绝动物生存时遭遇过的磨难。剑齿虎类最好的病理性骨骼材料来自美国加利福尼亚州的拉布雷亚，在这里有很多骨骼化石留下了外伤导致的损伤痕迹。其中有一个常见的病理类型是肱骨近端一侧的三角肌附着处[①]出现了骨质增生（图4.24）。这一特征显示，动物在反复用力弯曲自己的肩关节时，三角肌会多次发生拉伤、撕裂，比如在刃齿虎将大型猎物拽向自己时这种情况就会出现。在法国塞内兹的锯齿虎完整骨架材料中，以及近来在法国另一个地点圣瓦里耶发现的锯齿虎完整肱骨中也可以观察到类似的病理结构（Ballesio, 1963; Argant, 2004）。如此高的频率

---

① 译者注：在解剖学中，这个结构叫作三角肌粗隆（deltoid tuberosity）。

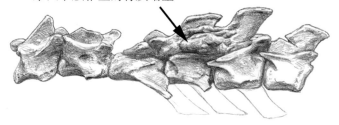

第四节腰椎上的骨质增生

第三节腰椎的神经棘

第五节腰椎的乳突

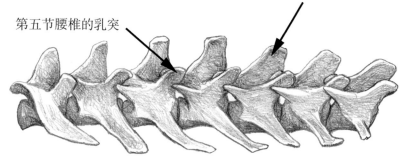

多裂肌束

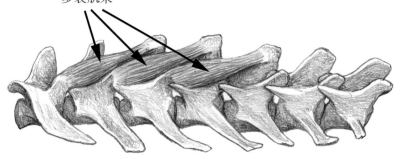

说明这种创伤的原因出自某个习惯性的行为，比如捕猎。外伤导致的受损也见于拉布雷亚的刃齿虎胸骨材料，这暗示这种动物常常与大型猎物重重地撞击在一起，而撞击时胸部是首先触碰到的。腰椎处的骨骼增生证实了刃齿虎在与大型猎物缠斗时脊椎肌肉也常会撕裂；在南非克罗姆德拉伊的巨颏虎不完整骨架上我们也找到了类似的病理结构（图4.25）。

我们同样在剑齿虎类的肢骨上发现过意外骨裂的证据，碎裂的足化石显示大型的猎物偶尔也会踩踏到这些大猫相对脆弱的脚上。

还有一些例子显示了捕食者之间的冲突。拉布雷亚的一个刃齿虎头骨在前额上有一个创口，创口的形状完美地与刃齿虎长牙的形状、大小吻合，由于创口周边的骨骼没有有效地愈合，我们可以推知这个创伤很可能是致命的（Miller，1980）。在同一地点还发现有一个被幼虎的长牙刺穿的刃齿虎肩胛骨（Shaw，1989）。

美国南达科他州渐新世白河荒原发现的一个猎猫科祖猎虎头骨是反映捕食者冲突最经典的材料之一，头骨上有一个深深的伤口，很像是始剑虎留下的（Scott & Jepsen，1936）。剑齿穿透了它的额骨，刺到了额窦中，但没有到达大脑，因而被害者在受伤以后又活了很久，骨骼上的创口已经痊愈（图4.26）。

重建剑齿虎类的狩猎过程

现在我们将前面章节中回顾的证据综合到一起，就可以设想剑齿虎类捕猎时可能的动作链。这里主要的例子将是最经典的剑齿虎类——刃齿虎，但我们

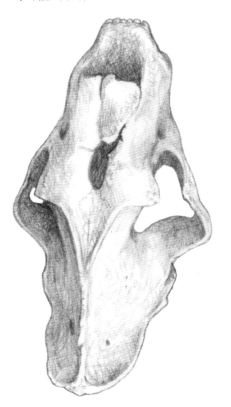
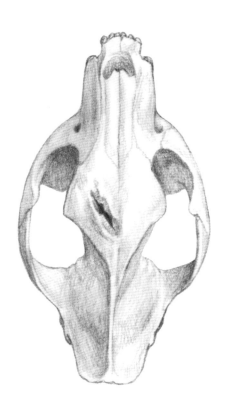

图4.26 刃齿虎（左）和祖猎虎（右）的头骨，上面带有剑齿造成的创口。刃齿虎头骨上的创口可能是它的同类留下的，创口没有任何愈合痕迹，显然是致命的。祖猎虎头骨上的伤口创口是同为猎猫科的始剑虎造成的，后者的剑齿刺穿了额骨进入额窦，但没有刺入脑部。这个创口周边有着明显的愈合痕迹，显示动物在冲突之后还存活了很长的时间。[原p.200]

[1] 译者注：原文的表述是横跨两节，靠前一节的乳突和靠后一节的神经棘，但这是不符合图上所画事实的。

也会着眼于其他种类的哺乳类剑齿动物以及它们在捕猎方式上可能的差别（图4.27）。兽孔类剑齿动物和哺乳类剑齿动物有着极大的差异，我将会在下一节单独讨论它们的功能解剖学以及可能的捕猎习惯。

现在，我们可以在脑海中想象一只独立行走在拉布雷亚地区的雌性致命刃齿虎。它遇到了一群漂亮的野牛，并躲在池塘边的灌木丛中等待，希望野牛群能靠得足够近。别忘了，刃齿虎是一种粗重的大猫，它的远端肢骨特别是掌跖骨很短，并不适于进行长距离的奔跑，所以它一定要离猎物很近才有可能抓住它。等了好久，野牛群终于移动到了我们的主角面前几十米的地方，但是它没有急于冲出埋伏点，而是在等待一个合适的猎物。最终，它选中了一只可能刚满一岁的年轻野牛，开始朝这个丝毫没有意识到危险的受害者一步一步匍匐逼进，直到约20米的距离，已经非常接近了！

然后这只大猫从埋伏点突然冲出，通过几个闪电般的大跨幅跳跃迅速拉近与猎物的距离。它长满肌肉的四肢不适于持续奔跑，但有能力从静止状态开始突然加速，脚后跟的结构也允许它作出优秀的跳跃动作。腰部虽然短，但可以有力且有效地向下弯曲，这增加了每一次弹跳的跨度。事实上，这只刃齿虎在此次狩猎中并不需要跑得太快，野牛本身是动作相对迟缓的生物，刃齿虎在捕捉马等更轻盈的猎物时才需要达到自己的极限速度。当牛群中其他的野牛都在惊慌中逃走以后，我们的主角跳向了那只被选中的年轻野牛，它的体重为250公斤，其猎物的体重可能有400公斤。它的胸骨受到了特别重的撞击，但所幸这次没有产生损伤。猎物一时间失去了平衡，但并没有摔倒。

刃齿虎将两个厚重的前爪抓在野牛肩部，将后足扎在地面上进行拖拽。现在它那短而粗壮的后肢和背部要经受考验，它的肌肉紧绷起来，在皮肤表面显露出轮廓。野牛同样紧固四肢，但在强烈的拖拽下，它倒向了一侧。即使是（比致命刃齿虎体形更大的）雄狮也无法轻松完成这样的任务。但这只刃齿虎也蹒跚了一下，因为拉拽猎物的压力触发了它的一个老伤留下的痛点。在以前的捕猎进行到关键的这一步时，肩部的拖拽动作撕裂了三角肌，在伤愈的过程中肱骨三角肌附着的位置产生了增生。好在这次疼痛并不剧烈，它控制住了猎物。

然后，它迅速蹲到跌伏野牛的背侧，将前半身重重地压在猎物的肩部和胸部，用一只前掌把猎物的颈部紧紧地按握在地上，并用另一只前掌控制住猎物的头部。前掌的力量和侧向旋转的能力在这时发挥了重要作用。现在，这只刃齿虎的嘴可以够到野牛的咽喉，但角度有一些别扭。它无法冒着失去猎物的风险去松开控制，调整自己身体的位置。但所幸它的脖子长而有力，能让它的头伸到野牛咽喉旁并调整到一个合适的角度。然后它张大嘴，将猎物咽喉下部咬在上下犬齿之间。此时它紧绷着颈部的肌肉，头颅猛烈扎向下方，使得上犬齿深入猎物体内，这是使出全力的一刺。但猎物被咬的区域几乎没有移动，因为它一直紧紧地控制着猎物。

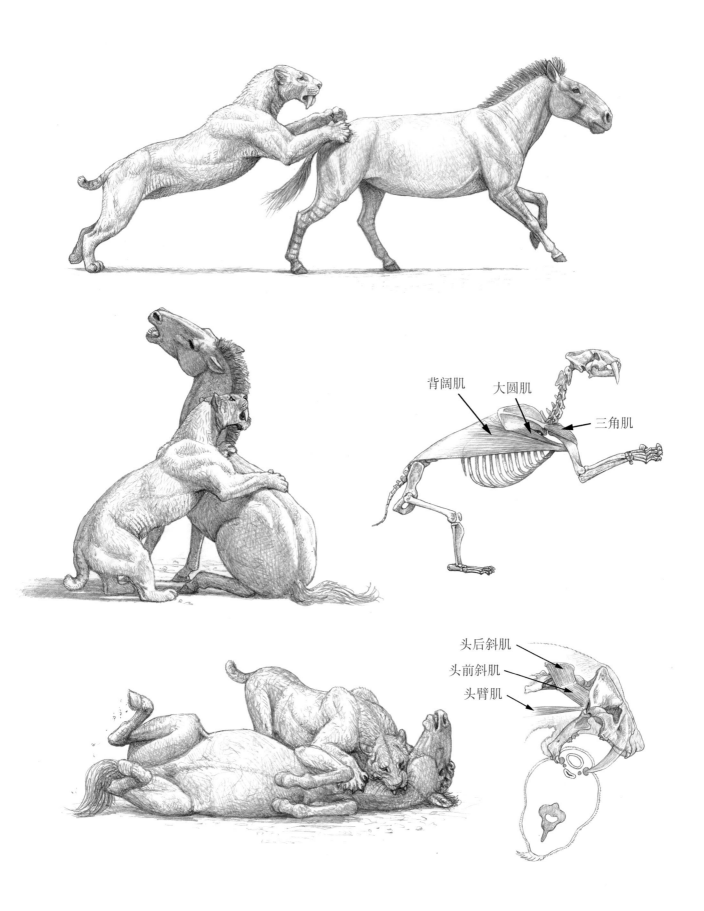

背阔肌　大圆肌　三角肌

头后斜肌
头前斜肌
头臂肌

图4.28 更新世早期西班牙的一个场景，一对锯齿虎正在追逐一只原始的野牛。［原p.204］

整个过程只用去了几秒钟，牛群中已经有一些野牛镇定下来，返回杀戮现场。一些成年野牛冲向了它，将它驱离猎物。这只雌刃齿虎警惕地蹲伏下来，朝成年野牛咆哮，在年轻野牛站起来之前又将其重新抓住。猎物的大动脉已经破了，血从喉部喷涌而出。成年野牛踯躅在这只刃齿虎和那只不幸遇难的年轻野牛面前，忽然之间，牛群中出现了一阵骚动，扬起的尘土中出现了其他捕食者的身影。一对刃齿虎迈着雄健自信的步伐从另一侧走出，这是两只年轻的雄性，他们可能还没满两岁，但体形已经比我们刚才看到的雌性更大了。后者无法在它俩面前捍卫自己的猎物，但也没有退让。新来的两只刃齿虎抓住了猎物的后半身，一只已经开始撕咬猎物的腹部。与此同时，成年野牛在新的捕食者出现后转过身相继离开。新来的刃齿虎很可能是雌性猎手在一年多前产下的后代。雌刃齿虎开始重新噬咬年轻野牛的喉咙，后者已经躺在血泊中，挣扎越来越微弱。在野牛完全死亡之前，两只雄刃齿虎已经开始用裂齿咬野牛腹部和后腿之间的皮肤，切割兽皮，除去一些内脏。雌刃齿虎还在大口喘着气，两只雄刃齿虎已经匆忙吃了起来。雌刃齿虎在呼吸平缓下来后也开始快速进食，几分钟之后，三只大猫已经吃掉了数量惊人的肉。没过多久，在不远处蒸腾的热气流中出现了一群美洲拟狮，可能有五六只，每一只的个头都比刃齿虎更大。几只刃齿虎已经饱腹，所以它们选择将尸体留给了拟狮，而不是冒着折断剑齿的风险与拟狮发生冲突。之后，它们会在附近的林地里小憩。

上面叙述的一系列事件以猎捕大型牛科动物为例，对剑齿虎类典型捕猎行为中的诸多方面进行了描绘，但是对于更为轻盈的锯齿虎族成员来说，可能会有多个个体参与到捕猎活动中，增强杀伤能力，弥补单只锯齿虎力量的不足（图4.28）。现代狮子猎捕幼年长鼻类的频率要比我们传统上认为的更高，而化石证据清楚地表明至少锯齿虎属也是常常如此。

长鼻类动物有着严密的社会系统，因而捕猎它们的难度很大，常常需要许多大猫协同合作，利用策略和灵活的判断引开成年大象的注意力。库尔滕在他1980年出版的小说《虎之舞》中就对这一习性做了生动有趣的描述。不管捕猎如何展开，杀死幼象应该和上述咬杀野牛的例子有着基本相同的流程（图4.29和图4.30）。

剑齿虎类和许多大型哺乳动物共存，比如河马、犀牛和大地懒。但即使配备着精良的武装，剑齿虎类一般也只会选择这些类群的年幼个体作为捕猎目

图4.29 晚更新世北美洲西部的一个场景，一群致命刃齿虎正在捕猎一只年幼的哥伦比亚猛犸。虽然年幼猛犸对于这些强壮的大猫来说是相对容易杀死的猎物，但它的身边还有母亲以及其他成年象，因此这次狩猎对于猎手来说是非常凶险的。［原p.205］

图4.30 更新世早期西班牙南部的一个场景，一组锯齿虎正在猎捕一只年轻的南方猛犸。这些青年猛犸对于剑齿虎类来说可能是适宜的猎物，因为它们的体形比成年猛犸小，也不像幼崽那样受到严密的保护，常常会与兽群分开行动。
[原p.206]

标，成年的大家伙在大多数情况下都被排除在猎杀名单之外（图4.31）。

捕猎之后的冲突在猎手的同类在场时就常常发生，并且很多时候的场面并不像我们刚刚叙述过的母子重逢那样温馨和谐。虽然一些剑齿虎类物种可能过着某种群体生活，但所有群体以外的同类都会被当成敌人，争斗时常发生，结果往往非常惨烈（图4.32）。

我们在上面的"古病理学"一节中提到过剑齿虎类化石中偶尔可以见到其他剑齿虎（可能是同种，也可能是不同种）造成的损伤，那就是这类冲突的证据。其中我们也可以看出，剑齿虎类对长牙的使用也并不总是如我们在讨论犬齿切咬方式时所说的那般小心谨慎、如外科手术般精确。

在化石记录中我们可以找到剑齿虎类咬到骨头的证据以及断裂的上犬齿。我们在"咬合器官"一节中讨论巴塔略内斯的隐匿剑齿虎时也提到过，上犬齿的折断可能发生在捕猎中，也可能发生在捕食者的冲突中。也有一些种类的猎物，剑齿虎类只能冒险咬在它们的骨头上。美国亚利桑那州更新世沉积中有一件形如大型犰狳的得州雕齿兽头骨，它的额骨上有一对椭圆形的穿孔，很可能是刃齿虎在猎捕它时制造的（Gillette & Ray, 1981）。

图4.31 早更新世西班牙南部的一个场景，两只锯齿虎正尝试杀死一头年轻的大河马。［原p.207］

兽孔类剑齿动物的功能解剖学

丽齿兽类的解剖结构和我们讨论过的哺乳类剑齿动物有着巨大的差异，但它们骨骼的许多特征也显示它们并不是缓慢的"爬虫"，而是非常活跃的捕食者。

诚然，丽齿兽类的脑比所有哺乳类的都要相对更小、更简单。它们的眼睛也相对较小，位于头的两侧，因而只有很有限的立体视觉。有趣的是，它们有发育程度很高的鼻甲骨，这是鼻腔里形如迷宫的骨质结构，与发达的嗅觉有关。鼻甲骨是哺乳类的特征，在爬行类中是不存在的。显然，卓越的嗅觉可以帮助丽齿兽追踪猎物，有必要的话也能让它找到腐尸。

这些兽孔类剑齿动物的门齿在剑齿前方排列成了一个夸张的弧形，在抓猎物时起着决定性的作用。哺乳类剑齿动物的捕猎可能分为最初接触、制服猎物、致命咬杀等阶段，但丽齿兽类的猎杀可能并没有这么明确的阶段，它们更有可能只是简单地啃咬猎物，从一开始就尽量造成更多的破坏和失血。进食的过程应该也很简单，因为它们的犬齿后方并没有牙齿，切割、撕扯肉的工作

图4.32 晚中新世北美的一个场景，两只弗氏巴博剑齿虎正在争夺一头刚被杀死的奇角鹿（属于已完全灭绝的原角鹿科）。激烈的种内、种间竞争可能是许多剑齿虎类进化出硕大裂齿的原因，如此大的裂齿可以让它们非常快速地取食。［原p.208］

应该都交给了门齿，它们把肉撕扯下来再囫囵吞下的样子一定是十分随意粗鲁的。

丽齿兽仍有着爬行动物式的咬合肌肉，但在此基础上又有自身的一系列变化（图4.33）。它们的下颌骨与哺乳类不同，由多块骨头组成，通过两套关节与头骨相连。为了能张开大嘴去咬杀，丽齿兽类有一个特别的适应：方骨（头骨上与下颌进行关节连接的骨头之一）能向几个方向移动，在嘴张大的同时它的位置也在不断改变，使得关节骨（下颌后方与方骨相互关节的小骨头）也可以不断向下旋转。如果方骨固着在头骨上无法移动，动物就无法完成必要的张嘴动作了（Gebauer, 2007）。关闭下颌的肌肉一定非常有力，头骨后方有一些孔洞，称为颞孔，它们可以容纳收缩时变粗的咬合肌肉。

丽齿兽类的头后骨骼同样是爬行类式的，但是比更原始的匍匐运动的盘龙类要站得更直一些。它们通常的运动姿势应该和现代鳄鱼所谓的"高步行"类似，肚皮远远离开地面，足尖朝向前方，四肢位于躯干的下方而非两侧。但它的前肢，特别是上臂肱骨部分的位置比后肢更加倾斜、近于水平，所以前肢在向前时胳膊肘会弯向两侧，在承重时则会收拢、紧靠躯干。在行走时丽齿兽后肢的运动更局限于垂直的矢状面中，因而与哺乳类的姿势更相像。

图4.33 丽齿兽类的鲁比奇兽在咬合时的功能解剖。上方画出了头骨、颈椎以及部分肌肉，左下方画出了这种动物在噬咬猎物时的情景，右下方则是进食时吻部的特写。上犬齿（1）是最主要的攻击武器，向前凸出的门齿（2）既可以稳定被咬住的区域（因而可以在侧向拉扯中对犬齿形成保护），也可以用来在进食时扯下肉块。颌关节（3）的复杂形态使之在张开超过90°时仍然能保持上下颌的正常关联。颈部下方的肌肉（4）一直延伸到了头骨的底部，它可以将头拉向下方，使犬齿扎进猎物的躯体之中。当嘴在低头的动作中变得足够小时，咬合肌肉（5）开始发挥作用，完成咬合的动作。［原p.209］

　　和其他的爬行类一样，它的尾部肌肉，特别是其中连接尾部和大腿的尾股肌对于后肢的弯曲非常重要，所以尾部不仅像哺乳类那样能够保持平衡，对运动发力也起着一定的作用。丽齿兽的足可能是跖行式的，但它的运动一定比它的大多数猎物都要迅速、敏捷。相比于更原始的爬行类，它们的趾节数有所减少，这使得足的内外侧更加对称，在运动中接触地面会更加高效，善跑的哺乳类也出现了同样的趋势。

　　丽齿兽类会怎样捕猎呢？一旦猎物足够靠近，它们就会从隐蔽处冲出，利用速度优势接近猎物，并猛扑上去（图4.34）。丽齿兽会使用前肢抓住猎物，噬咬任何能张嘴咬到的部位。猎物可能试图逃脱，但是一口的咬伤就能造成大

图4.34 二叠纪晚期俄罗斯的一个场景，丽齿兽类的狼蜥兽正在捕食盾甲龙。〔原p.210〕

量失血，它的身体会迅速衰弱下来。丽齿兽会重新追上猎物，尽力将其放倒，再在喉咙或者身体其他薄弱部位进一步进行致命的咬杀。

剑齿虎的社会生活

生长和发育

化石记录中有很多方面的信息与剑齿虎类的社会和家庭生活相关。其中一个有趣的线索是乳齿和恒齿萌发的时间。在猎猫科和巴博剑齿虎科成员中，牙齿萌发和替换模式与真正的猫科有一些不同，特别是它们的恒犬齿在很迟的发育阶段才开始萌发（Bryant, 1988）。

始剑虎的一些头骨化石有着很夸张的剑齿，但是经过仔细检查人们发现它们实际上只是乳犬齿，真正的恒犬齿还嵌在齿槽中呢（图4.35）。事实上，它的乳犬齿萌发也非常晚，所以幼崽在很长的一段时间都无法自己杀死猎物，需要依赖母亲，晚萌发的乳犬齿也更大，允许拥有者在捕猎中使用相对长的一段时间，并且即使损坏了也不用担心，因为还有更晚萌发的恒犬齿可供使用。

在巴博剑齿虎中，幼崽在乳犬齿开始萌发之前已经几乎到达了成年的体形，乳前白齿的磨蚀程度也已经很高，所以它们直到一岁多都无法自己杀死猎物，需要和母亲或其他族群成员生活在一起。在长时间的共同生活中，幼崽们

图4.35　带有乳齿的剑齿虎类头骨。上：幼年的斯氏始剑虎，属于猫猫科，头骨上带有完全萌发出来的乳犬齿和恒颊齿。下：幼年的莫氏巴博剑齿虎，它的乳犬齿尖端刚刚冒出，但其他恒齿的萌发都已经结束了。［原p.211］

可以用它们的力量帮助母亲放倒和制服大型猎物，以这种合作为基础也许又能进一步延伸社群成员间的纽带关系（Bryant, 1990）。

在猫科真剑齿虎亚科中，犬齿的萌发时间和现代猫科类似，只是由于它们的犬齿更大，因而也需要更长的时间萌发。在拉布雷亚沥青坑的刃齿虎头骨中保存了牙齿发育和替换的所有阶段的材料，不少头骨上都同时具有较小的还未脱落的乳犬齿以及乳犬齿内侧处于萌发过程中的恒犬齿。

但为了推测剑齿虎类的社会集群方式，我们需要关注牙齿萌发顺序之外的证据。长久以来，动物学家都很好奇现代大猫中为什么只有狮子是社会性的，目前为止最有力的假说是，群居生活的狮子在高密度地区的种内竞争中有着数量优势（Mosser & Packer, 2009）。

图4.36 刃齿虎家族群体的复原图。一些线索暗示致命刃齿虎可能曾在某种社会性群居生活中受益。但是这种动物非常微弱的雌雄差异暗示它们不会像现生狮子那样有着雄性少雌性多的后宫式社会系统。刃齿虎的社会性可能更类似一些犬科动物，有着延伸式的家族群体，这个群体中有一对作为首领的配偶，它们以前产下的后代会留在群体中互相协作。

[图注原p.213，图原p.212]
（图见右页）

210

211

213

在这种假说中，热带稀树草原的异质性环境是狮群形成的重要诱因，因而每块地域的质量很大程度上取决于河流在哪里交汇，交汇的河流像漏斗一样把大量猎物集中在很小的面积里，这里还有着长时间存在的水坑以及更好的植被，占据这片水草丰美区域的狮群将比那些被赶到周边贫瘠地域的狮群获得更明显的优势。但这个假说又如何能帮助我们判断某个剑齿物种是否具有社会性呢？

所有的大猫都在竞争最好的地块，但在狮子的例子中，它的体形足够大，成了这个生态系统最具统治力的大猫，又生活在热带稀树草原这种开阔、高能见度的镶嵌式环境当中（能见度越高，被发现、受到进犯的可能性也就越高），这几个因素使得种内竞争变成了地盘竞争中关键性的因素。

在这种环境中，豹就更需要担心其他更大的捕食者，而不是同种的其他豹个体，它们的生活方式更加谨慎，大多数时间中都隐藏在树丛里，没有多少机会像狮群那样结成群与同类争夺地盘。因此，如果某种剑齿虎类的体形足够大，并且生存在大致类似非洲草原的镶嵌式环境中，组成群体就会是有利的生存策略。

如此推理，半剑齿虎、锯齿虎和刃齿虎都是它们所在地区中最大的猫科动物之一，栖息地也都是有着不少开阔区域的镶嵌式环境，它们都可能从社会性的生活中获益（当然，这不意味着它们就一定是社会性的动物）。较小的剑齿虎类，以及那些明显生活在封闭环境中的种类，很有可能都是独居的（图4.36）。

也有人利用其他方面的数据分析剑齿虎类的社会性。研究人员曾在非洲草原上做过一项有趣的实验，他们在一处布置了免费午餐，并在那里反复播放草食动物受困时发出的惨叫声，用声音吸引附近的食肉动物，并将吸引来的动物比例与拉布雷亚各类食肉动物化石的相对丰度进行了比较（Carbone et al. 2009）。非洲食肉动物中最常被引来的种类是狮子和斑鬣狗，它们都是群居的，也是当地最具统治力的两种食肉动物，因而它们也很有自信自己能在竞食大会的现场取得优势地位。

可以想见，在晚更新世的美国拉布雷亚，陷入沥青湖的食草动物最常引来的也将是在竞争中处于优势的大型、群居种类，而恐狼和刃齿虎是这里化石数量最多的两种食肉动物，研究者也因此猜想它们应该也都是社会性的物种。

拉布雷亚的刃齿虎材料中常常有骨折以后痊愈的痕迹，这曾被当成是它们群居习性的证据，因为研究者们猜测独自生活的动物如果受了这么重的伤，在伤愈之前就会死去，但如果有同一群体的同伴分享食物，那它就能挨过难关（Heald, 1989）。这一观点在2003年受到了麦考尔等学者的质疑，他们分析了兽医学研究中有关现代猫类骨骼伤愈时间和耐受饥饿能力的资料，认为拉布雷亚刃齿虎的愈伤现象和独居习性更加吻合。

这些研究发现，现代猫类在受了这种伤后能够快速地自然恢复，存活到

193

重新开始捕食的阶段，或者至少可以寻找机会食腐。同样，由于猫科动物从食物中获得的水分并不能满足它们的生活所需，受伤后脱水的危机会先于饥饿到来，所有受伤的动物都需要有足够的运动能力在恢复期找到水源，这样的运动能力也能帮助它们找到一些腐肉应急。

研究人员还统计了拉布雷亚刃齿虎受伤的频率，发现这个频率并不是特别高，因而猜测真正受到重伤的个体很可能没能恢复便死掉了，它们也无法来到沥青湖找腐肉吃。拉布雷亚的刃齿虎到底具不具有社会性，我们目前还无法下定论。

体形变异以及性双型

在现代大猫的种群中，不仅幼年和成年个体存在体形的差异，不同的成年个体之间也会有很大差别。成年雄性的体形明显超出雌性，这一现象就是性双型（Turner, 1984）[1]。

如果某种化石食肉动物有体形上的性别差异，那么他的体形本身应该有比较大的变异性（测量值的标准差），且体形的分布呈双峰型，也就是说大多数样本都落入一大一小的两组区间中，有两个峰值，而不是连续均匀的分布。进行这样的分析需要有很大的样本量，可惜只有非常少的古生物遗址能满足这个条件，保留了特定食肉类物种多个个体的化石。利用少量材料分析种群体形变异模式，结果可能与实际情况有很大的偏差。

成年剑齿虎类化石总的来说都有着一些体形差异，但光凭这点我们无法判断其中是否有巨大的性别差异。对拉布雷亚致命刃齿虎材料的分析显示，它们有着中等的性别差异，比现代狮小，而和现代灰狼相仿（Van Valkenburgh & Sacco, 2002）。

近来的一项研究通过观察下犬齿牙髓腔的封闭程度来判断大猫的年龄，在精确判定年龄之后更好地将拉布雷亚的每件标本归入到特定的性别组中（Meachen-Samuels & Binder, 2010）。结果和过去的研究一样，认为刃齿虎的性别差异很小，甚至可能不存在，而同一地点的豹属大猫——美洲拟狮则有着很突出的性别差异，比起现代狮也只多不少。

这些结论和刃齿虎的习性又有怎样的联系呢？在现代食肉动物中，巨大的性别差异往往意味着雄性之间要为争夺雌性进行激烈的竞争（Gittleman & Van Valkenburgh, 1997）。在现在的豹属大猫中，这类竞争以两种方式呈现：虎、豹、美洲豹这些独居大猫的雄性都要与其他雄性争夺地盘，并守护大块领地，每个雄性的领地会与多个雌性的领地相重合；狮子是唯一的社会性大猫，某一只雄狮或者几只雄狮组成的联盟需要守护一大片领地以及领地内居留的一群雌

214

---

① 译者注：性双型指的是雌雄性别间的形态差异，它的含义比体形差异广泛得多，比如雌、雄狮在鬃毛上的差异也属于性双型特征。

性，它或它们的对手是其他雄狮或者雄狮联盟。狮子这种后宫式的社会系统可以看作是独居大猫的简单系统发展而来的产物。猫科真剑齿虎类较小甚至根本不存在的性别差异显示它们的雄性间可能并没有特别激烈的竞争，学者们认为刃齿虎和某些犬科类似，以一夫一妻生活，而不像现代大猫那样一夫多妻，这种情况下它们可能像胡狼一样结成对生活，或者像灰狼那样群居。

西班牙的巴塔略内斯1号地点有着两种中新世的剑齿虎类——隐匿剑齿虎和洪荒原巨颏虎，化石材料丰富，来自多个个体，为我们研究不同个体间的体形差异和可能存在的性双型提供了可能（Antón et al. 2004b; Salesa et al. 2006）。这个地点的材料显示隐匿剑齿虎有着明显的性别差异，与现生猫科中的狮、豹相当，而洪荒原巨颏虎的性别差异要小得多。

由此我们可以推断，雄性的剑齿虎属成员可能完全无法容忍领地内存在其他雄性，而原巨颏虎的雄性之间可能没有如此尖锐的矛盾。巴塔略内斯1号地点是一个由天坑形成的自然陷阱，这里的原巨颏虎数量比隐匿剑齿虎更多，这可能就与社会习性中的同类容忍度有关，大多数原巨颏虎材料都是年轻的成年个体，这可能是因为它们对领地内同双亲的同胞有着很高的容忍度，现代的美洲豹也是如此，相比于狮和豹，原巨颏虎和美洲豹都有着更小的性双型差异和更大的同类容忍度（Rabinowitz & Nottingham, 1986）。原巨颏虎数量多于隐匿剑齿虎的现象可能也在暗示前者本身在生态系统中的密度就更大，这应该与它们更小的体形有关。

为什么要变成剑齿虎？

在回顾了剑齿虎类特别是猫科真剑齿虎亚科的演化适应以后，我们已经知道它们都是老练高效的捕食者，现代猫科显然也是如此。现代的锥齿猫类和猫科最早期的成员在解剖形态上有着非常接近的模式，显然这套模式在最近的2500万年间都在完美地运作着。在这里，一个无法回避的问题出现了：剑齿式演化适应的初衷是什么？

我们已经提到巴塔略内斯的剑齿虎属化石材料中占有相当大比例的个体在生前都用坏了自己的犬齿。在对付那些活蹦乱跳的猎物时为什么要演化出轻易就会折断的长扁上犬齿呢？剑齿虎属是猫科中体形最早达到现代狮和虎这一水平的类群，它们变得这么大显然是为了捕捉更大的猎物，而更大的猎物在遇险反击时是有能力弄坏它们宝贵的长牙的——现今的大猫用粗壮的锥形犬齿就能很好地处决同样的猎物。真剑齿虎亚科更晚的成员在牙齿、头骨和头后部分都有着更为成熟的适应，可以以更小的风险杀死猎物，剑齿虎属在这些方面还不成熟，但它已经是锯齿虎族这一支系的祖先类群了。

所以要想知道为什么真剑齿虎亚科的动物选择了种种剑齿式的演化适应，我们需把目光精确地集中在演化的早期阶段。毕竟，如果剑齿虎属的适应特征

215

没有让它在与其他捕食者的竞争中获得优势的话，之后锯齿虎族后期成员那些改良过的模式也就无从谈起了。

巴塔略内斯的剑齿虎属可以与同一地点的近亲——大小似豹的原巨颏虎相比较。后者的上犬齿不像前者那样长、扁，损坏的频率也更低。但是原巨颏虎也明显地表现出了一些剑齿式的适应特征，对它的解剖学研究揭示了这个模式的一些成功之处。虽然身体的大致比例和豹很相像，但原巨颏虎比现代大猫有着更长、更强壮的颈部，更发达的乳突，以及抓握能力更强的强壮前肢（Salesa et al. 2005, 2006, 2010b）。将这些结构和中等发达的剑齿结合起来，原巨颏虎就能比豹和美洲狮更快、更安全地杀死猎物。在用前肢控制住猎物以后，这种大猫可以避免自己受伤，而它剑齿造成的大量失血会比窒息更快地致使猎物死亡。

需要指出，现代大猫的咬杀比剑齿虎类的更有力，但是现代大猫咬合肌的巨大力量并不是用来咬碎或者咬穿猎物喉咙的，而是用来紧紧咬住喉咙并在几分钟内都不放松（McHenry et al. 2007）。如果它们在咬杀的中途停下来调整一下，猎物就能呼吸一下，整个窒息咬杀的过程就不得不重新开始。而在剑齿虎类中，即使是巴塔略内斯的两个原始种类在这一点上也能做得更好：它们一切断猎物的主要血管，后者在短时间内就会衰弱乃至死亡。

巴塔略内斯的化石不仅告诉了我们为什么猫科的真剑齿虎选择了剑齿式的适应特征，同时也告诉了我们这些特征是如何被选择的。我们在第三章已经提过，巴塔略内斯的隐匿剑齿虎的头骨、牙齿解剖特征是镶嵌进化的绝佳例子，从它整体的演化水平来看，其中有些结构的特化程度高得令人吃惊，而另一些则特别原始。但在演化层面上有一个细节是最有意义的：隐匿剑齿虎最为特化的结构是它的上犬齿，它的上犬齿巨大，侧扁，有着紧致的锯齿边缘。这么进步的上犬齿看起来本该来自年代更晚的某个更新世的古生物遗址，但是隐匿剑齿虎的一些头骨特征却几乎和祖先类群的四齿假猫一样原始，在功能意义上更接近狮子，而不是锯齿虎或者刃齿虎这些生活在更新世的进步类群。所以，从演化的角度来看，我们可以回答"先有剑齿还是先有剑齿虎"的疑问，至少对于真剑齿虎亚科来说，是剑齿造就了剑齿虎。

瓦里西期的生态系统有着适中的植被和数量稳定的大型食草哺乳动物可作为食物，原巨颏虎和剑齿虎属在生存竞争中得到了胜利的报偿。它们各自支系中更晚的成员，比如巨颏虎和锯齿虎，与猫科祖先原有的形态模式已经有了很大差异，但这也只是接过了真剑齿虎亚科先驱最初的一棒并在演化中继续走下去罢了。

简而言之，"为什么变成剑齿虎"的答案是：更快、更安全地杀死大型猎物。现代大猫的祖先在新近纪的大部分时间里都生活在剑齿虎的阴影之下，这并不是巧合；真剑齿虎亚科的成员处理大型猎物之高效实在无法被质疑。但是，成功也可能是致命的，我们所有的物种都应该意识到这一点。

第五章 灭绝

剑齿虎灭绝原因的早期解释

剑齿虎没能延续生存到今天，因此我们常常会看到一种说法，认为它们低级而缓慢，是演化竞赛中的不适应者，最终被更具适应性的"正常"大猫所取代。20世纪早期的古生物学文献中充满了针对剑齿虎类生物学特性的负面评价，这时的学者不但怀疑它们能否主动猎杀活的猎物，也质疑它们面对尸体能否有效地进食。一些人甚至认为，剑齿虎类是"活该"灭绝的。比如，美国古生物学家霍夫就曾说过（Hough, 1950：135）："我们应当意识到，在中更新世时，锥齿猫类已经展现出了竞争力。而它们的对手刃齿虎体形太大，无法在树林中埋伏，又太愚蠢，无法像狮、虎一样动用智慧在丛林中潜行，行动也太缓慢，无法凭借速度追上猎物。而这些刃齿虎无法掌握的攻击模式在真猫类中已经迅速地发展起来，在拉布雷亚我们就找到了真猫类的代表——拟狮、猞猁和美洲豹。"如果刃齿虎的特点真的如此糟糕，那它又是怎样在更新世的美洲大陆上与这些真猫类共存数十万年的呢？为什么它没有更早灭绝呢？

也有一些古生物学家认为杀死猎物对于剑齿虎类来说没有难度，但它们仍然被现代真猫类淘汰了，因为后者更加敏捷迅速（Simpson, 1941）。这种观点认为剑齿虎类适应了猎杀行动缓慢的大型厚皮动物，在冰期结束时这些巨型猎物都灭绝了，只有轻巧敏捷的马和羚羊活了下来。捕食者想在这个新时代生存下来，光靠强悍的力量和巨大的牙齿是不够的，因而剑齿虎类灭绝了，真猫类胜出了。但是我们已经讨论过，虽然一些种类的剑齿动物也许能猎捕现代大猫搞不定的大型动物，但还是有很多其他剑齿虎类捕食的是相对轻巧敏捷的猎物，而这些猎物不仅存活到了现代，而且数量还很丰富。即便是对于那些能捕捉超大猎物的剑齿虎类，中到大型的有蹄类动物（马类和各种反刍动物）也会是它们食谱中最主要的部分，因为这些猎物数量是最多的，也是最易获得的肉类来源。我们接下来还会提到，"正常的"大猫也无法免于灭绝，它们中有不少种类和剑齿虎类有着相同的命运，一些种类幸存至今，但在最后的剑齿虎类消失时它们的分布范围也急剧缩小，同样一度走到过灭绝的边缘。

早年的另一种解释认为剑齿化特征的演化全过程就是它们灭绝的原因。我们在第四章也引用过这种说法：剑齿虎的演化是某个不可逆趋势的一部分，所以它们每往下延续一代，剑齿就会长得更大一点。随着这一改变不断积累，该动物进食就变得越来越困难，因而无法避免灭绝的命运。关于这一观点的一个有趣例子是科普对他所谓的剑齿虎头骨"特征"的解释：

> 我们只能从犬齿上将它们（剑齿虎类）与典型的真猫类区分开来，所以我们也应该在犬齿上寻找它们没能延续的原因。弗劳尔教授[①]的观点看起来也不错，他觉得这些长牙已经对拥有者产生了不便和阻碍。我觉得刃齿虎的巨大犬齿无疑使得它们无法从大块食物上咬下肉来，这严重地阻碍了进食，会让动物陷入窘境。如此大的犬齿只有在嘴闭上时才能作为切割的工具，而它们可能也无法将嘴张大到足够让食物从前方进入的程度。即使嘴张到足够大，使下颌能位于上犬齿尖端的后方，在合上嘴时长牙也可能刺到下颌里去，让动物无法闭上嘴，从而无法进食。伦德在巴西找到的那个完好的毁灭刃齿虎头骨的主人可能就遭遇了这样的命运，我们通过德布兰维尔等人绘制的插图已经很熟悉这个头骨了（1880：853）。

科普提到的这个头骨和下颌有一定程度的错位，但是这个骨骼错位应该是在动物死后发生的，和灭绝的原因完全没有关系。

我们在前面的章节中提到过剑齿虎类的诸多适应特征，它们都是老练的猎手，丝毫不逊于那些不长剑齿的表亲。但有意思的是，在科普的想象中，这些适应特征竟然会让它的拥有者"陷入窘境"。按照这种理论，在数百万年的时间里，这些动物一代又一代地繁殖出同样不正常的个体，从而延长它们悲惨的生存时间，直至最终灭绝。当然，这样的事情永远不会发生，因为在自然界中，任何不适应环境的个体（更不用说一个物种了）都会被迅速淘汰，不会有后代留下。

虽然物种不可能真正按照某种"自杀式"的固定趋势去演化，但演化中的适应确实有着有限的弹性，受到各种约束。如果我们观察整个食肉目动物的演化史，就可以发现处于原始状态的动物保留了不怎么分化的齿列，前臼齿和臼齿的数目基本完整，现代的犬科动物大致就是如此。而我们已经提到过，食性转变为严格食肉的食肉目动物有着趋于变大的刀刃状的裂齿，除裂齿以外，犬齿后方的其他牙齿（即颊齿）则趋于缩小，因而牙齿整体上可以更为有效地切肉。从演化的角度来看，严格食肉的食肉目动物的状态要比它们食谱更广泛的表亲更加特化。同时，我们还发现，演化出高度食肉形态的支系很少（也许根本就不曾）逆转这个趋势，很少变回更加中庸、兼食的状态（Van Valkenburgh，2007）。从这点上说，特化确实是一个无法逆转的趋势。虽然无论特化与否，每个物种要生存繁衍都必须去尽力适应它所在的环境，占据自己的生态位，但在环境发生变化时，更为特化的物种往往也更加缺乏适应

---

① 译者注：19 世纪英国著名的比较解剖学家，精通哺乳动物的骨骼解剖。

的弹性。接下来我们将会看到，包括剑齿虎类在内的许多高度食肉的动物，其灭绝原因中都有这个因素。

剑齿虎的一系列灭绝事件

有一件事我们千万别忘了，那就是剑齿虎类并不是在单次事件中灭绝的，先后出现于世界各地的剑齿动物是在不同时期灭绝的。丽齿兽类剑齿动物是在二叠纪末期的大灭绝中消失的。讽刺的是，它们的灭绝也是最无争议的：这是一次灾变性质的劫难，当时地球上超过90%的物种都消失了。

在丽齿兽之后，哺乳类剑齿动物的灭绝要更加复杂，它们中有一些是在较大的灭绝事件中走向终结的，有一些则不然。对于肉齿类剑齿动物——类剑齿虎在晚始新世的灭绝，古生物学家并不会对此感到意外，因为这类动物的化石记录一直都十分有限。

相比于类剑齿虎，猎猫科剑齿动物更加多样也更加成功，它们在经历了漫长演化历程之后的灭绝也更加引人关注，在北美洲，长剑齿的猎猫科和不长剑齿的猎猫科如祖猎虎和恐猎猫同时在渐新世灭绝，这片土地在之后的几百万年间都没有任何带剑齿的捕食者，也没有任何大型的外形似猫的食肉动物（Bryant, 1996b）。特别是在北美，从最后的猎猫科剑齿动物（如须齿猫和始剑虎）的灭绝到巴博剑齿虎科在晚中新世的出现，至少间隔了1500万年。在欧洲，猎猫科的消亡显然比北美要更早，在大约1000万年之后，原始的巴博剑齿虎科才从非洲迁移过来。曾有人认为，比起它们的许多猎物，猎猫科动物在速度和敏捷上有所欠缺，而随着渐新世草原环境的不断发展和扩张，这种在运动适应上的差距对捕食者更加不利（Bryant, 1996b）。不过，在中新世的北美，草原的范围比渐新世更大，但新来的巴博剑齿虎却在这个时期获得了成功，这说明相对开阔的环境中仍然可以养育粗壮而不善奔跑的剑齿掠食者。灭绝并不总是伴随着同类型动物的取代，猎猫科的戏剧性灭绝就是这样的例子。

巴博剑齿虎类起源于旧大陆，它花了几百万年的时间去发展自己的剑齿化特征，以到达百万年前进步的猎猫科曾经达到的程度（Morlo et al. 2004）。这个类群在演化出自己支系的巅峰物种——弗氏巴博剑齿虎之后不久便永远地退出了历史舞台。巴博剑齿虎类的灭绝或许有部分可以归因于猫科真剑齿虎类的兴起，比如晚中新世在北半球取得成功的原巨颊虎、剑齿虎属和拟猎虎，它们可能与更古老的巴博剑齿虎类展开过直接的竞争。

南美的袋剑齿虎科从中新世时开始有了零星记录，其中最晚期的代表——袋剑齿虎属在上新世时灭绝。在巴拿马地峡出现之后，从北美侵入的猫科真剑齿虎类占据了它们的生态位。看起来在这里好像发生过竞争，而竞争导致了淘汰事件，但是我们缺乏明确的证据。从时间上来看，在有胎盘类的猫科真剑齿虎到达南美前，有袋类剑齿动物可能就已经灭绝了（Marshall & Cifelli, 1990）。

图5.1 早更新世西班牙南部的化石遗址丰特努埃瓦的一个场景。一群古人类正在肢解一头年轻的猛犸，这头猛犸可能是锯齿虎猎获的。至少在人属出现时，我们的祖先就已经把从大型食肉动物中抢夺来的猎物作为了摄取蛋白质的重要来源。［原p.220］

但最令古生物学家感到困扰的还是锯齿虎、巨颏虎和刃齿虎这几个属的灭绝事件，它们曾在上新世和更新世时期广泛分布于非洲、欧亚和南北美洲。在旧大陆，它们的位置被现存大猫如狮、虎、豹和猎豹所取代，在新大陆则被美洲狮和美洲豹取代（Turner & Antón, 1998）。猫科真剑齿虎亚科从中新世开始就在欧亚大陆、非洲和北美不断繁衍、演化，但在更新世结束之后只有真猫亚科延续了下来。后者的存在给人们留下了它们更加优越的印象，曾有人对此解释说：在军备竞赛中，更为迅捷的捕食者赢得了世界，速度胜过了蛮力，成为了存活的关键因素。但事实又怎么会这么简单呢？

我们之前讲过，与所有顶级掠食者一样，剑齿虎类的生存有赖于体形大小适合的猎物，它们对猎物种类、支持这些食草动物的植被以及影响植被的气候因素的变化具有一定的容忍度。这种容忍度使得许多种类的剑齿虎，特别是新近纪的一些大型剑齿虎类取得了几乎世界性的分布。①

比如锯齿虎从低纬度的赤道到高纬度的极地都有分布。但这种容忍度也是有限度的，虽然某些剑齿虎类可以在迥然相异的环境中生存，但一些环境变

① 译者注：当然它们无法远涉重洋，这里的世界性分布一般指的是在新近纪时动物群有着频繁交流的欧亚、非洲和北美地区。

量组合可能会对它们产生毁灭性的打击。这些不利情况在地史时期中出现过几次，导致了许多剑齿虎类物种乃至整个亚科、科的灭绝。更新世末期的灭绝只是其中的一次，但这一次和之前有些不同，它涉及一个重要因素——人类。

剑齿虎与人类

我们人类对野生大型捕食者的认识存在偏见，这在很大程度上是因为我们本身也是捕食者。食肉是界定人类的关键性特征，在200多万年前的非洲稀树草原上，最早的人属成员发明了石器来处理有蹄类动物的尸体，这个生活特征不仅改变了我们的习性，也改变了我们的肠道，比起我们那些更偏素食的近亲——大猿，我们的肠道要短得多（图5.1）。缩短的肠道可能给我们带来了重要的能量盈余，可以用来供应一个在新陈代谢中特别耗能的器官——我们的大脑。当然，在上新世和更新世的非洲稀树草原上，从我们在自然环境中的早期演化开始，我们不仅是捕食者，也是猎物（图5.2）。时至今日，人类被野生掠食者猎杀、吃掉的情况已经非常少见，但在遥远的过去，大型食肉动物一直是

图5.2　上新世南非的一个场景。非洲南方古猿正在被锯齿虎追逐。虽然所有的剑齿虎类物种都不太可能将古人类作为常规食物，但机缘巧合下的捕食可能还是会偶尔出现的。［原p.221］

图5.3 上新世南非斯特克方丹山谷
的一个场景。恐猫正在食用
它捕获的非洲南方古猿，它
身旁有几只黑背胡狼，正在
等待分享食物的机会。［原
p.223］

我们生活中重要的一部分，我们和所有的羚羊一样，活在对它们的敬畏和恐惧之中。古生物学家布莱恩在他1981年的文章中甚至猜想，真剑齿虎亚科中的恐猫属成员在上新世的非洲可能是原始人类的专业捕猎者。在他看来，恐猫不仅会猎杀原始人类，还会将猎物尸体带回自己的巢穴慢慢享用，这种习惯可以解释为什么在南非著名的斯特克方丹洞穴中会有大量原始人类遗骸（图5.3）。

作为捕食者和猎物，这样的双重身份使我们能够更敏锐地去观察周围的大型食肉动物，因为它们的捕猎本领而崇拜它们，又因为对猎物的竞争而憎恨它们，也因为致命的伤害而恐惧它们。在狮和豹崛起之前，剑齿虎类一直是非洲大陆上的"猫王"，是我们祖先的梦魇。在这之后的100多万年间，古人类走出了非洲，真剑齿虎和现代大猫共同享有顶级掠食者的王冠，它们的存在使得早期人类生活的世界变得刺激而危险。最后，随着10000年前北美最后的剑齿虎类的灭绝，现代大猫成为了陆地上"食人协会"中无可争议的优胜者。

在人类的起源地非洲，剑齿虎类的衰亡要早得多，大约发生在距今100万年到50万年间，在这之后我们印象中的万兽之王狮子开始了自己漫长的统治。几个世纪以来，人类国王①都将狮子作为它们最喜爱的符号，而比狮子被视为

① 译者注：主要是欧洲和亚洲西部、南部的王国。

王权象征还要广泛的情况是，大猫在世界各地的原始部落中都常被当作图腾动物、通灵的终极对象，萨满们会在仪式中化身为大猫，希望借此探索灵魂的世界。德国霍伦施泰因-施塔德尔曾发现过一件制作于旧石器时代的狮首人身雕像，这种认同在它的形态中已经有所体现，该雕像约有32000年的历史，是已知最早的立体艺术品之一。[①]对于这个雕像的具体意义有着多种解释，但它和现存的部落文化中的场景确实有着惊人的相似之处。

早期人类艺术家对大猫的兴趣让我们不仅要问：如果（生物学意义上的）现代人和剑齿虎在晚更新世时共存过，那么他们是否也描绘过这些令人难忘的动物呢？遗憾的是，我们目前还没有在史前艺术文物中找到明确的剑齿虎形象。在第四章中我们讨论过法国伊斯图里茨洞穴中发现的那个著名的猫科雕像，但它更可能是一只洞狮。

对大猫的崇拜没能阻止人类将它们推向灭绝的边缘。在畜牧业和农业发展起来以后，人类开始主动追逐它们——人们需要清除居所周边的危险因素，并保护自己的牲畜。但是早期人类猎手对于大猫的影响与此不同，特别是对于剑齿虎来说，他们是竞争者，共同角逐同样的资源：有蹄类动物的肉。我们在接下来回顾剑齿虎灭绝的诸多可能原因时，会更详细地讲讲早期人类和剑齿虎之间可能的竞争。

剑齿虎灭绝的原因

竞争

我们在上面刚刚讲过，传统观点认为更新世剑齿虎类与速度更快的现代猫科曾展开过竞争，而后者更擅长抓住迅捷的猎物，在冰期的大型动物灭绝以后这类猎物主宰了世界，因而剑齿虎类在竞争中失败，走向了灭亡。但这个理论的很多假设都是错误的，比如剑齿虎类能够捕猎哪些猎物，无法捕猎哪些猎物，哪种捕猎方式又更加有效。要知道，真猫类同样在晚更新世的灭绝事件中深受打击，在北美洲，不止两种剑齿虎类，美洲拟狮和美洲猎豹也消失了，所以这不是剑齿虎类竞争失败的问题，而是所有大型食肉动物都找不到足够食物资源的问题，我们在下一节还会讨论这点。

虽然过于简单化的"速者生存"无法解释剑齿虎类的灭绝，但我们无法完全排除竞争的因素，至少在某些剑齿虎类的灭绝中竞争可能起到了一些作用。之前我们提到过，中新世时，巴博剑齿虎类在欧洲的灭绝要比在北美早几百万年，两类真剑齿虎亚科动物剑齿虎属和原巨颏虎属的崛起对欧洲最后的巴博剑

---

① 译者注：霍伦施泰因 - 施塔德尔是德国南部施瓦本汝拉山脉中的一处洞穴遗址，其中发现的最著名文物就是文中所述的狮首人身像（Löwenmensch figurine），雕像由猛犸象牙雕刻而成，按照最新的测年约有 3.5 万至 4 万年的历史，属于奥瑞纳文化（Aurignacian culture），在法国、德国等地的奥瑞纳文化遗址中还有诸多以冰期野生动物为主题的象牙雕刻和壁画发现。

齿虎科动物——阿尔邦剑齿虎来说成了严峻的问题。而在新大陆，巴博剑齿虎属和真剑齿虎亚科的拟猎虎属、剑齿虎属共存了一段时间，这样的共存并没能阻止它演化出体形巨大而特化的巴博剑齿虎弗氏种。然而，巴博剑齿虎在北美的灭绝与半剑齿虎属从欧亚大陆到北美的扩张是相继发生的，这可能与新来者的竞争有关，也可能无关。在每一个这样的例子中，我们都可以找到一个与灭绝者有着高度重合生态位的外来竞争者，一个非常短的共存时期，所以种间竞争至少是影响灭绝的一个可能的因素。

猎物资源的变化

　　猛犸、乳齿象、地懒这些巨兽在北美的灭绝毫无疑问与剑齿虎类的灭绝相关，这倒不是因为它们是剑齿虎类的主要猎物（这几乎是完全错误的），而是因为它们的灭绝都是同样一个大灭绝事件的一部分。这时期还有许多其他食草动物灭绝，比如两属新大陆马类——真马[①]和南美小马，几种骆驼科、叉角羚科成员，大型野牛，一些南美土生的有蹄类动物——形似骆驼的后弓兽和形似河马的箭齿兽。[②]这些种类都是大猫赖以为生的食物，有着巨大的生物量，因而可以想见它们的消失对于捕食者来说会产生怎样的后果。只要食物足够丰富、能够获取，大型食肉动物可以接受许多不同种类的食物，北美和南美的刃齿虎迥然相异的食谱就是明证。但如此多种类食草动物的灭绝一定事出有因，这背后至少有一部分和环境危机对植被类型的影响有关。以二叠纪末期的灭绝事件为例，丽齿兽类剑齿动物捕食对象的物种多样性曾经持续下降了数千年。最终，南非几乎没有大型食草动物了，所以大型的鲁比奇兽可能被迫从它的小个子表亲，如猫颌兽那里抢夺食物。猎物多样性的降低实际上只是环境整体恶化的一方面，而后者最终演变成了一场灾变式大灭绝。

环境变化

　　我们在第二章提到过，植被覆盖对于大猫来说是必需的，原因如下：植被为大猫提供了遮蔽，使它可以偷偷接近猎物，在植被中隐藏起来也可以减少竞争者的打扰，在面临攻击时大猫还可以逃到树上（Seidensticker, 1976）。与之相对应的是，大面积的草场使得食草兽群的出现成为可能，这为大猫提供了密集的有蹄类食物资源。因而在开阔地带与封闭林地镶嵌而成的环境中大猫生活得最好，这样的环境在过去可能也促使多种捕食者在同一片区域中共存（Antón et al. 2005）。在气候振荡的作用下，全球性植被的突发波动在

①　译者注：真马属只是在南北美洲灭绝了，它们在旧大陆延续了下来，马、驴和斑马都属于真马属，现代北美的"野马"是欧洲殖民者带来的家马野化而成的。

②　译者注：后弓兽属于滑距骨目，箭齿兽属于南方有蹄目，二者同属于南方有蹄类（超目），这类动物是在南美与其他大陆隔绝时独立演化出来的有蹄类动物，是奇蹄类的远亲，在晚更新世完全灭绝。

新生代的各个阶段发生过很多次，在更新世尤甚。这样的波动会从多个方面影响食肉动物，比如优秀的镶嵌型环境可能变成更加稠密的森林或者变得更加干旱，这都会加剧种间、种内的竞争，不利于丰富的大型食肉动物资源的存在。

南美大陆上安第斯山脉能够阻隔太平洋方向来的湿润气流，它在新生代期间的不断隆升使得雨影效应①变得越来越强，大陆上也出现了越来越干旱的环境。食肉有袋类在这里的衰退可能就与植被的衰退有关，因为植被对于依赖伏击的捕食者太重要了。袋剑齿虎肢体粗壮，是典型的伏击者，带状林（沿河流或湿地分布的带状林地）的存在对它来说至关重要，而上新世时期这种栖息地可能在不断缩减。事实上，袋剑齿虎的灭绝发生在查帕德马拉尔期到乌基期之间，这一时期是南美大陆整个上新世到更新世期间动物群更迭最为剧烈的时期，其中环境变化的因素要比北美新移民的影响更加重要（Pascual et al. 1996）。

二叠纪末期的环境恶化就包括干旱化和植被的剧烈减少，所以环境变化的因素在丽齿兽类剑齿动物的灭绝中也起着作用。

人类的影响

在更新世时期，气候振荡的负面影响可能在人类加入大型食肉动物群后进一步加剧了。随着我们人属物种体形变得越来越大，狩猎技术变得越来越先进，我们也可以捕捉大型猎物或抢夺其他捕食者的猎获物，对其他大型食肉动物造成的压力也会与日俱增。这一影响可能最先出现在非洲，当匠人在160万年前兴起并扩散以后不久，这里的巨颏虎和锯齿虎就灭绝了（图5.4）。恐猫属还继续延续了几十万年（Werdelin & Lewis, 2001），这可能与它较低的剑齿化程度，以及与低剑齿化程度相关的更大的生态学弹性有关。

剑齿虎类在欧洲持续得更久，但是巨颏虎仍在约100万年前灭绝了，也就是在先驱人②到来之后。巨颏虎在走出非洲以后一直与人科成员共存，它可能受到了来自我们早期亲属的一定程度的偷窃寄生（指某个物种会系统性地从另一个物种那里窃走猎物）。一些学者甚至猜想早期的人属成员已经形成了对剑齿虎类的依赖，因为后者可以给它们提供吃到一半的尸体，在每年猎食最困难的几个月中这会是关键的补充蛋白质的机会（Arribas & Palmqvist, 1999）。这个想法的拥护者认为，我们早期亲属走出非洲的一个契机是有巨颏虎和它们同行。

这个假说的一个出发点是，剑齿虎类由于牙齿特化，无法吃干净猎物身上

① 译者注：山脉背风一侧的干燥区域称为雨影区，形成雨影的地理现象叫雨影效应。
② 译者注：先驱人是主要分布在欧洲西部，特别是西班牙地区的一种古人类，不过一些学者认为那不是一个有效的独立物种。

图5.4　早更新世肯尼亚库比佛拉的一个场景。一群匠人正尝试着驱赶一只巨颏虎，抢夺后者杀死的水羚。匠人的体形比他们之前的古人类更大，制作石器的技术也更高超，更早古人类偶尔的食腐在他们这里可能已转变成了名副其实的"偷窃寄生"。［原 p.227］

的肉，它们刃状的裂齿也无法咬碎骨头，所以骨骼中的营养物质会遗留下来。但我们不清楚剑齿虎类留下的尸体是否就比现生大猫更有料，后者的牙齿几乎和前者一样不适合处理骨头，它们同样会将骨骼内的营养物质留给腐食者。另外，剑齿虎类平伏的门齿也许也能够有效地刮去骨骼表面的肉。古生物学家马雷恩研究过德克萨斯的弗利森哈恩洞穴遗址，锯齿虎可能曾在这里安家。马雷恩在他1989年的文章中提到，锯齿虎可能曾用门齿刮去长鼻类骨骼表面的肉，洞穴中不少年轻长鼻类的骨骼表面都存在刮痕，很可能是这种行为留下的。锯齿虎的门齿本身也常常受到强烈磨蚀，这说明它们会被频繁使用，可能常常与骨骼接触。参考这些证据，我们不得不说，剑齿虎类能否充分摄取它们猎获物上的肉这个问题仍然有待更多的观察。

相比于锯齿虎这样体形较大、可能群居的捕食者，独居且体形中等的巨颏虎更可能是古人类攻击、抢夺食物的目标。在人科的早期成员来到欧亚大陆时，他们确实常常和剑齿虎类一起留存在化石遗址中。比如在格鲁吉亚的德马尼西遗址，动物骨骸周围出土的大量石器让人不禁猜想，古人类在巨颏虎杀死

228

猎物后不久就现身了。这里发现的格鲁吉亚人①在化石头骨上曾有一处伤痕，这可能是在抢夺猎物的冲突中由剑齿虎类的长牙造成的（Gabunia et al. 2000）。

在欧洲，锯齿虎比巨颏虎延续的时间更久，但在体形更大、技术更好的海德堡人出现后，它似乎也消失了。欧洲最晚的锯齿虎化石发现于北海，大约距今28000年，除了这个记录，其他的化石都要早得多，其中有40万年的空白期，或许北海的这个记录来自一直生活在狮子阴影下的一个非常小的种群，也或许它是重新从北美迁回的。不管怎么说，在最近的40万年间，欧亚大陆上最具统治地位的大猫是狮子。

在美洲大陆，剑齿虎类延续的时间要长得多，但现代智人的到来也标志着刃齿虎、锯齿虎在这里的消亡。

特化者的脆弱之处

锯齿虎在欧洲的一次或者多次灭绝显示出了几种可能的灭绝因素存在着有趣的联系。更新世中期从非洲到来的狮子可能在一定程度上通过竞争影响了锯齿虎，而更晚到来的海德堡人则使得当地生态系统中的大型捕食者群体变得更为拥挤。

我们无法得知这些竞争因素是否足以将锯齿虎推向灭绝，但整个更新世期间强烈的气候振荡又构成了另一个要素，让所有捕食者的生活都变得难上加难。我们能认识到，最适合高多样性的食肉类生存的环境是开放与封闭植被镶嵌共存的环境，在这里捕食者可以伏击猎物，也能免于受到竞争者过于频繁的骚扰。在更新世的极暖、极冷时期，这样的适宜环境会随着封闭森林（在温暖的间冰期）的扩张或者干草原（在寒冷的冰期）的扩张而缩减，食肉类之间的竞争在此期间会随之加剧。在更新世的欧洲，不论冷暖更替，狮子化石的数量一直都很多，这说明它们相比锯齿虎有着明显的优势，而优势可能来源于它们对食物资源的变化有更强的适应力。现今的非洲狮食谱中有着极多种类的有蹄类动物，在大型食草动物较少的季节，它们也可以依靠小型猎物活下来。剑齿虎类特化的解剖结构使它们不太能够捕食小型猎物，它们在猎杀大型动物时所表现的特化适应在环境艰难的时期反而变成了负担。

在更新世的美洲大陆，气候振荡同样很剧烈，人类到达这里的时间比到欧洲更晚，紧接着便发生了灾变式的大型动物群灭绝事件。所以我们有理由去猜测，虽然美洲异常丰富的大型食肉动物群可以应对更新世气候的反复振荡，但环境变化与人类出现的共同打击对于剑齿虎类来说还是太沉重了。

证据显示，气候变化导致的环境危机、无法预测的资源分布以及在生态系

---

① 译者注：格鲁吉亚人是一些学者为德马尼西地点出土的古人类定名的人属物种，也叫作德马尼西人，也有部分学者认为他并不是一个独立物种，而是属于直立人或者匠人。

统内随之发生的激烈竞争都可能是导致剑齿虎类在更新世灭亡的重要因素。我们不禁怀疑，这些因素的协同作用也可能发生在年代更早的灭绝事件期间。渐新世后期全球环境的干旱化、开阔化可能使得最后的猎猫科剑齿动物被迫在广袤的区域内以极低的密度生存，在某些特别干旱的时期，广泛分布的犬熊类可能会凭借它们巨大的活动范围和不挑剔的食性胜过生态位更加狭窄的猎猫科剑齿动物。一类体形中等的犬熊——切齿犬熊（属于犬熊科中的切齿犬熊亚科）是唯一在北美的渐新世-中新世界限前后存活下来的大型食肉动物类群，而当新的犬熊科和熊科动物在早中新世从欧亚大陆到来时，这里几乎没有大型捕食者（Hunt, 2002）。消灭猎猫科剑齿动物的因素同时也消灭了这片大陆上的绝大多数食肉哺乳动物，比如形似犬类的肉齿目动物鬣齿兽类。

讽刺的是，数百万年后，剑齿虎属这样的大型猫科真剑齿虎类又凭借自己高效的捕猎手段在欧亚大陆瓦里西期更加稳定、适宜的环境中占据了优势，并将最后的犬熊科推向了灭绝的境地。从这样的模式看起来，特化捕食者会在食物来源丰富而稳定的时期获得成功，而中庸兼食者则会在危机期间表现出优势。

如果我们将更新世的剑齿虎类放归当今某些适宜的生态系统之中，它们可能会以水牛、野牛或者其他大型有蹄类动物为食，重新在与其他捕食者的竞争中取得优势而兴盛起来。北美的马类在更新世末期灭绝，但欧洲人带来的家马又重新在北美的荒野中野化而繁衍起来，这说明这里的环境并没有发生什么永久的不适于马类生存的变化，而对剑齿虎类来说，可能也同样如此。

对于物种来说，灭绝可能只是一系列事情在同一个时间点出了问题，或者说，发生的巧合，而不是事先注定的命运。当危机过去之后，某个衰败物种的幸存者可以迅速地繁衍、恢复，找回自己以前的领地，以至于使我们怀疑它是否濒临灭绝过。目前我们已经知道猎豹在约10000年前曾经濒临绝境，所有现存的猎豹都表现出了极高的遗传一致性，因为它的种群在之前曾经遭遇过严重的瓶颈期（O'Brien et al. 1987）。[①]

人们很容易认为猎豹和剑齿虎类是截然相反的动物，前者敏捷而迅速，后者强壮而缓慢。然而它们也有着乍看上去难以察觉的共同点。它们有着相同的软肋——特化程度都特别高。我们可能会错误地认为猎豹比剑齿虎类更适应现代环境，但如果看看剑齿虎类，或者再看看现生猎豹的表亲——北美猎豹的命运，我们会意识到猎豹现在还和我们生活在一起的原因可能只是因为它们更加幸运罢了。如果我们认为自己有义务守护这个星球的生物多样性的话，这个事例对我们来说实在是有趣但又沉重的一课。

---

① 译者注：也就是说约10000年前，猎豹仅剩的一个极小的种群避过了灭绝，种群内的遗传多样性很低，即处于瓶颈期（bottleneck），而所有现生猎豹都是这样极小的种群重新繁衍恢复的。

延伸阅读

Adolfssen, J. S., and P. Christiansen. 2007. Osteology and ecology of *Megantereon cultridens* SE311 (Mammalia; Felidae; Machairodontinae), a sabrecat from the late Pliocene–early Pleistocene of Senèze, France. *Zoological Journal of the Linnean Society*, 151: 833–884.

Agustí, J., and M. Antón. 2002. *Mammoths, Sabertooths and Hominids: 65 Million Years of Mammalian Evolution in Europe*. Columbia University Press, New York.

Akersten, W. A. 1985. Canine function in *Smilodon* (Mammalia, Felidae, Machairodontinae). *Los Angeles County Museum Contributions in Science*, 356: 1–22.

Alf, M. 1959. Mammal footprints from the Avawatz Formation, California. *Bulletin of Southern California Academy of Science*, 58: 1–7.

Alf, M. 1966. Mammal trackways from the Barstow formation, California. *Bulletin of Southern California Academy of Science*, 65: 258–264.

Antón, M., and A. Galobart. 1999. Neck function and predatory behavior in the scimitar toothed cat *Homotherium latidens* (Owen). *Journal of Vertebrate Paleontology*, 19: 771–784.

Antón, M., A. Galobart, and A. Turner. 2005. Co-existence of scimitar-toothed cats, lions and hominins in the European Pleistocene: implications of the post-cranial anatomy of *Homotherium latidens* (Owen) for comparative palaeoecology. *Quaternary Science Reviews*, 24: 1287–1301.

Antón, M., R. García-Perea, and A. Turner. 1998. Reconstructed facial appearance of the sabretoothed felid *Smilodon. Zoological Journal of the Linnean Society*, 124: 369–386.

Antón, M., G. López, and R. Santamaría. 2004a. Carnivore trackways from the Miocene site of Salinas de Añana (Álava, Spain). *Ichnos*, 11: 371–384.

Antón, M., and J. Morales. 2000. Inferencias paleoecológicas de la asociación de carnívoros del yacimiento de Cerro Batallones. In J. Morales, M. Nieto, L. Amezua, S. Fraile, E. Gómez, E. Herráez, P. Peláez-Campomanes, M. J. Salesa, I. M. Sánchez, and D. Soria (eds.), *Patrimonio Paleontológico de la Comunidad de Madrid*, 190–201. Arqueología,

Paleontología y Etnografía, 6. Servicio de Publicaciones de la Comunidad de Madrid, Madrid.

Antón, M., M. J. Salesa, A. Galobart, J. F. Pastor, and A. Turner. 2009. Soft tissue reconstruction of *Homotherium latidens* (Mammalia, Carnivora, Felidae): Implications for the possibility of representation in Palaeolithic art. *Geobios*, 42: 541–551.

Antón, M., M. J. Salesa, J. Morales, and A. Turner. 2004b. First known complete skulls of the scimitar-toothed cat *Machairodus aphanistus* (Felidae, Carnivora) from the Spanish late Miocene site of Cerro Batallones-1. *Journal of Vertebrate Paleontology*, 24: 957–969.

Antón, M., M. J. Salesa, J. F. Pastor, I. M. Sanchez, S. Fraile, and J. Morales. 2004c. Implications of the mastoid anatomy of larger extant felids for the evolution and predatory behaviour of sabretoothed cats (Mammalia, Carnivora, Felidae). *Zoological Journal of the Linnean Society*, 140: 207–221.

Antón, M., and L. Werdelin. 1998. Too well restored? The case of the *Megantereon* skull from Senèze. *Lethaia*, 31: 158–160.

Anyonge, W. 1993. Body mass in large extant and extinct carnivores. *Journal of Zoology*, 231: 339–350.

Arambourg, C. 1947. Contribution à l'étude géologique et paléontologique du bassin du Lac Rodolphe et de la basse vallée de l'Omo, deuxième partie. In C. Arambourg (ed.), *Mission Scientifique de l'Omo, Paléontologie*, 1: 231–562. Editions du Museum, Paris.

Arambourg, C. 1970. Les vertébrés du Pléistocène de l'Afrique du nord. *Archives du Muséum national d'Histoire naturelle, Paris*, 7th ser., 10: 1–127.

Argant, A. 2004. Les carnivores du gisement Pliocène final de Saint-Vallier (Drôme, France). Supplement 1, Le gisement pliocène final de Saint-Vallier (Drôme, France). *Geobios 37*: S133–S182.

Argot, C. 2004. Functional-adaptive features and palaeobiologic implications of the postcranial skeleton of the late Miocene sabretooth borhyaenoid *Thylacosmilus atrox* (Metatheria). *Alcheringa*, 28 (1): 229–266.

Arribas, A., and P. Palmqvist. 1999. On the ecological connection between sabre-tooths and hominids: faunal dispersal events in

the lower Pleistocene and a review of the evidence for the first human arrival in Europe. *Journal of Archaeological Science*, 26: 571–585.

Bailey, T. N. 1993. *The African Leopard: Ecology and Behavior of a Solitary Felid*. Columbia University Press, New York.

Bakker, R. T. 1998. Brontosaur killers: late Jurassic allosaurids as sabre-tooth cat analogues. *Gaia*, 15: 145–158.

Ballesio, R. 1963. Monographie d'un Machairodus du gisement villafranchien de Senèze: *Homotherium crenatidens* Fabrini. *Travaux du Laboratoire de Geologie, Lyon*, 9: 1–127.

Barnett, R., I. Barnes, M. J. Phillips, L. D. Martin, C. R. Harington, J. A. Leonard, and A. Cooper. 2005. Evolution of the extinct sabretooths and the American cheetahlike cat. *Current Biology*, 15: R589–R590.

Barone, R. 2010. *Anatomie Comparée des Mammifères Domestiques*. Vols. 1 and 2. Éditions Vigot, Paris.

Baskin, J. A. 2005. Carnivora from the Late Miocene Love Bone Bed local fauna of Florida. *Bulletin of the Florida Museum of Natural History*, 45: 413–434.

Battail, B., and M. V. Surkov. 2000. Mammal-like reptiles from Russia. In M. J. Benton, M. A. Shishkin, D. M. Unwin, and E. N. Kurochkin (eds.), *The Age of Dinosaurs in Russia and Mongolia*, 86–119. Cambridge University Press, Cambridge.

Beaumont, G. de. 1975. Recherches sur les Félidés (Mammifères, Carnivores) du Pliocène inférieur des sables à *Dinotherium* des environs d'Eppelsheim (Rheinhessen). *Archives des Sciences Physiques et Naturelles, Genève*, 28: 369–405.

Bernor, R. L., H. Tobien, L. C. Hayek, and H. W. Mittmann. 1997. *Hippotherium primigenium* (Equidae, Mammalia) from the late Miocene of Höwenegg (Hegau, Germany). *Andrias*, 10: 1–230.

Berta, A. 1987. The sabercat *Smilodon gracilis* from Florida and a discussion of its relationships (Mammalia, Felidae, Smilodontini). *Bulletin of the Florida State Museum, Biological Series*, 31: 1–63.

Blainville, H. M. D. de. 1841. *Ostéographie ou description iconographique comparée du squelette et du système dentaire des mammifères récents et fossiles pour servir de*

base à la zoologie et à la géologie. Vol. 2,
Carnassiers. Baillière, Paris.

Boaz, N. T., R. L. Ciochon, Q. Xu, and J. Liu.
2000. Large mammalian carnivores as a
taphonomic factor in bone accumulation at
Zhoukoudian. Supplement. *Acta Anthropo-
logica Sinica,* 19: 224–234.

Bohlin, B. 1940. Food habit of the machairo-
donts, with special regard to *Smilodon. Bul-
letin of the Geological Institute of Uppsala,*
28: 157–174.

Bohlin, B. 1947. The sabre-toothed tigers once
more. *Bulletin of the Geological Institute of
Uppsala,* 32: 11–20.

Boule, M. 1901. Révision des espèces euro-
péennes de *Machairodus. Bulletin de la So-
ciété Géologique de France,* 4: 551–573.

Brain, C. K. 1981. *The Hunters or the Hunted?
An Introduction to African Cave Taphonomy.*
University of Chicago Press, Chicago.

Bravard, M. A. 1828. *Monographie de la
Montagne de Perrier, près d'Issoire (Puy-de-
Dôme) et de deux espèces fossiles du genre
Felis découvertes dans l'une de ses couches
d'alluvions.* Dufour et Docagne, Amsterdam,
and Levrault, Strasbourg.

Broom, R. 1925. On some carnivorous the-
rapsids. *Records of the Albany Museum,* 3:
309–326.

Broom, R. 1937. On some new Pleistocene
mammals from limestone caves of the Trans-
vaal. *South African Journal of Science,* 33:
750–768.

Broom, R. 1938. On a new family of carniv-
orous therapsids from the Karroo beds of
South Africa. *Proceedings of the Zoological
Society of London,* B108: 527–533.

Bryant, H. N. 1988. Delayed eruption of the
deciduous upper canine in the saber-toothed
carnivore *Barbourofelis lovei* (Carnivora
Nimravidae). *Journal of Vertebrate Paleon-
tology,* 8: 295–306.

Bryant, H. N. 1990. Implications of the dental
eruption sequence in *Barbourofelis* (Carniv-
ora, Nimravidae) for the function of upper
canines and the duration of parental care in
sabretoothed carnivores. *Journal of Zoology,*
222: 585–590.

Bryant, H. N. 1991. Phylogenetic relationships
and systematics of the Nimravidae (Carniv-
ora). *Journal of Mammalogy,* 72: 56–78.

Bryant, H. N. 1996a. Force generation by the
jaw adductor musculature at different gapes
in the Pleistocene sabretoothed felid *Smilo-
don.* In K. M. Stewart and K. L. Seymour
(eds.), *Palaeoecology and Palaeoenviron-
ments of Late Cenozoic Mammals,* 283–299.
University of Toronto Press, Toronto.

Bryant, H. N. 1996b. Nimravidae. In D.
R. Prothero and R. J. Emry (eds.), *The

Terrestrial Eocene-Oligocene Transition in
North America,* 453–475. Cambridge Univer-
sity Press, Cambridge.

Bryant, H. N., and A. P. Russell. 1992. The role
of phylogenetic analysis in the inference of
unpreserved attributes of extinct taxa. *Philo-
sophical Transactions of the Royal Society of
London,* B337: 405–418.

Carbone, C., T. Maddox, P. J. Funston, M. G. L.
Mills, G. F. Grether, and B. Van Valkenburg.
2009. Parallels between playbacks and Pleis-
tocene tar seeps suggest sociality in an ex-
tinct sabretooth cat, *Smilodon. Royal Society
Biology Letters,* 5: 81–85.

Cartelle, C. 1994. *Tempo passado: Mamiferos
do Pleistoceno em Minas Gerais.* Palco, Belo
Horizonte, Brasil.

Catuneanu, O., H. Wopfner, P. G. Eriksson, B.
Cairncross, B. S. Rubidge, R. M. H. Smith,
and P. J. Hancox. 2005. The Karoo basins
of south-central Africa. *Journal of African
Earth Sciences,* 43: 211–253.

Chang, H. 1957. On new material of some
machairodonts of Pontian age from Shansi.
Vertebrata Palasiatica, 1: 193–200.

Christiansen, P., and J. M. Harris. 2005. Body
size of *Smilodon* (Mammalia: Felidae). *Jour-
nal of Morphology,* 266: 369–384.

Colbert, E. H. 1948. The mammal-like reptile
*Lycaenops. Bulletin of the American Museum
of Natural History,* 89: 357–404.

Cooke, H. B. S. 1991. *Dinofelis barlowi* (Mam-
malia, Carnivora, Felidae) cranial material
from Bolt's Farm, collected by the University
of California African Expedition. *Palaeonto-
logia Africana,* 28: 9–21.

Cope, E. D. 1879. Scientific news. *American
Naturalist* 13: 798a–798b.

Cope, E. D. 1880. On the extinct cats of Amer-
ica. *American Naturalist,* 14: 833–858.

Cope, E. D. 1887. A saber-tooth tiger from the
Loup Fork Beds. *American Naturalist,* 21:
1019–1020.

Cope, E. D. 1893. *A Preliminary Report on
the Vertebrate Paleontology of the Llano
Estacado.* Geological Survey of Texas, B. C.
Jones, Austin, Texas.

Cox, S. M., and G. T. Jefferson. 1988. The first
individual skeleton of *Smilodon* from Rancho
La Brea. *Current Research in the Pleisto-
cene,* 5: 66–67.

Creel, S., and N. M. Creel. 2002. *The African
Wild Dog: Behavior, Ecology, and Conserva-
tion.* Princeton University Press, Princeton.

Croizet, J. B., and A. C. G. Jobert. 1828. *Re-
cherches sur les ossements fossiles du depar-
tement de Puy-de-Dôme.* Delahays, Paris.

Crusafont, M., and E. Aguirre. 1972. *Stenailu-
rus,* felide nouveau, du Turolien d'Espagne.

Annales des Paleontologie (Vertebres), 58:
211–223.

Cuvier, G. 1824. *Recherches sur les ossements
fossiles, où l'on rétablit les caractères de
plusieurs animaux dont les révolutions du
globe ont détruit les espèces.* Vol 5. Edmund
d'Ocagne, Paris.

Dalquest, W. W. 1969. Pliocene carnivores
of the Coffee Ranch (type Hemphill) local
fauna. *Bulletin of the Texas Memorial Mu-
seum,* 15: 1–44.

Dalquest, W. W. 1983. Mammals of the Coffee
Ranch local Hemphillian fauna of Texas
(USA). *PearceSellards Series, Texas Memo-
rial Museum,* 38: 1–41.

Davis, D. D. 1964. The giant panda: a morpho-
logical study of evolutionary mechanisms.
Fieldiana: Zoology Memoirs, 3: 1–339.

Dawson, M. R., R. K. Stucky, L. Krishtalka, and
C. C. Black. 1986. *Machaeroides simpsoni,*
new species, oldest known sabertooth cre-
odont (Mammalia), of Lost Cabin Eocene. In
K. M. Flanagan and J. A. Lillegraven (eds.),
Vertebrates, Phylogeny, and Philosophy,
177–182. University of Wyoming Depart-
ment of Geology and Geophysics, Laramie.

Dechamps, R., and F. Maes. 1985. Essai de
reconstitution des climats et des vegetations
de la basse vallee de l'Omo au Plio-Pleis-
tocene à l'aide de bois fossiles. In M. Beden
(ed.), *L'Environnement des Hominideĺs au
Plio-PleĺistoceĂne: colloque international
(juin 1981),* 175–221. Fondation Singer-Poli-
gnac, Masson, Paris.

Delson, E., M. Faure, C. Guérin, A. Aprile,
J. Argant, B. A. B. Blackwell, E. Debard,
W. Harcourt-Smith, E. Martin-Suarez, A.
Monguillon, F. Parenti, J.-F. Pastre, S. Sen,
A. R. Skinner, C. C. Swisher Ⅲ, and A.
M. F. Valli. 2006. Franco-American renewed
research at the Late Villafranchian locality of
Senèze (Haute-Loire, France). *Courier For-
schunginstitut Senckenberg,* 256: 275–290.

Deng, T. 2006. Paleoecological comparison
between late Miocene localities of China and
Greece based on Hipparion faunas. *Geodi-
versitas,* 28: 499–516.

Diamond, J. 1986. How great white sharks,
sabre-toothed cats and soldiers kill. *Nature,*
322: 773– 774.

Evernden, J. F., D. E. Savage, G. H. Curtis, and
G. T. James. 1964. Potassium-argon dates
and the Cenozoic mammalian chronology of
North America. *American Journal of Science,*
262: 145–198.

Ewer, R. F. 1955. The fossil carnivores of the
Transvaal caves: Machairodontinae. *Pro-
ceedings of the Zoological Society of London,*
125: 587–615.

Fabrini, E. 1890. *Machairodus (Megantereon) del Val d'Arno superiore. Bolletino de Reale Comitato Geologico d'Italia*, ser. 3, 1: 121–144 and 161–177.

Falconer, H., and P. T. Cautley. 1836. Note on the *Felis cristata*, a new fossil tiger from the Sivalik Hills. *Asiatic Researches*, 19: 135–142.

Ficcarelli, G. 1979. The Villafranchian machairodonts of Tuscany. *Palaeontographia Italica*, 71: 17–26.

Filhol, M. 1872. Note relative à la découverte dans les gisements de phosphate de chaux du Lot d'un Mammifère fossile nouveau. *Bulletin de la Société des Sciences Physiques et Naturelles, Toulouse*, 1: 204–208.

Forasiepi, A., and A. A. Carlini. 2010. A new thylacosmilid (Mammalia, Metatheria, Sparassodonta) from the Miocene of Patagonia. *Zootaxa*, 2552: 55–68.

Gabunia, L., A. Vekua, and D. Lordkipanidze, 2000. The environmental contexts of early human occupation of Georgia (Transcaucasia). *Journal of Human Evolution*, 38: 785–802.

Galobart, A. 2003. Aspectos tafonómicos de los yacimientos del Pleistoceno inferior de Incarcal (Crespiá, NE de la Península Ibérica). *Paleontología y Evolució*, 34: 211–220.

Gaudry, A. 1862 and 1867. *Animaux fossiles et géologie de l'Attique*. 2 vols. F. Savy, Paris.

Gazin, C. L. 1946. *Machaeroides eothen* Matthew, the sabertooth creodont of the Bridger Eocene. *Proceedings of the United States National Museum*, 96: 335–347.

Gebauer, E. 2007. Phylogeny and evolution of the Gorgonopsia with a special reference to the skull and skeleton of GPIT/RE/7113 ("Aelurognathus? Parringtoni"). PhD dissertation, Tübingen University, Tübingen, Germany.

Geraads, D., and E. Gulec. 1997. Relationships of *Barbourofelis piveteaui*, a late Miocene nimravid from central Turkey. *Journal of Vertebrate Palaeontology*, 17: 370–375.

Gervais, P. 1876. *Zoologie et paléontologie françaises*. 2nd ed. Arthus Bertrand, Paris.

Gillette, D. D., and C. E. Ray. 1981. Glyptodons of North America. *Smithsonian Contributions to Paleobiology*, 40: 1–255.

Ginsburg, L. 1961a. La faune des carnivores miocènes de Sansan. *Mémoires du Muséum national d'Histoire naturelle*, 9: 1–190.

Ginsburg, L. 1961b. Plantigradie et digitigradie chez les carnivores fissipèdes. *Mammalia*, 25: 1–21.

Ginsburg, L. 2000. La faune miocène de Sansan et son environnement. *Mémoires du Muséum national d'Histoire naturelle*, 183: 9–10.

Ginsburg, L., J. Morales, and D. Soria. 1981. Nuevos datos sobre los carnívoros de Los Valles de Fuentidueña, Segovia. *Estudios Geológicos*, 37: 383–415.

Gittleman, J. J., and B. Van Valkenburgh. 1997. Sexual dimorphism in the canines and skulls of carnivores: effects of size, phylogeny, and behavioural ecology. *Journal of Zoology*, 242: 97–117.

Goin, F. J. 1997. New clues for understanding Neogene marsupial radiations. In R. F. Kay, R. Cifelli, R. H. Madden, and J. Flynn (eds.), *Vertebrate Paleontology in the Neotropics*, 185–204. Smithsonian Institution Press, Washington.

Goin, F. J., and R. Pascual. 1987. News on the biology and taxonomy of the marsupials Thylacosmilidae (Late Tertiary of Argentina). *Anales de la Academia Nacional de Ciencias Exactas, Físicas y Naturales, Buenos Aires*, 39: 219–246.

Harris, J. M., and G. T. Jefferson (eds.). 1985. *Rancho la Brea: Treasures from the Tar Pits*. Natural History Museum of Los Angeles County, Los Angeles.

Hatcher, J. B. 1895. Discovery, in the Oligocene of South Dakota, of *Eusmilus*, a genus of saber-toothed cat new to North America. *American Naturalist*, 29: 1091–1093.

Heald, F. 1989. Injuries and diseases in *Smilodon californicus*. *Journal of Vertebrate Paleontology*, 9: 24A.

Hearst, J. M., L. D. Martin, J. P. Babiarz, and V. L. Naples. 2011. Osteology and myology of *Homotherium ischyrus* from Idaho. In V. L. Naples, L. D. Martin, and J. P. Babiarz (eds.), *The Other Saber-Tooths: Scimitar-Tooth Cats of the Western Hemisphere*, 123–183. Johns Hopkins University Press, Baltimore.

Hemmer, H. 1965. Zur nomenklatur und verbreitung des genus *Dinofelis* Zdansky, 1924 (*Therailurus* Piveteau, 1948). *Palaeontologia Africana*, 9: 75–89.

Hemmer, H. 1978. Socialization by intelligence. *Carnivore*, 1: 102–105.

Hildebrand, M. 1959. Motions of the running cheetah and horse. *Journal of Mammalogy*, 40: 481–495.

Hildebrand, M. 1961. Further studies on locomotion of the cheetah. *Journal of Mammalogy*, 42: 84–91.

Hoganson, J. W., E. C. Murphy, and N. F. Forsman. 1998. Lithostratigraphy, paleontology, and biochronology of the Chadron, Brule, and Arikaree Formations in North Dakota. In D. O. Terry Jr., H. E. La Garry, and R. M. Hunt Jr. (eds.), *Depositional Environments, Lithostratigraphy, and Biostratigraphy of the White River and Arikaree Groups (Late Eocene to Early Miocene), North America,* 185–196. Geological Society of America, Boulder, Colorado.

Hough, J. 1950. The habits and adaptation of the Oligocene saber tooth carnivore, *Hoplophoneus*. US Geological Survey Professional Paper 221-H. Government Printing Office, Washington. http://pubs.usgs.gov/pp/0221h/report.pdf.

Hudson, P. E., S. A. Corr, R. C. Payne-Davis, S. N. Clancy, E. Lane, and A. M. Wilson. 2011. Functional anatomy of the cheetah (Acinonyx jubatus) hindlimb. *Journal of Anatomy*, 218: 363–374.

Huene, F. von. 1950. Die Theriodontier des ostafricanischen Ruhuhu-Gebietes in der Tübinger Sammlung. *Neues Jahrbuch Geologie und Paläontologie*, 92: 47–136.

Hunt, R. M. 1987. Evolution of the aeluroid Carnivora: significance of the auditory structure in the nimravid cat, *Dinictis. American Museum Novitates*, 2886: 1–74.

Hunt, R. M. 2002. Intercontinental migration of Neogene Amphicyonids (Mammalia, Carnivora): appearance of the Eurasian beardog *Ysengrinia* in North America. *American Museum Novitates*, 3384: 1–53.

Janis, C. 1994. The sabertooth's repeat performances. *Natural History*, 103: 78–83.

Jepsen, G. L. 1933. American eusmiloid sabre tooth cats of the Oligocene epoch. *Proceedings of the American Philosophical Society*, 72: 355–369.

Johnston, C. S. 1937. Tracks from the Pliocene of West Texas. *American Midland Naturalist*, 18: 147–152.

Kaup, J. J. 1832. Vier neue Arten urweltlicher Raubthiere welche im zoologischen Museum zu Darmstadt aufbewart werden. *Archiv für Mineralogie*, 5: 150–158.

Kovatchev, D. 2001. Description d'un squelette complet de *Metailurus* (Felidae, Carnivora, Mammalia) du Miocène supérieur de Bulgarie. *Geologica Balcanica*, 31: 71–88.

Kretzoi, M. 1929. Materialen zur phylogenetischen klassifikation der Aeluroideen. In E. Csiki (ed.), *Comptes Rendus, 10th International Zoological Congress, tenu á Budapest du 4 au 10 septembre 1927*, 1293–1355. Stephaneum, Budapest.

Kretzoi, M. 1938. Die raubtiere von Gombaszög nebst einer Übersicht der Gesamtfauna. *Annales Historico-Naturales Musei Nationalis Hungarici*, 31: 88–157.

Kurtén, B. 1968. *Pleistocene Mammals of Europe*. Weidenfeld and Nicolson, London.

Kurtén, B. 1976. Fossil Carnivora from the late Tertiary of Bled Douarah and Cherichira, Tunisia. *Notes du Service géologique de Tunisie*, 42: 177–214.

Kurtén, B. 1980. *Dance of the Tiger*. Random House, New York.

Kurtén, B., and E. Anderson. 1980. *Pleistocene Mammals of North America*. Columbia University Press, New York.

Leakey, M. G., and J. M. Harris. 2003. Lothagam: its significance and contributions. In M. G. Leakey and J. M. Harris (eds.), *Lothagam: The Dawn of Humanity in Eastern Africa*, 625–660. Columbia University Press, New York.

Leidy, J. 1851. [Untitled article.] *Proceedings of the Academy of Natural Sciences of Philadelphia*, 5: 329–330.

Leidy, J. 1854. The ancient fauna of Nebraska, or a description of remains of extinct Mammalia and Chelonia, from the Mauvaises Terres of Nebraska. *Smithsonian Contributions to Knowledge*, 6: 1–126.

Leidy, J. 1868. Notice of some vertebrate remains from Hardin County, Texas. *Proceedings of the Academy of Natural Sciences of Philadelphia*, 20: 174–176.

Leidy, J. 1869. The extinct mammalian fauna of Dakota and Nebraska, including an account of some allied forms from other localities, together with a synopsis of the mammalian remains of North America. *Journal of the Academy of Natural Sciences of Philadelphia*, 2: 1–472.

Lemon, R. R. H., and C. S. Churcher. 1961. Pleistocene geology and paleontology of the Talara region, Norhtwest Peru. *American Journal of Science*, 259: 410–429.

Leyhausen, P. 1979. *Cat Behavior: The Predatory and Social Behavior of Domestic and Wild Cats*. Garland STPM Press, New York.

Lund, P. W. 1842. Blik paa Brasiliens dyreverden för sidste Jordomvaeltning. Fjerde Afhanlinger: Fortsaettelse af Pattedyrene. *Det Kongelige Danske videnskabernes Selskabs Naturvidenskabelige og Mathematiske Afhandlinger*, 9: 137–208.

MacCall, S., V. Naples, and L. Martin. 2003. Assessing behavior in extinct Animals: was *Smilodon* social? *Brain, Behavior and Evolution*, 61: 159–164.

Marean, C. W. 1989. Sabertooth cats and their relevance for early hominid diet and evolution. *Journal of Human Evolution*, 18: 559–582.

Marshall, L. G., and R. L. Cifelli. 1990. Analysis of changing diversity patterns in Cenozoic land mammal age faunas in South America. *Paleovertebrata*, 19: 169–210.

Martin, L. D. 1980. Functional morphology and the evolution of cats. *Transactions of the Nebraska Academy of Sciences*, 8: 141–154.

Martin, L. D., J. P. Babiarz, V. L. Naples, and J. Hearst. 2000. Three ways to be a saber-toothed cat. *Naturwissenschaften*, 87: 41–44.

Martin, L. D., V. L. Naples, and J. P. Babiarz. 2011. Revision of the New World Homotheriini. In V. L. Naples, L. D. Martin, and J. P. Babiarz (eds.), *The Other Saber-Tooths: Scimitar-Tooth Cats of the Western Hemisphere*, 185–194. Johns Hopkins University Press, Baltimore.

Martin, L. D., and C. B. Schultz. 1975. Scimitar-toothed cats, *Machairodus* and *Nimravides*, from the Pliocene of Kansas and Nebraska. *Bulletin of the University of Nebraska State Museum*, 10: 55–63.

Martin, L. D., C. B. Schultz, and M. R. Schultz. 1988. Saber-toothed cats from the Plio-Pleistocene of Nebraska. *Transactions of the Nebraska Academy of Sciences*, 16: 153–163.

Martínez-Navarro, B., and P. Palmqvist. 1995. Presence of the African machairodont *Megantereon whitei* (Broom, 1937) (Felidae, Carnivora, Mammalia) in the lower Pleistocene site of Venta Micena (Orce, Granada, Spain), with some considerations on the origin, evolution and dispersal of the genus. *Journal of Archaeological Science*, 22: 569–582.

Matthew, W. D. 1910. The phylogeny of the Felidae. *Bulletin of the American Museum of Natural History*, 28: 289–316.

Mazak, V. 1970. On a supposed prehistoric representation of the Pleistocene scimitar cat, *Homotherium* Fabrini, 1890 (Mammalia; Machairodontidae). *Zeitschrift für Säugetierkunde*, 35: 359–362.

McHenry, C. R., S. Wroe, P. D. Clausen, K. Moreno, and E. Cunningham. 2007. Supermodeled sabercat, predatory behaviour in *Smilodon fatalis* revealed by high-resolution 3D computer simulation. *Proceedings of the National Academy of Sciences of the United States of America*, 104: 16010–16015.

McKenna, M. C., and S. K. Bell. 1997. *Classification of Mammals above the Species Level*. Columbia University Press, New York.

Meachen-Samuels, J. 2012. Morphological convergence of the prey-killing arsenal of sabertooth predators. *Paleobiology*, 38: 1–14.

Meachen-Samuels, J., and W. J. Binder. 2010. Age determination and sexual dimorphism in *Panthera atrox* and *Smilodon fatalis* (Felidae) from Rancho La Brea. *Journal of Zoology*, 280: 271–279.

Meade, G. E. 1961. The saber toothed cat, *Dinobastis serus*. *Bulletin of the Texas Memorial Museum*, 3: 23–60.

Méndez-Alzola, R. 1941. El *Smilodon bonaerensis* (Muñiz): estudio osteológico y osteométrico del gran tigre fósil de la pampa comparado con otros félidos actuales y fósiles. *Anales del Museo Nacional de Historia Natural "Bernardino Rivadavia," Ciencias Zoológicas*, 40: 135–252.

Merriam, J. C., and C. Stock. 1932. *The Felidae of Rancho La Brea*. Carnegie Institute of Washington, Washington.

Miller, G. J. 1969. A new hypothesis to explain the method of food ingestion used by *Smilodon californicus* Bovard. *Tebiwa*, 12: 9–19.

Miller, G. J. 1980. Some new evidence in support of the stabbing hypothesis for *Smilodon californicus* Bovard. *Carnivore*, 3: 8–26.

Milner, R. 2012. *Charles R. Knight, the Artist Who Saw through Time*. Abrams, New York.

Modesto, S. P., and N. Rybczynski. 2000. The amniote faunas of the Russian Permian: implications for late Permian terrestrial vertebrate biogeography. In M. J. Benton, M. A. Shishkin, D. M. Unwin, and E. N. Kurochkin (eds.), *The Age of Dinosaurs in Russia and Mongolia*, 17–34. Cambridge University Press, Cambridge.

Mones, A., and A. Rinderknecht. 2004. The first South American Homotheriini (Mammalia: Carnivora: Felidae). *Comunicaciones Paleontológicas del Museo Nacional de Historia Natural y Antropología*, 35: 201–212.

Morales, J. 1984. Venta del Moro: su macrofauna de mamíferos y bioestratigrafía continental del Mioceno Mediterráneo. PhD dissertation, Universidad Complutense de Madrid, Madrid.

Morales, J., M. Pozo, P. G. Silva, M. S. Domingo, R. López-Antoñanzas, M. A. Álvarez Sierra, M. Antón, C. Martín Escorza, V. Quiralte, M. J. Salesa, I. M. Sánchez, B. Azanza, J. P. Calvo, P. Carrasco, I. García-Paredes, F. Knoll, M. Hernández Fernández, L. van den Hoek Ostende, L. Merino, A. J. van der Meulen, P. Montoya, S. Peigné, P. Peláez-Campomanes, A. Sánchez-Marco, A. Turner, J. Abella, G. M. Alcalde, M. Andrés, D. DeMiguel, J. L. Cantalapiedra, S. B. A. García Yelo, A. R. Gómez Cano, P. López Guerrero, A. Oliver Pérez, and G. Siliceo. 2008. El sistema de yacimientos de mamíferos miocenos del Cerro de los Batallones, Cuenca de Madrid: estado actual y perspectivas. *Palaeontologica Nova*, 8: 71–114.

Morales, J., M. J. Salesa, M. Pickford, and D. Soria. 2001. A new tribe, new genus and two new species of Barbourofelinae (Felidae, Carnivora, Mammalia) from the Early Miocene of East Africa and Spain. *Transactions of the Royal Society of Edinburgh: Earth Sciences*, 92: 97–102.

Morlo, M., S. Peigné, and D. Nagel. 2004. A new species of *Prosansanosmilus*: implications for the systematic relationships of the family Barbourofelidae new rank (Carnivora, Mammalia). *Zoological Journal of the Linnean Society*, 140: 43–61.

Morse, D. H. 1974. Niche breadth as a function of social dominance. *American Naturalist*, 108: 808–813.

Mosser, A., and C. Packer. 2009. Group territoriality and the benefits of sociality in the African lion, *Panthera leo. Animal Behaviour*, 78: 359–370.

Muchlinski, M. 2008. The relationship between the infraorbital foramen, infraorbital nerve, and maxillary mechanoreception: implications for interpreting the paleoecology of fossil mammals based on infraorbital foramen size. *Anatomical Record*, 291: 1221–1226.

Murphey, P. C., K. E. B. Townsend, A. R. Friscia, and E. Evanoff. 2011. Paleontology and stratigraphy of middle Eocene rock units in the Bridger and Uinta Basins, Wyoming and Utah. In J. Lee and J. P. Evans (eds.), *Geologic Field Trips to the Basin and Range, Rocky Mountains, Snake River Plain, and Terranes of the U.S. Cordillera*,125–166. Geological Society of America, Boulder, Colorado.

Naples, V. L. 2011. The musculature of *Xenosmilus*, and the reconstruction of its appearance. In V. L. Naples, L. D. Martin, and J. P. Babiarz (eds.), *The Other Saber-Tooths: Scimitar-Tooth Cats of the Western Hemisphere*, 99–122. Johns Hopkins University Press, Baltimore.

Naples, V. L., and L. D. Martin. 2000. Evolution of Hystricomorphy in the Nimravidae (Carnivora; Barbourofelinae): evidence for complex character convergence with rodents. *Historical Biology*, 14: 169–188.

Newman, C., C. D. Buesching, and J. O. Wolff. 2005. The function of facial masks in "midguild" carnivores. *Oikos*, 108: 623–633.

O'Brien, S. J., D. E. Wildt, M. Bush, T. M. Caro, C. Fitzgibbon, I. Aggundey, and R. E. Leakey. 1987. East African cheetahs: evidence for two population bottlenecks? *Proceedings of the National Academy of Sciences of the United States of America*, 84: 508–511.

Ochev, V.G. 2004. Materials to the tetrapod history at the Paleozoic-Mesozoic boundary. In A. Sun and Y. Wang (eds.), *Sixth Symposium on Mesozoic Terrestrial Ecosystems and Biota, Short Papers, 1995*, 43–46. China Ocean, Beijing.

Orlov, J. A. 1936. Tertiare Raubtiere des westlichen Sibiriens. I. Machairodontinae. *Akademia Nauk SSSR. Trudy Paleozoologiceskogo Instituta*, 5: 111–154.

Owen, R. 1846. *A History of British Mammals and Birds*. J. Van Voorst, London.

Packer, C. 1986. The ecology of sociability in felids. D. I. Rubenstein and R. V. Wrangham (eds.), *Ecological Aspects of social Evolution: Birds and Mammals*, 429–451. Princeton University Press, Princeton.

Packer, C., D. Scheel, and A. Pusey. 1990. Why lions form groups: food is not enough. *American Naturalist*, 136: 1–19.

Palmqvist P., J. A. Pérez-Claros, C. M. Janis, B. Figueirido, V. Torregrosa, and D. R. Gröcke. 2008. Biogeochemical and ecomorphological inferences on prey selection and resource partitioning among mammalian carnivores in an early Pleistocene community. *Palaios*, 23: 724–737.

Pascual, R., E. Ortíz-Jaureguizar, and J. L. Prado. 1996. Land mammals: paradigm for cenozoic South America geobiotic evolution. *Müchner Geowissenschaftliche Abhandlungen*, A30: 265–319.

Paula Couto, C. 1955. O "tigre-dentes-de-sabre" do Brasil. *Boletim do Conselho Nacional de Pesquisas*, 1: 1–30.

Peigné, S. 2003. Systematic review of European Nimravinae (Mammalia, Carnivora, Nimravidae) and the phylogenetic relationships of Palaeogene Nimravidae. *Zoologica Scripta*, 32: 199–229.

Peigné, S., and S. Sen (eds.). In press. Mamifères de Sansan. *Mémoires du Muséum national d'Histoire naturelle.*

Petter, G., and F. C. Howell. 1987. *Machairodus africanus* Arambourg, 1970 (Carnivora, Mammalia) du Villafranchien d'Ain Brimba, Tunisie. *Bulletin du Muséum national d'Histoire naturelle de Paris*, ser. C, 9: 97–119.

Petter, G., and F. C. Howell. 1988. Nouveau Félidé Machairodonte (Mammalia, Carnivora) de la faune pliocène de l'Afar (Ethiopie): *Homotherium hadarensis* n.sp. *Comptes Rendus de l'Académie des Sciences*, 306: 731–738.

Pilgrim, G. E. 1913. The correlation of the Siwaliks with mammal horizons of Europe. *Records of the Geological Survey of India*, 43: 264–326.

Prothero, D. R. 1994. *The Eocene-Oligocene Transition: Paradise Lost*. Columbia University Press, New York.

Rabinowitz, A. R., and B. G. Nottingham. 1986. Ecology and behaviour of the jaguar (*Panthera onca*) in Belize, Central America. *Journal of Zoology*, 210: 149–159.

Radinsky, L. 1969. Outlines of canid and felid brain evolution. *Annals of the New York Academy of Sciences*, 167: 277–288.

Rawn-Schatzinger, V. 1992. The scimitar cat *Homotherium serum*, Cope. *Illinois State Museum Reports of Investigations*, 47: 1–80.

Reumer, J. F. W., L. Rook, K. Van der Borg, K. Post, D. Moll, and J. De Vos. 2003. Late Pleistocene survival of the saber-toothed cat *Homotherium* in northwestern Europe. *Journal of Vertebrate Paleontology*, 23: 260–262.

Riabinin, A. 1929. Faune de mammifères de Taraklia. Carnivore vera, Rodentia, Subungulata. *Travaux du Musée de Géologie de l'Académie des Sciences d'URSS*, 5: 75–134.

Riggs, E. C. 1896. *Hoplophoneus occidentalis. Kansas University Quarterly*, 5: 37–52.

Riggs, E. C. 1934. A new marsupial saber-tooth from the Pliocene of Argentina and its relationships to other South American predacious marsupials. *Transactions of the American Philosophical Society*, 24: 1–32.

Rincón, A., F. Prevosti, and G. Parra. 2011. New saber-toothed cat records (Felidae: Machairodontinae) for the Pleistocene of Venezuela, and the great American biotic interchange. *Journal of Vertebrate Paleontology*, 31: 468–478.

Ringeade, M., and P. Michel. 1994. Une nouvelle sous-espèce de Nimravidae (*Eusmilus bidentatus ringeadei*) de l'Oligocène inférieur du Lot-et-Garonne (Soumailles-France): étude préliminaire. *Comptes Rendus de l'Académie de Sciences, Paris*, ser. 2, 318: 691–696.

Riviere, H. L., and H. T. Wheeler. 2005. Cementum on *Smilodon* sabers. *Anatomical Record*, 285A: 634–642.

Robles, J. M., D. M. Alba, J. Fortuny, S. de Esteban-Trivigno, C. Rotgers, J. Balaguer, R. Carmona, J. Galindo, S. Almécija, J. V. Bertó, and S. Moyà-Solà. In press. New craniodental remains of the barbourofelid *Albanosmilus jourdani* (Filhol, 1883) from the Miocene of the Vallès-Penedès (NE Iberian Peninsula) and the phylogeny of the Barbourofelini. *Journal of Systematic Palaeontology.*

Roussiakis, S. J. 2002. Musteloids and feloids (Mammalia, Carnivora) from the late Miocene locality of Pikermi (Attica, Greece). *Geobios*, 35: 699–719.

Roussiakis, S. J., G. E. Theodorou, and G. Iliopoulos. 2006. An almost complete skeleton of Metailurus parvulus (Carnivora, Felidae) from the late Miocene of Kerassia (northern Euboea, Greece). *Geobios*, 39: 563–584.

Rudwick, M. 1992. *Scenes from Deep Time*. University of Chicago Press, Chicago.

Salesa, M. J. 2002. Estudio anatómico, biomecánico, paleoecológico y filogenético de *Paramachairodus ogygia* (Kaup, 1832) Pilgrim, 1913 (Felidae, Machairodontinae) del yacimiento vallesiense (Mioceno superior) de Batallones-1 (Torrejón de Velasco, Madrid). PhD dissertation, Universidad Complutense de Madrid, Madrid.

Salesa, M. J., M. Antón, A. Turner, L. Alcalá, P. Montoya, and J. Morales. 2010a. Systematic revision of the late Miocene sabre-toothed felid *Paramachaerodus* in Spain. *Palaeontology*, 53: 1369–1391.

Salesa, M. J., M. Antón, A. Turner, and J. Morales. 2005. Aspects of the functional morphology in the cranial and cervical skeleton of the sabre-toothed cat *Paramachairodus ogygia* (Kaup, 1832) (Felidae, Machairodontinae) from the late Miocene of Spain: implications for the origins of the machairodont killing bite. *Zoological Journal of the Linnean Society*, 144: 363–377.

Salesa, M. J., M. Antón, A. Turner, and J. Morales. 2006. Inferred behaviour and ecology of the primitive sabre-toothed cat *Paramachairodus ogygia* (Felidae, Machairodontinae) from the late Miocene of Spain. *Journal of Zoology*, 268: 243–254.

Salesa, M. J., M. Antón, A. Turner, and J. Morales. 2010b. Functional anatomy of the forelimb in the primitive felid *Promegantereon ogygia* (Machairodontinae, Smilodontini) from the late Miocene of Spain and the origins of the sabre-toothed felid model. *Journal of Anatomy*, 216: 381–396.

Salesa, M. J., M. Antón, J. Morales, and S. Peigné. 2012. Systematics and phylogeny of the small felines (Carnivora, Felidae) from the late Miocene of Europe: a new species of Felinae from the Vallesian of Batallones (MN10, Madrid, Spain). *Journal of Systematic Palaeontology*, 10: 87–102.

Sardella, R., and L. Werdelin. 2007. *Amphimachairodus* (Felidae, Mammalia) from Sahabi (latest Miocene–earliest Pliocene, Libya), with a review of African Miocene Machairodontinae. *Rivista Italiana di Paleontologia e Stratigrafia*, 113: 67–77.

Schaub, S. 1925. Über die Osteologie von *Machairodus cultridens* Cuvier. *Eclogae Geologica Helvetiae*, 19: 255–266.

Schmidt-Kittler, N. 1976. Raubtiere aus dem Juntertiär Kleinasiens. *Palaeontographica*, 155: 1–131.

Schmidt-Kittler, N. 1987. The Carnivora (Fissipedia) from the lower Miocene of East Africa. *Palaeontographica*, 197: 85–126.

Schultz, C. B., M. R. Schultz, and L. D. Martin. 1970. A new tribe of saber-toothed cats (Barbourofelini) from the Pliocene of North America. *Bulletin of the University of Nebraska State Museum*, 9: 1–31.

Scott, W. B., and G. L. Jepsen. 1936. The mammalian fauna of the White River Oligocene: part I–Insectivora and Carnivora. *Transactions of the American Philosophical Society*, n.s., 28: 1–153.

Scrivner, P. J., and D. J. Bottjer. 1986. Neogene avian and mammalian tracks from Death-Valley National Monument, California: their context, classification and preservation. *Palaeogeography, Palaeoclimatology, Palaeoecology*, 57: 285–338.

Seidensticker, J. 1976. On the ecological separation between tigers and leopards. *Biotropica*, 8: 225–234.

Seymour, K. L. 1983. The Felinae (Mammalia: Felidae) from the late Pleistocene tar seeps at Talara, Peru, with a critical examination of the fossil and recent felines of North and South America. MS thesis, University of Toronto, Ontario.

Shaw, C. A. 1989. The collection of pathologic bones at the George C. Page Museum, Rancho La Brea, California: a retrospective view. Supplement to issue 3. *Journal of Vertebrate Paleontology*, 9: 153.

Sigogneau-Russell, D. 1970. *Révision systématique des gorgonopsiens sud-africaines*. Éditions du Centre national de la recherche scientifique, Paris.

Simpson, G. G. 1941. The function of sabre-like canines in carnivorous mammals. *American Museum Novitates*, 1130: 1–12.

Sinclair, W. J. 1921. A new *Hoplophoneus* from the Titanotherium Beds. *Proceedings of the American Philosophical Society*, 60: 96–98.

Sinclair, W. J., and G. L. Jepsen. 1927. The skull of *Eusmilus*. *Proceedings of the American Philosophical Society*, 66: 391–407.

Solounias, N., F. Rivals, and G. M. Semprebon. 2010. Dietary interpretation and paleoecology of herbivores from Pikermi and Samos (late Miocene of Greece). *Paleobiology*, 36: 113–136.

Sotnikova, M. 1992. A new species of *Machairodus* from the late Miocene Kalmakpai locality in eastern Kazakhstan (USSR). *Annales Zoologici Fennici*, 28: 361–369.

Spassov, N. 2002. The Turolian Megafauna of West Bulgaria and the character of the Late Miocene "Pikermian biome." *Bolletino della Società Paleontologica Italiana*, 41: 69–81.

Spencer, L., B. Van Valkenburgh, and J. M. Harris. 2003. Taphonomic analysis of large mammals recovered from the Pleistocene Rancho La Brea tar seeps. *Paleobiology*, 29: 561–575.

Sunquist, M. E., and F. C. Sunquist. 1989. Ecological constrains on predation by large felids. In J. L. Gittleman (ed.), *Carnivore Behavior, Ecology and Evolution*, 220–245. Chapman and Hall, London.

Turner, A. 1984. Dental sex dimorphism in European lions (*Panthera leo* L) of the Upper Pleistocene: palaeoecological and palaeoethological implications. *Annales Zoologici Fennici*, 21: 1–8.

Turner, A., and M. Antón. 1998. Climate and evolution: implications of some extinction patterns in African and European machairodontine cats of the Plio-Pleistocene. *Estudios Geológicos*, 54: 209–230.

Turner, A., and M. Antón. 2004. *Evolving Eden: An Illustrated Guide to the Evolution of the African Large Mammal Fauna*. Columbia University Press, New York.

Valli, A. M. F. 2004. Taphonomy of Saint-Vallier (Drome, France), the reference locality for the biozone MN17 (Upper Pliocene). *Lethaia*, 37: 337–350.

Van Valkenburgh, B. 2007. *Déjà vu*: the evolution of feeding morphologies in the Carnivora. *Integrative and Comparative Biology*, 47: 147–163.

Van Valkenburgh, B., and T. Sacco. 2002. Sexual dimorphism, social behavior, and intrasexual competition in large Pleistocene carnivorans. *Journal of Vertebrate Paleontology*, 22: 164–169.

Vekua, A. 1995. Die Wirbeltierfauna des Villafranchian von Dmanisi und ihre biostratigraphische Bedeutung. *Jahrbuch des Römisch-Germanischen Zentralmuseums, Mainz*, 42: 77–180.

Viret, J. 1954. Le loess à bancs durcis de Saint-Vallier (Drôme) et sa faune de mammifères villafranchiens. *Nouvelles Archives du Muséum d'Histoire Naturelle de Lyon*, 4: 1–200.

Vrba, E. S. 1981. The Kromdraai australopithecine site revisited in 1980: recent investigations and results. *Annals of the Transvaal Museum*, 33: 17–60.

Wagner, A. 1857. Neue Beiträge zur Kenntniss der fossilen Säugthier-Ueberreste von Pikermi. *Abhandlungen der Königlich Bayerischen Akademie der Wissenschaften*, 8: 111–158.

Ward, P. D., J. Botha, R. Buick, M. O. De Kock, D. H. Erwin, G. H. Garrison, J. L. Kirschvink, and R. Smith. 2005. Abrupt and gradual extinction among Late Permian land vertebrates in the Karoo Basin, South Africa. *Science*, 307: 709–714.

Webb, S. D., B. J. MacFadden, and J. A. Baskin. 1981. Geology and paleontology of the Love Bone Bed from the Late Miocene of Florida. *American Journal of Science*, 281: 513–544.

Werdelin, L. 2003. Mio-Pliocene Carnivora from Lothagam, Kenya. In M. G. Leakey and J. D. Harris (eds.), *Lothagam: Dawn of Humanity in Eastern Africa*, 261–328. Columbia University Press, New York.

Werdelin, L., and M. E. Lewis. 2000. Carnivora from the South Turkwell hominid site, northern Kenya. *Journal of Paleontology*, 74: 1173–1180.

Werdelin, L., and M. E. Lewis. 2001. A revision of the genus *Dinofelis* (Mammalia, Felidae). *Zoological Journal of the Linnean Society*, 132: 147–258.

Werdelin, L., and R. Sardella. 2006. The "*Homotherium*" from Langebaanweg and the origin of *Homotherium*. *Palaeontographica*, 227: 123–130.

Werdelin, L., N. Yamaguchi, W. E. Johnson, and S. J. O'Brien. 2010. Phylogeny and evolution of cats (Felidae). In D. W. MacDonald and A. J. Loveridge (eds.), *Biology and Conservation of Wild Felids*, 59–82. Oxford University Press, Oxford.

White, T. D., S. H. Ambrose, G. Suwa, D. F. Su, D. DeGusta, R. L. Bernor, J.-R. Boisserie, M. Brunet, E. Delson, S. Frost, N. García, I. X. Giaourtsakis, Y. Haile-Selassie, C. F. Howell, T. Lehmann, A. Likius, C. Pehlevan, H. Saegusa, G. Semprebon, M. Teaford, and E. Vrba. 2009. Macrovertebrate paleontology and the Pliocene habitat of *Ardipithecus ramidus*. *Science*, 326: 87–93.

Witmer, L. M. 1995. The extant phylogenetic bracket and the importance of reconstructing soft tissues in fossils. In J. J. Thomason (ed.), *Functional Morphology in Vertebrate Paleontology*, 19–33. Cambridge University Press, Cambridge.

Wroe, S., M. B. Lowry, and M. Antón. 2008. How to build a mammalian super-predator. *Zoology*, 111: 196–203.

Yamaguchi, N., A. C. Kitchener, E. Gilissen, and D. W. Macdonald. 2009. Brain size of the lion (*Panthera leo*) and the tiger (*P. tigris*): implications for intrageneric phylogeny, intraspecific differences and the effects of captivity. *Biological Journal of the Linnean Society*, 98: 85–93.

Zdansky, O. 1924. Jungtertiäre Carnivoren Chinas. *Palaeontologica Sinica*, 2: 1–149.

索引*

动植物名、人名、地名及其他专有名词中外文对照

（以汉语拼音为序）

阿道夫森，J．Adolfssen, J.
阿尔邦剑齿虎（属）*Albanosmilus*
阿尔塔米拉 [西班牙] Altamira
阿法尔三角地区 [埃塞俄比亚] Afar Triangle
阿法南方古猿 *Australopithecus afarensis*
阿古斯蒂，J．Agusti, Jordi
阿克斯滕，W.A．Akersten, William A.
阿拉米斯 [埃塞俄比亚] Arami
阿拉瓦 [西班牙] Alava
阿朗堡，C．Arambourg, C.
阿里卡里期 Arikareean
阿米利茨基，V．Amilitskii, V.
阿尼永格，W．Anyonge, W.
阿氏剑齿虎 *Machairodus alberdiae*
阿瓦什河 [埃塞俄比亚] Awash River
阿瓦瓦茨山脉 [美国加利福尼亚州] Avawatz
　mountains
埃尔布雷阿尔 - 德奥罗夸尔 [委内瑞拉]
　Breal de Orocual, el
埃珀尔斯海姆 [德国] Eppelsheim
埃塞俄比亚六齿河马 *Hexaprotodon*
　aethiopicus
埃图埃尔 [法国] Etouaires
矮剑虎（属）*Nanosmilus*
艾氏伟羚 *Megalotragus isaaci*
艾因布林巴 [突尼斯] Ain Brimba, Tunisia
安第斯山脉 [南美洲] Andes mountains
安琪马（属）*Anchitherium*
安氏巨疣猪 *Metridiochoerus andrewsi*
奥杜威佩罗牛 *Pelorovis olduwayensis*
奥雷尔期 Orellan
奥莫河 [肯尼亚和埃塞俄比亚] Omo River
奥瑞纳文化 Aurignacian Culture
奥斯本，H.F．Osborn, Henry Fairfield

巴比亚兹，J．Babiarz, John
巴博剑齿虎（属）*Barbourofelis*
巴博剑齿虎科 Barbourofelidae
巴莱西奥，R．Ballesio, Roland
巴利亚多利德大学 [西班牙] University of
　Valladolid
巴莫鳄 biarmosuchids
巴尼奥拉斯湖 [西班牙] Lake Banyoles
巴氏半剑齿虎 *Amphimachairodus palanderi*
巴氏扁鼻犬 *Simocyon batalleri*
巴氏巨颏虎（无效名）*Megantereon barlowi*
巴氏恐猫 *Dinofelis barlowi*
巴塔扁鼻犬 *Simocyon batalleri*
巴塔哥尼亚袋剑齿虎（属）*Patagosmilus*
巴塔略内斯 [西班牙] Batallones
巴耶斯 - 佩内德斯盆地 [西班牙] allès-
　Penedès basin

白垩纪 Cretaceous
白河群 White River series
白犀（属）*Ceratotherium*
斑鬣狗 *Crocuta crocuta*
半剑齿虎（属）*Amphimachairodus*
半熊类 hemicyonine
豹 leopard（*Panther pardus*）
豹鬣狗（属）*Chasmaporthetes*
豹属 *Panthera*
豹亚科 Pantherinae
贝尔，S．Bell, S.
背阔肌 lattissimus dorsi
本塔德尔莫罗 [西班牙] Venta del Moro
本塔米塞那 [西班牙] Venta Micena
鼻唇提肌 levator nasolabialis
鼻骨后缩 nasal bone retraction
鼻甲骨 turbinal
匕齿剑齿虎（废弃名）*Machaerodus*
　catocopis
"匕齿剑齿虎" dirk-tooth
匕齿拟猎虎 *Nimravides catocopis*
比赫列戈，P．Bigeriego, Pedro
臂中肌 gluteus medius
扁颅须齿猫 *Pogonodon platycopis*
扁头须齿猫 *Pogonodon platycopis*
滨鬣狗（属）*Thalassictis*
病理性骨骼 pathological bones
波弗特群 Beaufort group
伯格河 [南非] Berg River
伯奇克里克 [美国爱达荷州] Birch Creek
博尔特农场 [南非] Bolt's Farm
博蒙，G．Beaumont, Gérard de
布拉瓦尔，M．Bravard, M.
布莱恩，C.K．Brain，C. K.
布兰卡期 Blancan
布兰维尔，H．Blainville, H.
布勒，M．Boule, M.
布里杰盆地 [美国怀俄明州] Bridger Basin
布鲁姆，R．Broom, R.
步林，B．Bohlin, Birger

叉角羚类（科）Antilocaprids
查帕德马拉尔期 Chapadmalalan
豺（属）*Cuon*
长鼻浣熊 coati
超猫（属）*Hyperailurictis*
尺骨 dentary
尺骨 ulna
齿隙恐猫 *Dinofelis diastemata*
赤犬熊（属）*Daphoenus*
臭鼬科 Mephitinae
刺客始剑虎 *Eusmilus sicarius*

刺杀假说 stabbing hypothesis
粗壮原鲁比奇兽 *Prorubidgea robusta*

达尔文，C.R．Darwin, Charles Robert
达科塔始剑虎 *Eusmilus dakotensis*
达氏恐猫 *Dinofelis darti*
大地懒（属）*Megatherium*
大寒潮 Big Chill
大河马 *Hippopotamus major*
大后猫 *Metailurus major*
大间断事件 Grande Coupure, le
《大猫和它们的化石亲属》 the Big Cats and
　Their Fossil Ralatives
《大猫日记》 Big Cat Diary
大犬熊 *Amphicyon major*
大头始剑虎 *Eusmilus cerebalis*
大圆肌 teres major
带状林 gallery forest
袋剑齿虎科 Thylacosmilidae
袋剑齿虎类 thylacosmilids
袋剑齿虎亚科 Thylacosmilinae
袋鬣狗（属）*Borhyaena*
袋鬣狗科 Borhyaenoidea
戴福德，R．Tedford, Richard
戴维斯，D.D．Davis, Delbert Dwight
丹顿，W．Denton, W.
刀齿剑齿虎（废弃名）*Machairodus*
　cultridens
"刀齿剑齿虎" scimitar-tooth
刀齿巨颏虎 *Megantereon cultridens*
刀齿熊（废弃名）*Ursus cultridens*
道森，M．Dawson, M.
得州雕齿兽 *Glyptotherium texanum*
德兰士瓦博物馆 [南非比勒陀利亚] Transvaal
　Museum
德马尼西 [格鲁吉亚] Dmanisi
德马尼西人 *Homo* Dmanisi
瞪羚 （属）*Gazella*
地懒 ground sloth
地猿（属）*Ardipithecus*
雕齿兽（属）*Glyptodon*
雕齿兽类 glyptodonts
丁氏半剑齿虎 *Amphimachairodus tingii*
顶骨 parietal
东方副剑齿虎 *Paramachaerodus orientalis*
东方剑齿虎（废弃名）*Machairodus orientalis*
东方巨颏虎（废弃名）*Megantereon orientalis*
洞狮 cave lion（*Panthera leo spelaea*）
短面熊 short-faced bear
短面熊（属）*Arctodus*
短尾猫 bobcat（*Lynx rufus*）
短吻硕鬣狗 *Pachycrocuta brevirostris*

颈阔肌 platysma
颈长肌 longus colli
颈椎 cervical
颈最长肌 longissimus cervicis
胫骨 tibia
旧克罗河盆地 [加拿大育空地区] Old Crow River Basin
臼齿 molar
居勒克，E. Gulec, E.
居维叶，G. Cuvier, Geoges.
巨半剑齿虎 Amphimachairodus giganteus
巨角犀（属）Megacerops
巨颏虎（属）Megantereon
巨颏剑齿虎（废弃名）Machairodus megantereon
巨雷兽（属）Titanotherium
巨猎豹 Acinonyx pardinensis
巨拇迅剑虎 Lokotunjailurus emageritus
巨型猎豹 giant cheetah
距骨 astragalus
惧河马 Hippopotamus gorgops
惧恐猫 Dinofelis aronoki
锯齿虎（属）Homotherium
锯齿虎类（刀齿剑齿虎）Scimitar-tooth
锯齿虎族 Homotherini
锯齿龙（属）Paraeiasaurus
锯肌 serratus

咖啡农场遗址 [美国得克萨斯州] Coffee Ranch
卡鲁 [南非] Karoo
卡斯特罗，J.M.B.de Castro, Jose Maria Bermudez de
凯尔西 [法国] Quercy
凯尔西虎（属）Quercylurus
凯拉西亚 [希腊] Kerassia
凯氏迷惑猫 Apataeluru kayi
坎伯兰平头貒 Platygonus cumberlandensis
坎略巴特雷斯 [西班牙] Can Llobateres
考普，J.J. Kaup, J.J.
考特利，P. Cautley, P.
柯尼利亚宽颌三趾马 Eurygnathohippus cornelianus
科尔伯特，E.H. Colbert, E.H.
科罗拉多 " 剑齿虎 " Machairodu coloradensis
科罗拉多 " 剑齿虎 " 坦氏亚种（废弃名）"Machairodus" coloradensis tanneri
科罗拉多半剑齿虎 Amphimachairodus coloradensis
科罗拉多巨角犀 Megacerops coloradensis
科普，E.D. Cope, E.D.
科瓦切夫，D. Kovatchev, D.
颏突 mental process，
颏叶古剑虎 Hoplophoneus mentalis
髁突 glenoid
克赖措伊，M. Kretzoi, M.
克里斯滕森，P. Christiansen, P.
克鲁格国家公园 [南非] Kruger National Park
克鲁瓦泽 J. Croizet, J.

克罗姆德拉伊 [南非] Kromdraa
克罗姆德拉伊洞穴遗址 [南非] Kromdraai cave
肯特洞 [英国] Kent's Hole
恐齿猫（属）Dinictis
恐齿拟猎虎 Nimravides thinobates
恐鹤 Phorusrhacid
恐鹤科 Phorusrhacidae
恐锯虎（属）Dinobastis
恐狼 Canis dirus
恐猎虎（属）Dinaelurus
恐猎猫（属）Dinaelurictis
恐龙 dinosaurs
恐猫（属）Dinofelis
恐犬（属）Borophagus
恐头兽类 Dinocephalians
恐象（属）Deinotherium
口轮匝肌 orbicularis oris
库比佛拉 [肯尼亚] Koobi Fora
库尔滕，B. Kurtén, B.
库克，H. Cook, H.
库氏剑齿虎 Machairodu kurteni
眶下孔 infraorbital foramen
眶下神经 infraorbital nerve
昆仲猫（属）Adelphailurus
阔齿锯齿虎 Homotherium latidens
阔筋膜 fascia lata

拉布雷亚沥青坑 [美国加利福尼亚州] Rancho la Brea
拉丁斯基，L. Radinsky, Leonard
拉罗克，M. Larroque, M.
拉斯科洞穴 [法国] Lascaux Cave
蓝牛羚 Boselaphine antelope
狼（灰狼）Canis lupus
狼面兽（属）Lycaenops
狼蜥兽（属）Inostrancevia
朗厄班韦赫 [南非] Langebaanweg
劳亚食虫目（一译真盲缺目）Eulipotyphla
勒芒原猫 Proailurus lemanensis
雷迪，J. Leidy, J.
雷氏跳羚 Antidorcas recki
雷兽 Brontotheres
肋间肌 intercostalis
类剑齿虎（类）Machaeroidine
类剑齿虎（属）Machaeroides
黎明类剑齿虎 Machaeroides eothen
里格斯，E. Riggs, E.
立毛肌 piloerector
丽齿兽类 Gorgonopsians
丽牛（属）Leptobos
利齿猪（属）Listriodon
利基，M. Leakey, M.
猎豹 cheetah（Acinonyx jubatus）
猎豹（属）Acinonyx
猎猫科 Nimravidae
裂齿 carnassials
鬣齿兽（属）Hyaenodon
鬣齿兽科 Hyaenodontidae
鬣狗 hyena

鬣狗科 Hyaenidae
林奈，C. Linnaeus, C.
鳞甲目 Pholidota
灵猫科 Viverridae
灵长目 Primates
刘易斯，M. Lewis, M.
六齿河马（属）Hexaprotodon
卢汉 [阿根廷] Lujan
卢雅纳期 Lujanian
颅内模 endocast
鲁比奇兽（属）Rubidgea
鲁胡胡山谷 [坦桑尼亚] Ruhuhu valley
鲁西永盆地 [法国] Roussillon basin
陆龟类 Tortoises
伦德，P. Lund, P.
轮匝肌 orbicularis oris
罗氏剑齿虎 Machairodu robinsoni
洛尔德基帕尼泽，D. Lordkepanitze, David
洛夫骨床 [美国佛罗里达州] Love Bone Bed, Florida
洛沙冈 [肯尼亚] Lothagam
洛氏巴博剑齿虎 Barbourofeli loveorum
洛氏假猫 "Pseudaelurus" lorteti
洛氏施蒂里亚猫 Styriofelis lorteti
落基山脉 [美国、加拿大、墨西哥] Rocky Mountains

马岛猬亚目 Tenrecomorpha
马德里犬熊（属）Magericyon
马丁，L. Martin, Larry
马格德林文化 Magdalenian Culture
马卡潘斯加特 [南非] Makapansgat
马雷恩，C.Marean, Curtis
马赛马拉 [肯尼亚] Masai Mara
马氏副剑齿虎 Paramachaerodus maximiliani
马特内斯，J. Matternes, Jay
马修，W. D. Matthew, William Dille
马扎克，V. Mazák, Vratislav
埋藏学 taphonomy
麦考尔，G. McCall, Sherman
麦肯纳，M. McKenna, M.
猫颌兽（属）Aelurognathus
猫科 Felidae
猫形恐齿猫 Dinictis felina
猫型亚目 Feliformia
猫亚科 Felinae
猫足迹属 Felipeda
梅里亚姆，J.C. Merriam, John Campbell
梅氏刃齿虎 Smilodon mercerii
梅特 [作者之妹] Maite
梅维斯，C. Mevis, Chandra
美国自然历史博物馆 [纽约市] American Museum of Natural History
美洲豹 jaguar（Panther onca）
美洲狮 puma（Puma concolor）
门齿 incisor
门德斯 - 阿尔索拉，R.R. Méndez-Alzola, R.
獴科 Herpestidae
猛犸（属）Mammuthus

猛犸 mammoth
迷惑猫（属）Apataelurus
米格尔 [作者之子] Miguel
米勒 , G.J. Miller, George J.
摩尔西瓦兽 Sivatherium maurisium
莫哈韦沙漠 [美国加利福尼亚州] Mojave desert
莫拉莱斯 , J. Morales, Jorge
莫氏巴博剑齿虎 Barbourofeli morrisi
穆尼斯 ,F.J. Muñiz, Francisco Javier

纳帕克 [乌干达] Napak
纳帕克金氏剑齿虎 Ginsburgsmilus napakensis
纳普勒斯 , V. Naples, Virginia
纳瓦他组 [肯尼亚] Nawata formation
奈特 , C. Knight, Charles
南方猛犸 Meridional Mammoth（Mammuthus meridionalis）
南方有蹄类超目 Meridiungulat
南方有蹄目 Notoungulata
南方有蹄类 notoungulate
南美小马（属）Hippidion
《南美洲陆地和野生动物》The Land and wildlife of South America
南特克韦尔 [肯尼亚] South Turkwell
内氏锯齿虎 Homotherium nestianum
内氏锯齿虎（废弃名）Homotherium nestianum
尼亚萨猪（属）Nyanzachoerus
泥河湾巨颏虎 Megantereon nihowanensis
拟猎虎（属）Nimravides
拟狮 Panther atrox
啮齿目 Rodentia
颞骨 temporal
颞肌 temporalis
颞孔 temporal fenestrae
牛鬣兽科 Oxyaenidae

欧文 , R. Owen, R.
欧文顿期 Irvingtonian

爬行动物 Reptiles
帕氏蜥猎兽 Sauroctonus parringtoni
帕斯特 , J.F. Pastor, Juan Francisco
盘古大陆 Pangea
盘龙类 pelycosaurs
旁轴形排列 paraxonic disposition
佩雷斯 - 法哈多 , J. Perez-Fajardo, Juan
佩里耶 [法国] Perrier
佩涅 , S. Peigné, Stephane
佩氏恐猫 Dinofelis petteri
皮尔格林 , G.E. Pilgrim, G.E
皮克米 [希腊] Pikermi
皮氏巴博剑齿虎 Barbourofeli piveteaui
皮氏恐猫 Dinofelis piveteaui
皮氏桑桑剑齿虎 Sansanosmilus piveteaui
皮翼目 Dermoptera
贫齿类 edentates
贫齿目 xenarthra

平原拟猎虎 Nimravides pedionomus
獛 genet
普里 [作者之妻] Puri
普里埃尔 , A. Prieur, Abel
普通斑马 Equus koobiforensis

奇角鹿（属）Synthetoceras
奇蹄目 Perissodactyla
气管 windpipe
髂腰肌 illopsoas
前颌骨 premaxilla
前白齿 premolar
嵌齿象（属）Gomphotherium
强壮锯齿虎 Homotherium ischyrus
乔治佩吉博物馆 [美国洛杉矶市] G. C. Page Museum
切齿犬熊 Temnocyonines
切齿犬熊亚科 Temnocyoninae
琴角梅内利克苇羚 Menelekia lyrocera
颧肌 zygomaticus
犬齿 canine
犬齿兽类 cynodont
犬科 Canidae
犬属 Canis
犬型亚目 Caniformia
犬熊科 Amphicyonidae
犬熊类 bear-dogs
桡侧腕屈肌 flexor carpi radialis
桡侧腕伸肌 extensor carpi radialis
桡骨 radius

人科 Hominidae
人字嵴 lambdoid crest
刃齿虎（属）Smilodon
刃齿虎族 Smilodontini，Smilodontins
肉齿目 Creodonta
茹氏阿尔邦剑齿虎 Albanosmilus jorudani
乳齿象类 Mastodon
若贝尔 , C. Jobert, C. R.
弱獠猪（属）Microstonyx

萨克雷 , F. Thackeray, Francis
萨莱萨 , M. Salesa, Manuel
萨利纳斯 - 德阿尼亚那 [西班牙] Salinas de Añana
萨莫斯 [希腊] Samos
萨尼西德罗 , O. Sanisidro , Oscar
塞伦盖蒂 [坦桑尼亚] Serengeti
塞内兹 [法国] Senèze
塞韦里 [作者之父] Severi
三角肌 deltoideus
三趾马（属）Hipparion
三趾马红层 Hipparion beds
桑桑 [法国] Sansan
桑桑剑齿虎（属）Sansanosmilus
杀手刃齿虎 Smilodon necator
沙德伦期 Chadronian
山马（属）Orohippus
善攀 Scansorial locomotion

上颌骨 maxilla
上颌神经 maxillary nerve
上犬（属）Epicyon
上新世 Pliocene
绍布 , S. Schaub, S.
猞猁 lynx（Lynx lynx）
舌羊齿（属）Glossopteris
神经棘 neural process
圣湖镇 [巴西] Lagoa Santa
圣莫尼卡山脉 [美国加利福尼亚州] Santa Monimountains
圣瓦里耶 [法国] Saint Vallier
师丹斯基 , O. Zdansky, O.
狮 lion（Panthe leo）
施蒂里亚猫（属）Styriofelis
湿鼻垫 Rhinarium
石化 fossilization
石炭兽科 Anthracotheridae
食管 oesophagus
食肉目 Carnivora
食蚁狸科 Eupleridae
矢状嵴 sagittal crest
始剑虎（属）Eusmilus
始猎猫（属）Eofelis
始新世 Eocene
始祖地猿 Ardipithecus ramidus
似哺乳爬行动物 mammal-like reptiles
似懒兽（属）Nothrotheriops
狩猫（属）Therailurus
兽孔类 therapsids
枢椎 axis
舒尔茨 , C. Schultz, C.
舒氏剑齿虎（废弃名）Machairodus schlosseri
树鼩目 Scandentia
双疑后猫（无效名）Metailurus anceps
水羚 waterbuck
水羚（属）Kobus
水龙兽（属）Lystrosaurus
硕鬣狗（属）Pachycrocuta
硕鬣兽（属）Hyainailouros
斯金纳 , M. Skinner, Morris
斯科特 , J. Scott, Jonatian.
斯帕索夫 , N. Spassov, N.
斯氏猫（属）Stenailurus
斯特克方丹 [南非] Sterkfontein
斯托克 , C. Stock, Cheste
死谷国家公园 [美国加利福尼亚州] Death Valley National Monument, California
四齿假猫 Pseudaelurus quadridentatus
四棱齿象（属）Tetralophodon
薮羚（属）Tragelaphus
苏马耶 [法国] Soumailles
锁骨乳突肌 cleidomastoid

塔拉拉 [秘鲁] Talara
坦氏半剑齿虎 Amphimachairodus tanneri
特纳 , A. Turner, Alan
同侧序列行走 lateral-sequence walk
偷窃寄生 kleptoparasitism

头臂肌 brachiocephalicus
头骨乳突 mastoid process
头后斜肌 obliquus capiti caudalis
头前斜肌 obliquus capiti cranialis
头长肌 longus capitis
图尔卡纳湖 [肯尼亚] Lake Turkana
图尔瑙假猫 "Pseudaelurus" turnauensis
图尔瑙施蒂里亚猫 Styriofelis turnauensis
吐洛里期 Turolian
兔形目 Lagomorpha
臀中肌 gluteus medius
驼鹿 moose

瓦尔达诺 [意大利] Valdarno
瓦尔肯伯格 , B.Van　Valkenburgh, Blaire Van
瓦格纳 , A．Wagner, A.
瓦里西期 Vallesian
瓦他组 Nawata formation
完齿豨（属）Entelodon
晚锯齿虎 Homotherium serum
晚恐锯虎（废弃名）Dinobastis serus
腕骨 carpal
韦德林 , L．Werdelin, Lars
韦特玛 , L.M．Witmer, Lawrence M.
维尔布拉马 [法国] Villebramar
维拉方期 Villafranchian
维雷 , J．Viret, J.
尾股肌 caudofemoralis
委内瑞拉锯齿虎 Homotherium venezuelensis
纹饰狼面兽 Lycaenops ornatus
沃洛 , S．Wroe, Stephen
乌基期 Uquian
无角犀（属）Aceratherium

西班牙非洲剑齿虎 Afrosmilus hispanicus
西班牙国家自然科学博物馆 [马德里] Museo
　Nacional de Ciencias Naturales
西贝鳄科 Sebecosuchidae
西伯利亚地盾 Siberian Traps
西伯特 , M．Sybert, Michelle
西方古剑虎 Hoplophoneus occidentalis
西方巨颏虎 Megantereon hesperus
西利塞奥 ,G．Siliceo, Gema
西纳普组 Sinap formation
西貒 peccary
犀牛 rhinoceros
蜥猎兽（属）Sauroctonus
细腰猫 jaguarundi（Herpailurus yaguarondi）
下颌联合 mandibular symphysis
下颌前凸 prognathism
下孔类 Synapsids
下孔亚纲 Synapsida
先驱人 Homo antecessor
纤细刃齿虎 Smilodon gracilis
现代白犀 Ceratotherium praecosimum
现代系统发育框架 Extant Phylogenetic
　Brackett
镶嵌演化 mosaic evolution
项面 nuchal plane

象龟（属）Geochelone
肖维洞穴 [法国] Chauvet Cave
小古鹿（属）Micromeryx
小后猫 Metailurus parvulus
小后猫（无效名）Metailurus minor
小舌懒兽（属）Glossotheridium
小头兽带 Cistecephalus zone
小熊猫科 Ailuridae
斜方肌 trapezius
斜角肌 scalenus, 又 scalene
辛克莱 , W．Sinclair, W.
辛普森 , J.G．Simpson, George Gaylord
辛氏类剑齿虎 Machaeroides simpsoni
新近纪 Neogene
新脑皮层 neocortex
新三趾马（属）Neohipparion
新生刃齿虎 Smilodon neogaeus
性双型 sexual dimorphism
凶猛鲁比奇兽 Rubidgea atrox
熊科 Ursidae
熊类 bear
须齿猫（属）Pogonodon
许耐 , F. Von　Huene, F. von
悬爪 dewclaw
迅剑虎（属）Lokotunjailurus

牙齿适应 dental adaptations
亚历山大狼蜥兽 Inostrancevia alexandri
亚氏恐猫（废弃名）Dinofelis abeli
衍征（或译近裔性状）apomorphy
羊角牛羚（属）Tragoportax
腰部筋膜 lumbar fascia
腰多裂肌 multifidus lumborum
腰椎 lumbar
腰椎乳突 mamillary process
咬肌 masseter
咬肌窝 masseteric fossa
椰子狸 palm civet
野牛（属）Bison
伊斯图里茨 [法国] Isturitz
伊塔迪斯 [法国] Itardies
异齿龙（属）Dimetrodon
异齿性 heterodoncy
异剑虎（属）Xenosmilus
异角鹿（属）Heteroprox
异特龙 Allosaurus
意外巨颏虎 Megantereon inexpectatus
翼手目 Chiroptera
因卡卡尔 [西班牙] Incarcal
隐匿剑齿虎 Machairodus aphanistus
印度熊（属）Indarctos
鹰嘴突 olecranon process
尤尔 , R. F．Ewer, R. F.
尤因它期 Uintan
尤因它兽（属）Uintatherium
有袋类剑齿动物 marsupial sabertooths
有袋目 Marsupialia
有蹄类 ungulate
鼬科 mustelidae

雨影 rain shadow
原角鹿（属）Protoceras
原角鹿层 Protoceras beds
原角鹿科 Protoceratid
原巨颏虎 Promegantereon ogygia
原巨颏虎（属）Promegantereon
原鹿（属）Procervulus
原猫（属）Proailurus
原猫亚科 Proailurinae
原桑桑剑齿虎（属）Prosansanosmilus
原始白犀 Ceratotherium praecox
原始白犀 Ceratotherium praeco
原始古剑虎 Hoplophoneus primaevus
原鼬鬣狗（属）Protictitherium
《远古生物》the Life of the Past
远角犀（属）Teleoceras
岳齿兽类 Oreodont
云豹（属）Neofelis

扎林格 , R．Zallinger, Rudolph
长鼻目 Proboscidea
长颈鹿（现生）Giraffa camelopardalis
掌骨 metacarpal
掌状猫（废弃名）Felis palmidens
掌状桑桑剑齿虎 Sansanosmilus palmidens
（真）剑齿虎亚科 Machairodontinae
真剑齿虎（类）Machairodontine
真角鹿（属）Euprox
真马（属）Equus
真兽类（亚纲）Eutheria
真象（属）Elephas
枕骨 occipital
支序系统学 Cladism
直布罗陀海峡 Gibraltar straits
跗骨 metatarsal
跖行 plantigrade posture
跖行 plantigrade locomotion
趾骨 phalanx
趾行 digitigrade posture
致命刃齿虎 Smilodon fatalis
智人 Homo sapiens
智人（属）Homo
中生代 Mesozoic
中新羚（属）Miotragocerus
中新世 Miocene
周口店 [中国北京] Zhoukoudian
轴上肌 epaxial muscle
朱玛长颈鹿 Giraffa jumae
足迹化石 footprints fossil
足迹属 ichnogenus
祖猎虎（属）Nimravus